高等职业教育"十三五"规划教材

传统加工实训教程

许建伟　黄　辉　主　编

杨　芳　吴世立　副主编

陈福亮　主　审

中国铁道出版社有限公司

CHINA RAILWAY PUBLISHING HOUSE CO., LTD.

内容简介

本书是围绕初级工所应掌握的知识和技能进行编写的，涵盖了常用量具和切削加工基础及普通机械制造中常用传统加工（热加工及冷切削加工）的常规工种，即车、钳、铣、刨、锻、铸、焊、磨的基础理论知识、基本技能及典型零件的加工方法、步骤及工艺基础。

本书适合作为高职院校工科类学生金工实习的基础教材，也适合作为高职院校非工科各个专业学生的教学用书。

图书在版编目(CIP)数据

传统加工实训教程/许建伟，黄辉主编．—北京：中国铁道出版社，2018.9(2024.7重印)
高等职业教育"十三五"规划教材
ISBN 978-7-113-24862-8

Ⅰ.①传… Ⅱ.①许… ②黄… Ⅲ.①金属切削-高等职业教育-教材 Ⅳ.①TG5

中国版本图书馆CIP数据核字(2018)第187196号

书　　名：传统加工实训教程
作　　者：许建伟　黄　辉

策　　划：潘星泉　　**编辑部电话**：(010)51873090
责任编辑：潘星泉
封面设计：刘　颖
责任校对：张玉华
责任印制：樊启鹏

出版发行：中国铁道出版社有限公司(100054，北京市西城区右安门西街8号)
网　　址：https://www.tdpress.com/51eds/
印　　刷：北京市科星印刷有限责任公司
版　　次：2018年9月第1版　　2024年7月第8次印刷
开　　本：787 mm×1 092 mm　1/16　**印张**：10.75　**字数**：240千
书　　号：ISBN 978-7-113-24862-8
定　　价：29.00元

前　言

“金工实训”课程的教学目的和要求,是让学生了解机械制造的一般过程,熟悉机械零件的常用加工方法,主要设备、工夹量具的正确使用,初步具备对简单零件进行工艺分析和选择加工方法的能力,培养劳动观念、创新精神和理论联系实际的工作作风,初步建立市场、信息、质量、成本、效益、安全、群体和环保等工程意识。

虽然现代加工技术的不断发展和自动化程度的不断提高,切削加工的手段不断增多,其特种加工技术(利用各种能量,如电能、激光、等离子、超声波等)也不断推陈出新,使得加工的手段和工艺更加广泛,传统机械加工的许多内容已被取代。但对学生来说,认识机械零件的常用加工方法、了解各工种加工工艺、对简单零件进行工艺分析,传统加工是一个很好的载体。另外,传统机械加工也具有它独有的优势(如成本低、操作方便、异形零件的单件加工、模具特殊型腔的打磨、产品的装配与修理等)将长期存在,传统机械加工仍然具有强大的生命力,在切削加工中仍占重要的位置。因此,编者本着学以致用的原则编写了本书,并取名《传统加工实训教程》,以区别于其他金工实训教材。

限于学时和篇幅,本书大多数内容是围绕初级工所应掌握的知识和技能进行编写的,全书包括:钳工、铸造、锻造、焊接、车削、铣削、磨削、刨削、常用量具和切削加工基础共十章内容。本着基本理论“适度”“够用”的原则,本书在阐明原理的基础上,更加注重工程实践。本书内容是按照六周金工实习时间考虑的,在教学过程中,使用者可根据实际需要适当调整。

本教程由昆明冶金高等专科学校许建伟、黄辉任主编,杨芳、郝中波、吴世立任副主编。编写分工如下:许建伟编写第2章第2.3节,第3章第3.1节、第5章,马勤编写第2章第2.1、2.2、2.4节,黄辉编写第3章第3.2、3.3、3.4节,第4章,杨芳编写第6章、第8章,谭刚编写第7章,吴世立编写第9章,李军编写第10章,郝中波编写第1章。全书由昆明冶金高等专科学校陈福亮教授任主审。

在编写过程中,参考了兄弟院校老师编写的有关教材及其他资料,也得到了有关领导和同行的大力支持,在此表示衷心感谢!

由于我们的学识水平和经验有限,书中难免出现不妥之处,恳请广大读者批评指正。

编　者

2018年6月

目　录

第 1 章　切削加工基础 …… 1

1.1　切削加工概述 …… 1

1.2　切削加工的基本术语及定义 …… 1

1.3　刀具材料及其几何角度 …… 4

1.4　常用切削加工机床 …… 10

1.5　零件切削加工步骤安排 …… 13

思考题 …… 17

第 2 章　切削加工质量评价及常用工具 …… 18

2.1　切削加工质量概述 …… 18

2.2　切削加工质量及检测方法 …… 20

2.3　常用量具使用 …… 23

2.4　典型工件的测量 …… 46

思考题 …… 46

第 3 章　铸　造 …… 47

3.1　铸造概述 …… 47

3.2　砂型铸造工艺 …… 47

3.3　合金的浇注 …… 57

3.4　铸造技术训练实例 …… 58

思考题 …… 61

第 4 章　锻　造 …… 62

4.1　锻造概述 …… 62

4.2　金属的加热与锻件的冷却 …… 63

4.3　锻造设备 …… 66

4.4　自由锻造 …… 68

4.5　模型锻造 …… 71

4.6　锻造技术训练实例 …… 73

思考题 …… 76

第 5 章　焊　接 …… 77

5.1　焊接概述 …… 77

5.2　手工电弧焊 …… 79

5.3　其他焊接方法简介 …… 90

5.4　焊接技术训练实例 …… 94

思 考 题 …… 96
第6章 车削加工 …… 97
6.1 普通车削加工概述 …… 97
6.2 车削刀具及车床附件 …… 101
6.3 普通车床操作 …… 105
6.4 普通车削加工工艺 …… 106
思 考 题 …… 109
第7章 钳 工 …… 110
7.1 钳工概述 …… 110
7.2 划线、錾削、锯削和锉削 …… 111
7.3 钻孔、扩孔和铰孔 …… 121
7.4 攻螺纹和套螺纹 …… 123
7.5 装 配 …… 125
7.6 钳工训练实例 …… 128
思 考 题 …… 132
第8章 铣削加工 …… 133
8.1 铣削概述 …… 133
8.2 铣床及其附件 …… 135
8.3 铣刀及其安装 …… 139
8.4 主要铣削工作 …… 141
8.5 铣削训练实例 …… 144
思 考 题 …… 147
第9章 磨 削 …… 148
9.1 磨削概述 …… 148
9.2 磨床及砂轮 …… 149
9.3 主要磨削工作 …… 152
9.4 磨削训练实例 …… 154
思 考 题 …… 155
第10章 刨 削 …… 156
10.1 刨削概述 …… 156
10.2 刨床及刨刀 …… 156
10.3 刨削训练实例 …… 160
思 考 题 …… 164
参考文献 …… 165

第1章　切削加工基础

教学目的和要求：通过对切削加工基础知识的学习，了解切削加工机床，熟悉切削加工过程，掌握切削加工工艺。本章的要求为熟悉切削加工操作过程中的切削运动及切削用量三要素，熟悉刀具材料以及刀具角度，掌握各类常用加工机床的加工范围，了解常用零件的切削加工步骤。

1.1　切削加工概述

所谓切削加工是指用比工件硬度更高的切削工具（包括刀具、磨具和磨料）把坯料或工件上多余的材料层切去成为切屑，使工件获得规定的几何形状、尺寸和表面质量等，达到预期技术要求的加工过程。机械加工时工件和刀具分别夹持在机床的相应装置上，依靠机床提供的动力和其内部传动关系，由刀具对工件进行切削加工。其主要加工方式有车削、铣削、刨削、磨削、镗削等，使用的机床分别称为车床、铣床、刨床、磨床、镗床等。钳工则是由人工利用各类工具（锉刀、锯条等）对零件进行加工的过程。

随着现代加工技术的不断发展和自动化程度的不断提高，切削加工的手段不断增多，其特种加工技术也不断推陈出新，使得加工的手段和工艺更加广泛，传统机械加工的许多内容被取代。但传统机械加工独有的优势（如成本低、操作方便、异形零件的单件加工、模具特殊型腔的打磨、产品的装配与修理等）将长期存在，尤其是一些掌握特殊技能的操作工人，其加工单件产品的质量和配合部位的精度会比现代加工技术更高，因此，传统机械加工仍然具有强大的生命力，在切削加工中仍占重要的位置。

1.2　切削加工的基本术语及定义

1.2.1　切削运动

1. 切削运动

机床对机器零件，如各种平面、回转面、沟槽等这些表面切削加工时，刀具与工件之间需有特定的相对运动，这种相对运动称为切削运动。根据在切削过程中所起的作用不同，切削运动可分为主运动和进给运动两种，如图1-1所示，Ⅰ为主运动，Ⅱ为进给运动。

1）主运动

主运动是使工件与刀具产生相对运动以进行切削的最基本运动。如果没有主运动，就无法对工件进行切削加工。并且主运动只有一个。例如，车削中工件的旋转运动，铣削中铣刀的旋转运动，钻削中钻头的旋转运动，刨削中牛头刨床上刨刀的往复直线运动，磨削中砂轮的旋转运动等都是主运动。

2)进给运动

进给运动是使主运动能够继续切除工件上多余的金属,以便形成工件表面所需要的运动。如果没有进给运动,就不可能加工完整零件的形面,进给运动可以有一个或几个。如车削时车刀的纵向或横向运动,铣削过程中的工件移动,钻削中钻头的轴线移动,磨削中工件的移动或转动等。

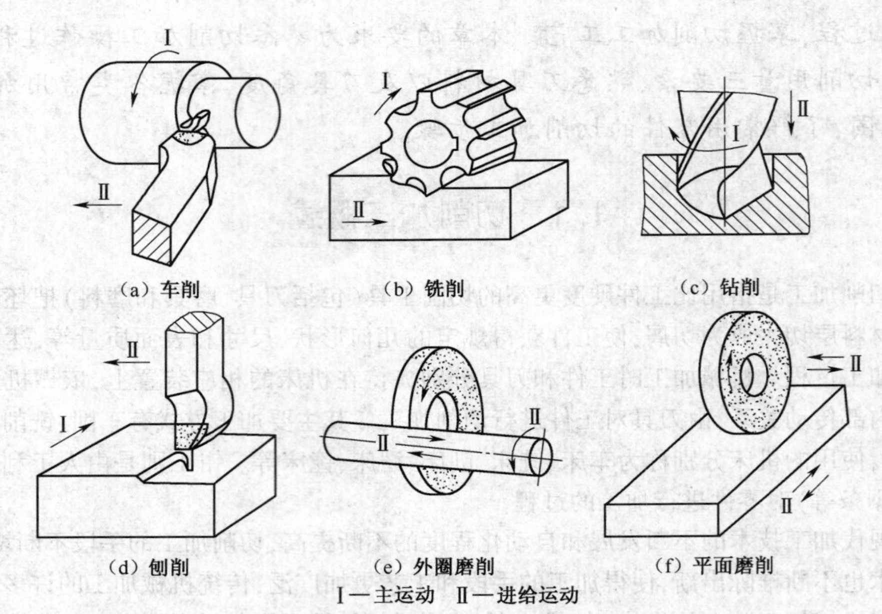

图 1-1 常见机械加工时的切削运动

2. 切削过程中形成的三个表面

在切削过程中,工件上同时形成三个不同变化着的表面,如图 1-2 所示。

1)待加工表面

工件上即将被切除的表面称为待加工表面,在切削过程中它的面积不断减少,直至全部切除。

2)已加工表面

工件上经刀具切削后形成的新表面称为已加工表面。在切削过程中它的面积逐渐扩大。

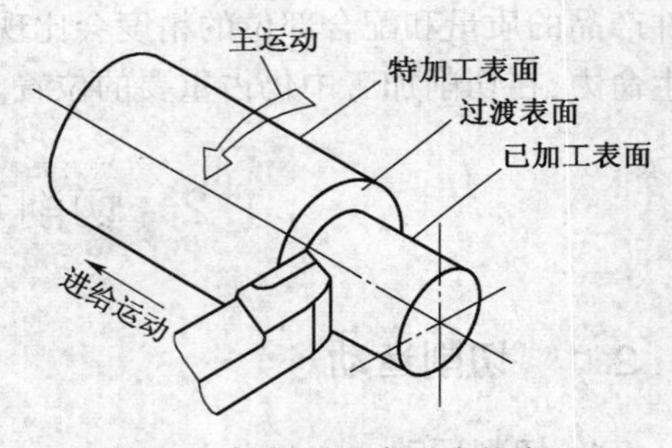

图 1-2 切削过程中形成的表面

3)过渡表面(加工表面)

在工件需加工的表面上,被切削刃切削形成的轨迹表面称为过渡表面。它在主运动的下一行程被切掉或由下一切削刃切掉(多齿刀具)。

1.2.2 切削要素

在切削加工过程中,切削要素主要包括切削用量和切削层几何参数。

1. 切削用量三要素

切削用量是指切削速度 v_c、进给量 f(进给速度 v_f)和切削深度(背吃刀量)a_p 三者的总称,也称为切削三要素。切削三要素的合理选择是保证切削加工顺利进行的首要条件,而在实际生产中由于零件的材料、热处理状态、加工性质等多方面的因素变化,切削要素具有较大的不确定性。因此,如何适应上述变化,在加工过程中选择较合理的切削要素,将是一个不断学习的过程。

1)切削速度 v_c

切削速度是切削刃上选定点相对于工件待加工表面在主运动方向上的瞬时速度。它是描述主运动的参数,法定单位为 m/s,但在生产中除磨削的切削速度单位用 m/s 外,其他切削速度的单位习惯上用 m/min。

当主运动为旋转运动时(如车削、铣削、磨削等),切削速度的计算公式为

$$v_c = \frac{\pi dn}{60 \times 1\,000}\ (\mathrm{m/s}) \quad 或 \quad v_c = \frac{\pi dn}{1\,000}\ (\mathrm{m/min}) \tag{1-1}$$

当主运动为往复直线运动时(如刨削、插削等),切削速度的计算公式为

$$v_c = \frac{2Ln}{60 \times 1\,000}\ (\mathrm{m/s}) \quad 或 \quad v_c = \frac{2Ln}{1\,000}\ (\mathrm{m/min}) \tag{1-2}$$

式中 d——待加工表面的直径或刀具切削处的最大直径(mm);

n——工件或刀具的转速(r/min)或为主运动每分钟往复的次数(行程次数)(str/min);

L——往复运动行程长度(mm);

切削速度对加工质量的影响较大。在粗加工阶段,其切削加工的主要矛盾是用最短的时间将工件多余的毛坯去除,因此为保证刀具的耐用度和切削力对工艺系统的影响,往往取值较低;在精加工阶段,其切削加工的主要矛盾是保证加工质量(这里主要体现为表面粗糙度),因此,往往取较高值。

2)进给量

表示进给运动速度大小的方法有三种:进给速度 v_f、进给量 f、每齿进给量 f_z。进给速度 v_f 是指切削刃上选定点相对于工件的瞬时进给运动速度,单位为 mm/s;进给量 f 是指主运动在一个工作循环内,刀具与零件在进给方向上的相对位移量。进给量常用单位有:当主运动为旋转运动(如车床)时,用每转进给量 mm/r 表示;当主运动为往复直线运动(如刨床)时,用每行程进给量 mm/str 表示;每齿进给量 f_z:对于多齿刀具(如铣刀),每转一齿,工件和刀具在进给运动方向上的相对位移量,单位为 mm/z。

3)切削深度(背吃刀量)a_p

一般是指工件待加工表面与已加工表面间的垂直距离,单位为 mm。铣削的切削深度(背吃刀量)为沿铣刀轴线方向上测量的切削层尺寸。

车削外圆时切削深度(背吃刀量)的计算公式为

$$a_p = (D - d)/2\ (\mathrm{mm}) \tag{1-3}$$

式中 D——工件上待加工表面的直径(mm)。

d——工件上已加工表面的直径(mm)。

对于钻削时切削深度(背吃刀量)的计算公式为

$$a_p = d/2(\text{mm}) \tag{1-4}$$

式中　d——钻孔直径(mm)。

切削深度(背吃刀量)增加,生产效率提高,但切削力也随之增加,故容易引起工件振动,使加工质量下降。

4) 切削三要素的选择原则

粗加工阶段的主要矛盾是尽快地将零件多余的毛坯去除,因此,在工艺系统刚性允许的情况下,首选较大的背吃刀量,其次选择较大的进给量,最后选择较小的切削速度。精加工阶段的主要矛盾是保证加工质量,因此,在主轴转速和刀具允许的情况下,首选较高的切削速度,其次选择较低的进给量,最后选择较小的背吃刀量。

2. 切削层几何参数

切削层是指工件上相邻两个加工表面之间的一层金属(图 1-3),即工件上正被切削刃切削着的那层金属。

a_w 为切削宽度,即沿主切削刃方向度量的切削层尺寸。

a_c 为切削厚度,即相邻两加工表面间的垂直距离。

A_c 为切削面积,即切削层垂直于切削速度截面内的面积。

车外圆时的计算公式为

$$A_c = a_w a_c = a_p f \tag{1-5}$$

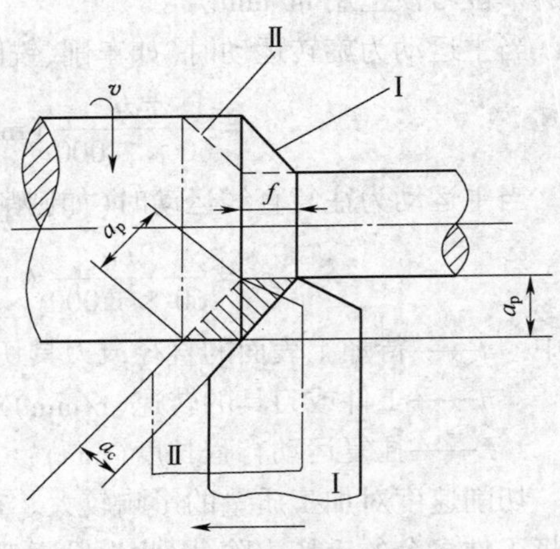

图 1-3　切削层几何参数

1.3　刀具材料及其几何角度

刀具是切削加工中影响生产率、加工质量和成本最活跃的因素。在金属加工过程中,刀具直接参与切削,为使刀具具有良好的切削性能,必须选择合适的刀具材料、合理的刀具角度和适当的刀具结构。

1.3.1　刀具材料

1. 刀具材料应具备的性能

通常讲的刀具材料是指切削部分的材料。在切削加工过程中,刀具切削部分在高温下承受着很大的切削力与剧烈的摩擦。在断续切削时,还伴随着冲击和振动,引起切削温度的波动,因此刀具材料应具备以下性能:

1) 高硬度和高耐磨性

刀具材料的硬度必须大大高于工件材料的硬度。一般刀具材料在室温下应具有 60HRC 以上的硬度。耐磨性是指刀具材料抵抗磨损的能力。一般刀具材料硬度越高,耐磨性就越好。

2）足够的强度和韧性

刀具材料要承受很大的切削力，断续切削时还要承受冲击载荷，所以刀具材料必须具备足够的强度和韧性。一般来说，刀具材料的硬度越高，强度就越低，材料就越脆。

3）高的耐热性

耐热性是指刀具材料在高温下保持其硬度、耐磨性、强度和韧性的能力。它是衡量刀具材料性能的主要指标，耐热性越高，刀具允许的切削速度就越高。除此之外，为便于刀具的制造和刃磨，要求刀具具有良好的工艺性；为了降低成本，提高效益，还应考虑刀具材料的经济性。

2. 常用刀具材料

常用的刀具材料有碳素工具钢、合金工具钢、高速钢、硬质合金和超硬材料（如陶瓷、人造金刚石、立方氮化硼等）。目前应用最多的刀具材料是高速钢和硬质合金。

1）碳素工具钢

该材料属于优质高碳钢，淬火后硬度大于 62HRC，但淬火后易产生变形和开裂，由于其红硬性温度仅为 200~300 ℃，所以常用于制造手工工具和切削速度较低的钳工刀具，如锉刀、手工锯条、刮刀等。

2）合金工具钢

在碳素工具钢中加入了少量的硅、锰、铬、钨等合金元素，使其硬度和耐磨性均有所提高，其红硬性温度可达 300~400 ℃，淬火变形较小，因此，常用于制造形状复杂的刀具，如铰刀、丝锥、板牙等。

3）高速钢

在合金工具钢中加入了钨、铬、钒等合金元素，其硬度可达 62~65HRC、红硬性温度可达 500~600 ℃，且具有较高的强度和韧性，因此，常用于制造各类形状复杂的刀具，如钻头、铣刀、拉刀、丝锥、板牙、齿轮刀具等，应用相当广泛。常用高速钢的牌号、性能及应用场合见表 1-1。

表 1-1　常用高速钢的牌号、性能及应用场合

牌号	性能	应用场合
W18Cr4V	优点：具有良好的热硬性，被磨削加工性好，淬火过热敏感性小，比合金工具钢的耐热性能高，在 600℃时，仍具有较高的硬度和较好的切削性 缺点：碳化物较粗大，强度和韧性随材料尺寸增大而下降，仅适用于制造一般刀具，不适于制造薄刃或较大的刀具	广泛用于制造加工中等硬度或软的材料的各种刀具，如车刀、铣刀、拉刀、齿轮刀具、丝锥等；也可制作冷作磨具，还可用于制造高温下工作的轴承、弹簧等耐磨、耐高温的零件
W6Mo5Cr4V2	具有良好的热硬度和韧性，淬火后表明硬度可达 64~66HRC，这是一种含钼低钨高速钢，成本低，是仅次于 W18Cr4V 而获得广泛应用的一种高速工具钢	适于制造钻头、丝锥、板牙、铣刀、齿轮刀具、冷作模具等
W6Mo5Cr4V3	优点：具有碳化物细小均匀、韧性高、塑性好等优点，耐磨性优于 W6Mo5Cr4V2 缺点：可磨性差，易于氧化脱碳，不宜制作高精度复杂刀具	可制作各种类型的一般刀具，如车刀、刨刀、丝锥、钻头、成型铣刀、拉刀、滚刀等，适于加工中高强度钢、高温合金等难加工材料
W12Cr4V5Co5	高碳高钒含钴高速钢具有良好的耐磨性，硬度高，抗回火稳定性良好。由于高温硬度和热硬性均较高，因此，工作温度高，工作寿命较其他的高速钢成倍提高	适用于加工难加工材料，如高强度钢、中强度钢、冷轧钢、铸造合金钢等；适于制作车刀、铣刀、齿轮刀具、成形刀具、螺纹加工刀具及冷作模具，但不适于制造高精度的复杂刀具

续表

牌号	性能	应用场合
W2Mo9Cr4VCo8	高碳含钴超硬型高速钢，具有高的室温及高温硬度，热硬性高，可磨削性好，刀刃锋利	适于制作各种高精度复杂刀具，如成形铣刀、精拉刀、专用钻头、车刀、刀头及刀片，对于加工铸造高温合金、钛合金、超高强度钢等难加工材料，均可得到良好的效果
W9MoCr4V	钨钼系通用高速钢，通用性强，综合性能超过W6Mo5Cr4V2，且成倍较低	适于制造各种高速切削刀具和冷、热模具
W6Mo5Cr4V2Al	含铝超硬型高速钢，具有高热硬性，高温磨性，热塑性好，且高温硬度高，工作寿命长	适于加工各种难加工材料，如高温合金钢、超高强度钢、不锈钢等，可制作车刀、镗刀、铣刀、钻头、齿轮刀具、拉刀等

4）硬质合金

硬质合金是由难熔金属碳化物（WC、Tic）和金属黏结剂（如 Co）经粉末冶金方法制成的。可分为碳化钨基和碳（氮）化钛基两大类。我国常用的碳化钨基硬质合金有钨钴类（如 YG3、YG6、YG8）和钨钛类（如 YT30、YT15、YT5 等），随着技术的不断进步，新牌号的硬质合金也非常多，且已在切削加工中广泛使用。

硬质合金根据所含合金元素的比例其性能也各有不同，但一般情况下硬质合金的硬度可达 78HRC 左右，耐热温度可达 1 000 ℃以上，其耐磨性也比高速钢好。正是因为硬质合金具有上述优点，其抗弯强度、冲击韧性和工艺性能较差，因此，只能制造形状相对于高速钢较简单的刀具，如各种形状的刀片、整体硬质合金的铣刀、铰刀、钻头等。常用硬质合金的牌号及其应用场合见表 1–2。

表 1–2　常用硬质合金牌号及应用场合

牌号	应用场合
YG3	铸铁、有色金属及合金的精加工、半精加工。切削时不能承受冲击载荷
YG6X	铸铁、冷硬铸铁、高温合金的精加工和半精加工
YG6	铸铁、有色金属及其合金的半精加工和精加工
YG8	铸铁、有色金属及其合金、非金属材料的粗加工，也可继续切削
YT30	碳素钢、合金钢的精加工
YT15 YT14	碳素钢、合金钢在连续切削时的粗加工、半精加工及精加工，也可用于断续时的金加工
YT5	碳素钢、合金钢的粗加工。可用于断续切削
YW1	高温合金、高锰钢、不锈钢等难加工材料及普通钢、铸铁的精加工与半精加工
YW2	高温合金、高锰钢、不锈钢等难加工材料及普通钢、铸铁的精加工与半精加工
YN05	低碳钢、中碳钢、合金钢的高速精车，工艺钢性较好的细长轴精加工
YN10	碳钢、合金钢、工具钢、粹硬钢连续切削的精加工

5）超硬刀具材料及其他刀具材料

超高硬度刀具材料主要是指金刚石、立方氮化硼和陶瓷。其主要特点是硬性高，强度低，脆性大，主要加工高硬度的粹硬钢和冷硬铸铁、高温合金等难加工材料。超硬刀具材料及其他刀具材料在此不作详细介绍。

1.3.2　刀具的几何角度

切削刀具的种类很多,但它们的结构要素和几何角度有许多共同的特征。各种切削刀具中,车刀最为典型。在图 1-4 所示刀具中的任何一齿都可以看成是车刀切削部分的演变及组合,因此从车刀入手进行切削角度的研究更具有实际意义。

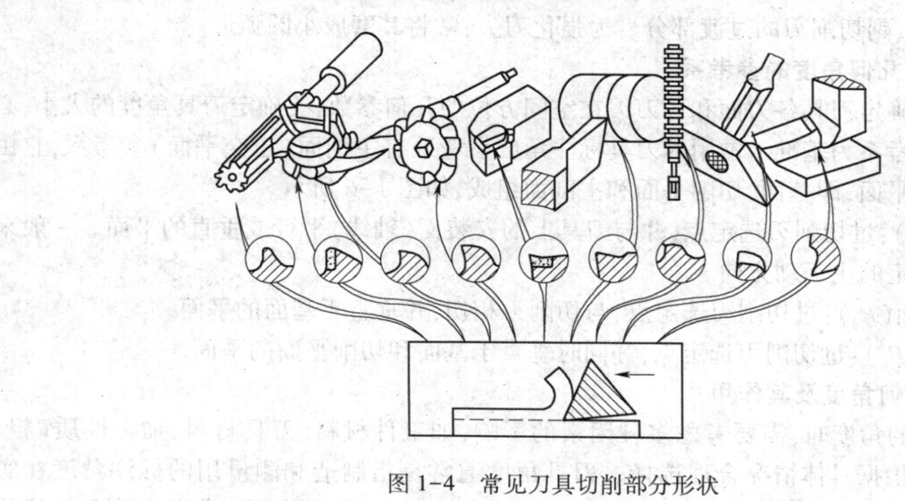

图 1-4　常见刀具切削部分形状

1. 车刀结构

刀具的工作部分就是产生和处理切削的部分,包括刀刃、使切削断碎或卷拢的结构、排屑或容储切削的空间。

有的刀具的工作部分就是切削部分,如车刀、刨刀、镗刀和铣刀等。

有的刀具的工作部分则包含切削部分和校准部分,如钻头、扩孔钻、铰刀、内表面拉刀和丝锥等。切削部分的作用是用刀刃切除切屑,校准部分的作用是修光已切削的加工表面和引导刀具。

刀具工作部分的结构有整体式、焊接式和机械夹固式三种:

(1)整体式结构是在刀体上做出切削刃;

(2)焊接式结构是把刀片钎焊到钢的刀体上;

(3)机械夹固式结构又有两种,一种是把刀片夹固在刀体上,另一种是把钎焊好的刀头夹固在刀体上。

硬质合金刀具一般制成焊接式结构或机械夹固式结构;陶瓷刀具都采用机械夹固式结构。

车刀是由刀头和刀杆两部分组成。刀头是车刀的切削部分,刀杆是车刀的夹持部分。切削部分由三面、两刃、一尖组成,如图 1-5 所示。

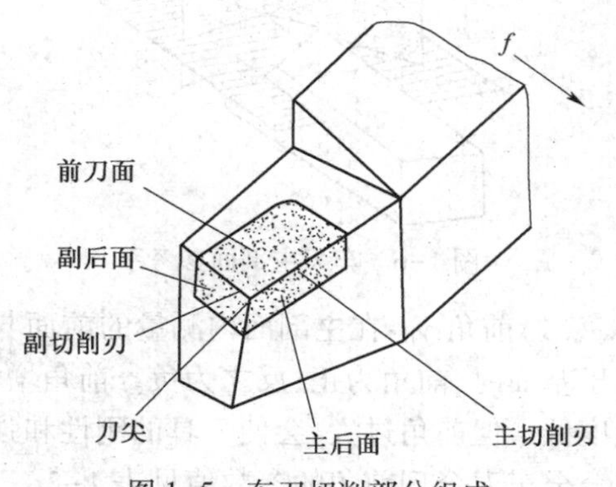

图 1-5　车刀切削部分组成

(1)前刀面 A_γ:刀具上切屑流过的表面。

(2)主后面 A_α:刀具上与过渡表面(加工表面)相对的表面,与前面相交形成主切削刃。

(3)副后面 A'_α:刀具上与已加工表面相对的表面,与前面相交形成副切削刃。

(4)主切削刃 S:前面与主后面相交形成的刀刃,担负主要的切削工作。

(5)副切削刃 S':前面与副后面相交形成的刀刃,担负少量的切削工作。

(6)刀尖:主、副切削刃的过渡部分。为强化刀尖,常将其磨成小圆弧形。

2. 确定刀具几何角度的参考系

刀具角度是确定刀具各刀面和各刀刃在空间方位的几何参数,要确定刀具角度的大小,必须有空间坐标参考系为基准。常用的刀具标注角度参考系有主剖面(正交平面)参考系,它由三个相互垂直的平面,即基面、切削平面和主剖面组成,如图 1-6 所示。

(1)基面(P_r):过切削刃选定点,并与刀具上的安装面(轴线)平行或垂直的平面。一般来说基面垂直于假定的主运动方向。

(2)切削平面(P_s):过切削刃选定点,与切削刃相切,并垂直于基面的平面。

(3)主剖面(P_o):过切削刃选定点,并同时垂直于基面和切削平面的平面。

3. 刀具的几何角度及其作用

在选择刀具的角度时,需要考虑多种因素的影响,如工件材料、刀具材料、加工性质(粗、精加工)等,必须根据具体情况合理选择。刀具角度通常是指制造和测量用的标注角度在实际工作时,由于刀具的安装位置不同和切削运动方向的改变,而导致实际工作的角度和标注的角度有所不同,但通常相差很小。

在主剖面参考系中,车刀的主要角度有前角、后角、主偏角、副偏角和刃倾角,如图 1-7 所示。

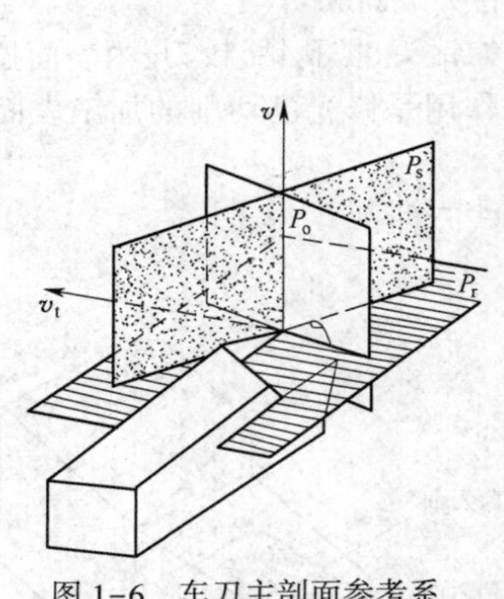

图 1-6 车刀主剖面参考系

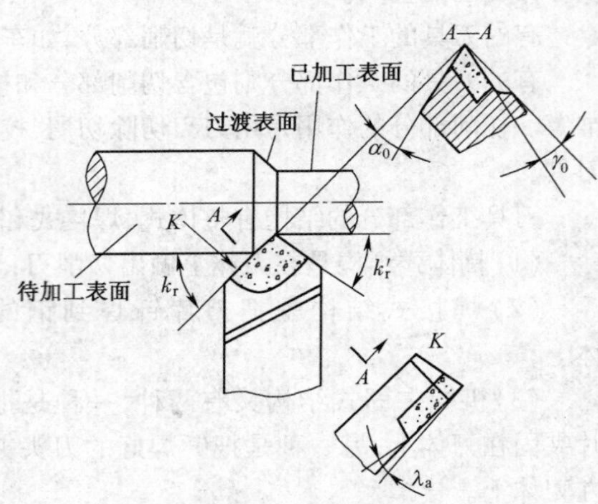

图 1-7 车刀主要角度

(1)前角 γ_0:在主剖面内测量的前面与基面之间的夹角。前角可以为正、负和零,当前面低于基面时,前角为正;反之为负。前角增大会使主切削刃锋利,切屑变形小,切削省力,切削温度低。但前角过大,会使刀具的刚性和强度变差,散热能力变差,容易造成磨损和崩刃。硬质合金车刀合理前角的参数值见表 1-3。

表 1-3　硬质合金车刀合理前角 γ_0 的参数值表

工件材料	合理前角 γ_0(°)	
	粗车	精车
低碳钢	20~25	25~30
中碳钢	10~15	15~20
合金钢	10~15	15~20
粹火钢	-15~-5	
不锈钢(奥氏体)	15~20	20~25
灰铸铁	10~15	5~10
铜及铜合金	10~15	5~10
铝及铝合金	30~35	5~10
钛合金 $\sigma \leqslant 1.77$ MPa	5~10	

(2)后角 α_0:在主剖面内测量的主后面与切削平面之间的夹角。后角可以为正、负和零。后角主要影响刀具主后面与工件过渡表面之间的摩擦,适当增大后角,可以提高刀具的耐用度和加工质量。硬质合金刀具合理后角的参考值见表 1-4。

表 1-4　硬质合金刀具合理后角 α_0 的参考值

工件材料	合理后角 α_0(°)	
	粗车	精车
低碳钢	8~10	10~12
中碳钢	5~7	6~8
合金钢	5~7	6~8
粹火钢	8~10	
不锈钢(奥氏体)	6~8	8~10
灰铸铁	4~6	6~8
铜及铜合金(脆)	6~8	
铝及铝合金	8~10	10~12
钛合金 $\sigma \leqslant 1.7$ MPa	10~15	

(3)主偏角 k_r:在基面内测量的切削平面与进给运动方向之间的夹角。减小主偏角,可提高刀具的耐用度,减小残留面积高度最大值,增大切削厚度,使切屑容易折断。但减小主偏角也会使径向力 F_y 增大,在工艺系统刚性不足时,影响工件表面粗糙度,降低刀具耐用度。

(4)副偏角 k_r':在基面内测量的切削平面与进给运动反方向之间的夹角。副偏角主要影响已加工表面粗糙度和刀具的耐用度。

(5)刃倾角 λ_a:在切削平面内测量的主切削刃与基面之间的夹角。其作用主要是控制切屑的流动方向。如图 1-8 所示,当刀尖处于切削刃的最低点时 λ_s 为负值,刀尖强度好,切屑流向已加工表面,用于粗加工;当刀尖处于切削刃的最高点时 λ_s 为正值,刀尖强度被削弱,切屑流向待加工表面,用于精加工。硬质合金车刀刃顷角参考值见表 1-5。

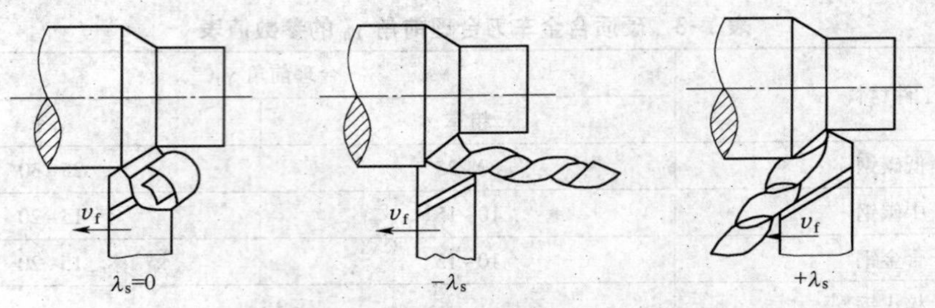

图 1-8　刃倾角对切屑流向的影响

表 1-5　硬质合金车刀刃顷角 λ_s 的参考值

工件材料	合理前角 λ_s(°)	
	粗车	精车
低碳钢	0	0~5
中碳钢	-5~0	0~5
铸铁件、中碳钢断续切削	-10~-5	0~5
不锈钢	-5~0	0~5
45 钢淬火 40~50 HRC	-12~-5	
灰铸铁、青铜、碎黄铜	-5~0	0
灰铸铁断续切削	-15~-10	0
铝及铝合金、纯铜	5~10	

1.4　常用切削加工机床

切削加工机床是利用切削及特种加工方法将毛坯加工成机器零件的设备。金属切削机床是机械制造装备的重要组成部分，是制造机器的机器，因此又称为“工作母机”，习惯上简称机床。机床的质量在很大程度上反映了一个国家制造业的水平。

1.4.1　机床的分类

机床的种类繁多，为了便于区别、使用和管理，必须加以分类。常用机床的分类方法有以下几种：

机床最基本的分类方法是按照加工性质、所用刀具和用途进行分类，可分为车床、铣床、刨插床、钻床、磨床、镗床、齿轮加工机床、螺纹加工机床、拉床、特种加工机床、锯床及其他机床共 12 大类。其中在每一类机床中，又按照工艺范围、布局形式和结构性能的不同分为若干组，每一组又分为若干系。

同类机床按应用范围不同可分为通用机床(又称万能机床)、专门化机床、专用机床。通用机床可用于多种零件不同工序的加工，加工范围较广、通用性较大，但结构比较复杂、生产率较低，主要适用于单件小批量生产。如卧式车床、万能外圆磨床、万能升降台铣床等。专门化机床用于加工一定尺寸范围内的某一类或几类零件的某些特定工序，适用于成批生产。如曲轴车床、花键铣床。专用机床只能用于加工某一特定零件的某一道特定工序。它是根据工艺要求专门设计制造，其生产率较高，机床自动化程度也较高，通常用于大批量生产。如车床主轴箱的专用镗床、车床专用导轨磨床及组合机床等。

同种机床按工作精度不同可分为普通精度机床、精密机床和高精度机床。按机床的自动化程度可分为手动、机动、半自动和自动机床。按机床的重量和尺寸可分为仪表机床、中型机床（一般机床）、大型机床（质量大于 10 t）、重型机床（质量大于 30 t）和超重型机床（质量大于 100 t）。按机床主要工作部件的数目可分为单轴、多轴或单刀、多刀机床等。

1.4.2 机床的型号编制

机床的型号是每种机床产品的代号。我国的机床型号是根据 GB/T 15375—2008《金属切削机床型号编制方法》规定的，由汉语拼音字母和阿拉伯数字按一定规律组合而成。机床的型号用以简明地表示机床的类型、性能、结构特性以及主要规格等。

普通机床型号构成如下：

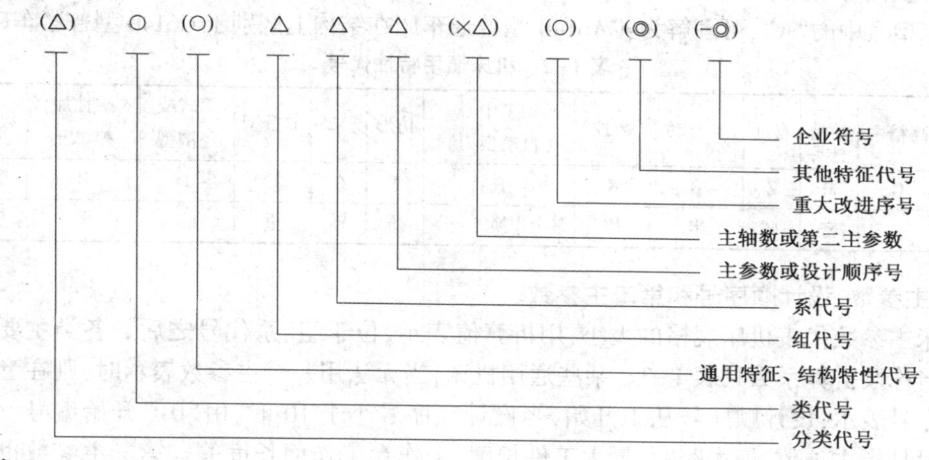

其中：

(1)有“(　)”的代号或数字，当无内容时则不表示，若有内容则不带括号；

(2)有“○”符号者，为大写的汉语拼音字母；

(3)有“△”符号者，为阿拉伯数字；

(4)有“◎”符号者，为大写的汉语拼音字母或阿拉伯数字，或两者兼有之。

1. 机床类、组、系的划分及其代号

机床的类代号用大写的汉语拼音字母表示，必要时每类可分为若干分类，分类代号用阿拉伯数字表示（第一分类不予表示），作为型号的首位。机床的类别及代号见表 1-1。

表 1-1　普通机床类别代号

类别	车床	钻床	镗床	磨床			齿轮加工机床	螺纹加工机床	铣床	刨插床	拉床	特种加工机床	锯床	其他机床
代号	C	Z	T	M	2M	3M	Y	S	X	B	L	D	G	Q
读音	车	钻	镗	磨	二磨	三磨	牙	丝	铣	刨	拉	电	割	其

在同一类机床中，主要布局或使用范围基本相同的机床，即为同一组。在同一组机床中，若其主参数、主要结构及布局形式相同的机床，即为同一系。

每类机床分为10个组，每组又分为10个系。机床的组用一位阿拉伯数字(0~9)表示，位于通用特性代号、结构特性代号之后；若无通用特性或结构特性代号就位于类代号之后。机床的系，用一位阿拉伯数字(0~9)表示，位于组代号之后。

2. 机床的特性代号

机床的特性代号表示机床具有的特殊性能，分为通用特性和结构特性。用汉语拼音字母表示，位于类代号之后。通用特性代号有统一固定的含义，在各类机床中所表示的意义相同，见表1-2。如果某一机床同时具有两种通用特性，则可将两个代号都在机床型号中加以表示。例如，“MBG”表示半自动高精度磨床。

结构特性代号用于区分主参数相同而结构、性能不同的机床，排在类代号和通用特性代号之后，无统一含义，但是不能使用通用特性代号已采用的字母和“I”、“O”两个字母。如果某机床只有结构特性代号而无通用特性代号，则只表示结构特性代号，位于类代号之后。例如，CA6140型普通车床型号中的“A”，可理解为：CA6140型普通车床在结构上区别于C6140型普通车床。

表1-2 机床通用特性代号

通用特性	高精密	精密	自动	半自动	数控	加工中心(自动换刀)	仿形	轻型	加重型	简式或经济型	柔性加工单元	数显	高速
代号	G	M	Z	B	K	H	F	Q	C	J	R	X	S
读音	高	密	自	半	控	换	仿	轻	重	简	柔	显	速

3. 主参数、设计顺序号和第二主参数

机床主参数代表机床规格的大小，用折算值表示，位于组、系代号之后。各类主要机床的主参数名称及折算系数见表1-3。某些通用机床，当无法用一个主参数表示时，则在型号中用设计顺序号表示，设计顺序号从1开始，当设计顺序号小于10时，由“01”开始编号。第二主参数一般是指主轴数、最大跨距、最大工件长度、工作台工作面长度等。第二主参数也用折算值表示，置于主参数之后，用“×”分开，读作“乘”。一般不予表示。

表1-3 各类主要机床的参数名称及折算系数

机床	主参数名称	折算系数	第二主参数
立式车床	最大车削直径	1/100	—
卧式车床	工件最大回转直径	1/10	最大工件长度
摇臂钻床	最大钻孔直径	1/1	最大跨度
卧式镗床	主轴直径	1/10	—
坐标镗床	工作台工作面宽度	1/10	工作台工作面长度
内圆、外圆磨床	最大磨削直径	1/10	最大磨削长度
矩形台平面磨床	工作台工作面宽度	1/10	工作台工作面长度
齿轮加工机床	最大工件直径	1/10	最大模数
龙门铣床	工作台工作面宽度	1/100	工作台工作面长度

续表

机床	主参数名称	折算系数	第二主参数
立式及卧式升降台铣床	工作台工作面宽度	1/10	工作台工作面长度
龙门刨床	最大刨削宽度	1/100	最大刨削长度
插床及牛头刨床	最大插削及刨削长度	1/10	—
拉床	额定拉力(t)	1/1	最大拉程

4. 机床的重大改进序号

当机床的性能和结构布局有重大改进,并按新产品重新设计、试制和鉴定后,在原机床型号的尾部加注重大改进序号,以区别原型号。序号按字母 A、B、C ……的顺序选用,但不允许选用“I”“O”两个字母。综合上述普通型号的编制方法,举例如下:“MGB1432”,该机床型号中“M”表示类代号(磨床);“G”表示通用特性代号(高精密);“B”表示通用特性代号(半自动);“1”为组代号(外圆磨床组);“4”表示系代号(万能外圆磨床系);“32”表示主参数代号(最大磨削外径为 320 mm)。

1.5　零件切削加工步骤安排

切削加工步骤安排是否合理,对零件加工质量、生产率及加工成本的影响很大。但是,因零件的材料、批量、形状、尺寸大小、加工精度及表面质量等要求不同,切削加工步骤的安排也不尽相同。在单件小批生产,小型零件的切削加工中,通常按以下步骤进行。

1.5.1　阅读零件图

零件图是表达单个零件形状、大小和特征的图样,也是在制造和检验机器零件时所用的图样。在生产过程中,根据零件图的技术要求进行生产准备、加工制造及检验。因此,零件图是制造零件的依据,是指导零件生产的重要技术文件,切削加工人员只有在完全读懂零件图要求的情况下,才可能加工出合格的零件。阅读零件图,要了解被加工零件是什么材料,零件上哪些表面要进行切削加工,各加工表面的尺寸、形状、位置精度及表面粗糙度要求,据此进行工艺分析,确定加工方案,为加工出合格零件做好技术准备。阅读零件图的具体步骤如下:

1. 读标题栏

了解零件的名称、材料、画图的比例、重量、单位名称、图样代号和设计、审核、批准等相关技术人员信息,了解零件概况,便于对接相关技术人员。

2. 分析视图,想象形状

结合组合体的读图方法(包括视图、剖视、剖面等),读出零件的内、外形状和结构,从基本视图看出零件的大体内外形状;结合局部视图、斜视图以及剖面等表达方法,读懂零件的局部或斜面的形状;同时,也从设计和加工要求方面了解零件的功能作用。

3. 分析尺寸和技术要求

了解零件的设计基准和工艺基准,把握零件各部分的定形、定位尺寸和零件的总体尺寸。还要读懂零件的表面结构、尺寸极限偏差、几何公差等内容。

4. 综合考虑

把读懂的零件结构形状、尺寸标注和技术要求等内容综合起来，就能比较全面地读懂这张零件图。有时为了读懂比较复杂的零件图，还需参考有关的技术资料，包括零件所在部件的装配图以及与它有关的零件图。

1.5.2 零件的预加工

加工前，要对毛坯进行检查，有些零件还需要进行预加工，常见的预加工有毛坯划线和钻中心孔。

1. 毛坯划线

零件的毛坯很多是由铸造、锻压和焊接方法制成的。由于毛坯有制造误差，且制造过程中由于加热和冷却不均匀产生的内应力易引起变形，为便于切削加工，加工前要对这些毛坯划线。通过划线确定加工余量、加工位置界线，合理分配各加工面的加工余量，使加工余量不均匀的毛坯免于报废。但在大批量生产中，由于零件毛坯使用专用夹具装夹，则不用划线。

2. 钻中心孔

在加工较长的轴类零件时，多采用锻压棒料做毛坯，并在车床上加工。由于轴类零件在加工过程中，需多次掉头装夹，为保证各外圆面间同轴度要求，必须建立同一定位基准。同一基准的建立是在棒料两端用中心钻钻出中心孔，工件通过双顶尖装夹进行加工。

1.5.3 选择加工机床及刀具

1. 切削加工机床

根据零件被加工部位的形状和尺寸，选择合适类型的机床，这是既能保证加工精度和表面质量，又能提高生产率的必要条件之一。常见机床用途如下：

1）车床

主要用于加工各种回转表面和回转体的端面。如车削内外圆柱面、圆锥面、环槽及成形回转表面，车削端面及各种常用的螺纹，配有工艺装备还可加工各种特形面。在车床上还能做钻孔、扩孔、铰孔、滚花等工作。

2）铣床

一种用途广泛的机床，在铣床上可以加工平面（水平面、垂直面）、沟槽（键槽、T形槽、燕尾槽等）、分齿零件[齿轮、花键轴、链轮、螺旋形表面（螺纹、螺旋槽）]及各种曲面。此外，还可用于对回转体表面、内孔加工及切断工作等。铣床在工作时，工件装在工作台或分度头等附件上，铣刀旋转为主运动，辅以工作台或铣头的进给运动，工件即可获得所需的加工表面。由于是多刀断续切削，因而铣床的生产率较高。

3）刨床、插床

主要用于加工各种平面（如水平面、垂直面和斜面及各种沟槽，如T形槽、燕尾槽、V形槽等）、直线成型表面。如果配有仿形装置，还可加工空间曲面，如汽轮机叶轮，螺旋槽等。这类机床的刀具结构简单，回程时不切削，故生产率较低，一般用于单件小批量生产。

4）镗床

适用于机加工车间对单件或小批量生产的零件进行平面铣削和孔系加工，主轴箱端部设有平旋盘径向刀架,能精确镗削尺寸较大的孔和平面。此外还可进行钻、铰孔及螺纹加工。

5)磨床

用磨料、磨具(砂轮、砂带、油石或研磨料等)作为工具对工件表面进行切削加工的机床统称为磨床。磨床可加工各种表面,如内外圆柱面和圆锥面、平面、齿轮齿廓面、螺旋面及各种成型面等,还可以刃磨刀具和进行切断等,工艺范围十分广泛。由于磨削加工容易得到较高的加工精度和较好的表面质量,所以磨床主要应用于零件精加工,尤其是淬硬钢件和高硬度特殊材料的精加工。

6)钻床

具有广泛用途的通用性机床,可对零件进行钻孔、扩孔、铰孔、锪平面和攻螺纹等加工。在摇臂钻床上配有工艺装备时,还可以进行镗孔;在台钻上配上万能工作台(MDT-180 型),还可铣键槽。

7)齿轮加工机床

齿轮是最常用的传动件,有直齿、斜齿和人字齿的圆柱齿轮,直齿和弧齿的圆锥齿轮,蜗轮以及非圆形齿轮等。加工齿轮轮齿表面的机床称为齿轮加工机床。

2. 切削刀具

金属切削刀具按切削加工工艺可分车削刀具(分外圆、内孔、螺纹、切割刀具等);钻削刀具(包括钻头、铰刀、丝锥等);镗削刀具;铣削刀具等。刀具的正确选择是机械加工工艺中的重要内容,它不仅影响机床的加工效率,而且直接影响加工质量。刀具的选择原则如下:

(1)尽可能选择大的刀杆横截面尺寸,较短的长度尺寸增加刀具的强度和刚度,减小刀具振动;

(2)选择较大主偏角(大于 75°,接近 90°);粗加工时选用负刃倾角刀具,精加工时选用正刃倾角刀具;

(3)精加工时选用无涂层刀片及小的刀尖圆弧半径;

(4)尽可能选择标准化、系列化刀具;

(5)选择正确的、快速装夹的刀杆刀柄。

1.5.4　安装工件

工件在切削加工之前,必须将工件牢固地安装在机床工作台或夹具上,并使其相对机床刀具有一个正确位置。工件安装包括定位和夹紧两个步骤,工件安装时,一般先定位再夹紧,而在三爪卡盘上安装工件时,定位和夹紧是同时进行的。

1. 定位

任何一个工件,在其位置尚未确定前,均具有六个自由度,即沿空间三个直角坐标轴 x,y,z 方向的移动与绕 x,y,z 轴的转动。所以,要使工件在机床夹具中正确定位,必须限制或约束工件的自由度,图 1-9 所示为工件的六点定位。

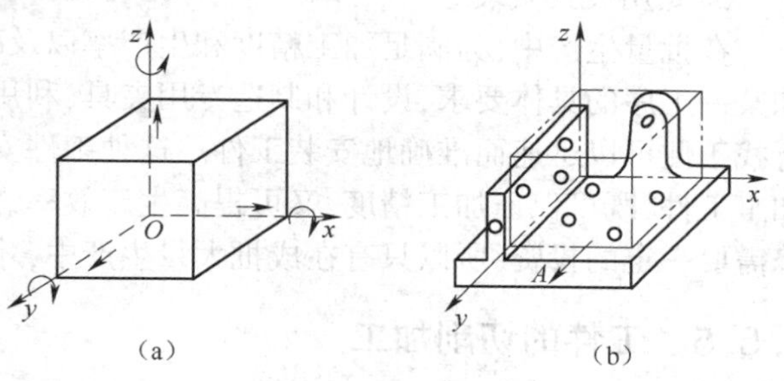

图 1-9　工件的六点定位

在工件定位时,其六个自由度并非

在任何情况下都要全部加以限制,需要限制的是影响工件加工精度的自由度。一般在定位中可能出现如下四种情况:

1)完全定位

工件的六个自由度全部被夹具中的定位元件所限制,而在夹具中占有完全确定的唯一位置,称为完全定位。

2)不完全定位

根据工件加工表面的不同加工要求,定位支承点的数目可以少于六个。有些自由度对加工要求有影响,有些自由度对加工要求无影响,这种定位情况称为不完全定位。不完全定位是允许的。

3)欠定位

按照加工要求应该限制的自由度没有被全部限制的定位称为欠定位。欠定位是不允许的。因为欠定位保证不了加工要求。

4)过定位

工件的一个或几个自由度被不同的定位元件重复限制的定位称为过定位。当过定位导致工件或定位元件变形,影响加工精度时,应该严禁采用。但当过定位并不影响加工精度,反而对提高加工精度有利时,也可以采用。各类钳加工和机加工都会用到。

2. 安装

在机械加工中,工件常见的安装方式有找正安装和专用夹具安装两种。

1)找正安装

工件直接安放在机床工作台或通用夹具(如三爪卡盘、四爪卡盘、平口钳、电磁吸盘等标准附件)上,有时不需要另行找正,可直接进行夹紧,如利用三爪卡盘或电磁吸盘安装工件时;有时则需要根据工件上某个表面或划线找正工件,再行夹紧,如在四爪卡盘或在机床工作台上安装工件。根据找正对象不同,找正安装又分为直接找正安装和划线找正安装。用找正安装方式安装工件时,找正比较费时,且定位精度的高低主要取决于所用工具或仪表的精度,以及工人的技术水平,定位精度不易保证,生产率较低,所以通常仅适用于单件小批量生产。

(1)直接找正安装,直接将工件安装在机床上,依据工件上合适的可供找正的表面,利用目测(或划针盘)或百分表(或千分表)进行直接找正,以确定工件在机床上的正确位置,这种安装方法叫做直接找正安装。

(2) 划线找正安装先由钳工划出被加工表面的轮廓线和中心线,安装时按线进行找正,以确定工件在机床上的正确位置,这种安装方法称为划线找正安装。它适合于形状复杂的工件、余量大且不均匀的毛坯件、位置精度要求高的零件的安装。

2)专用夹具安装

在批量生产中,为满足加工精度和生产率以及减轻工人劳动强度的要求,常根据工件形状和某一工序的具体要求,设计和制造专用夹具,利用夹具上的定位元件和夹紧机构,不需要进行找正便可以迅速而准确地安装工件。这种工件安装方法称为专用夹具安装,利用专用夹具加工工件,既可保证加工精度,又可提高生产效率,但没有通用性。专用夹具的设计、制造和维修需要一定的投资,所以只有在成批大量生产中,才能取得比较好的效益。

1.5.5 工件的切削加工

一个零件往往有多个表面需要加工,而各表面的质量要求又不相同。为了高效率、高质量、低成本地完成各零件表面的切削加工,要视零件的具体情况,合理地安排加工顺序和划分加工阶段。

1. 加工阶段的划分

1)粗加工阶段

即用较大的背吃刀量和进给量、较小的切削速度进行切削。这样既可以用较少的时间切除工件上大部分加工余量,提高生产效率,又可为精加工打下良好的基础,同时还能及时发现毛坯缺陷,及时报废或予以修补。

2)精加工阶段

因该阶段工件加工余量较小,可用较小的背吃刀量和进给量、较大的切削速度进行切削。这样加工产生的切削力和切削热较小,很容易达到工件的尺寸精度、形位精度和表面粗糙度要求。划分加工阶段除有利于保证加工质量外,还能合理地使用设备。但是,当毛坯质量高、加工余量小、刚性好、加工精度要求不很高时,可不用划分加工阶段,而在一道工序中完成粗、精加工。

2. 工艺顺序的安排

影响加工顺序安排的因素很多,通常考虑以下原则:

1)基准先行

应在一开始就确定好加工精基准面,然后再以精基准面为基准加工其他表面。一般工件上较大的平面多作为精基准面。

2)先粗后精。

先进行粗加工,后进行精加工,有利于保证加工精度和提高生产率。

3)先主后次。

主要表面是指零件上的工作表面、装配基准面等,它们的技术要求较高,加工工作量较大,故应先安排加工。次要表面(如非工作面、键槽、螺栓孔等)因加工工作量较小,对零件变形影响小,而又多与主要表面有相互位置要求,所以应在主要表面加工之后或穿插其间安排加工。

4)先面后孔。

有利于保证孔和平面间的位置精度。

5)"一刀活"。

指一次装夹中加工出有位置精度要求的各表面。

思　考　题

1. 什么是切削过程的主运动,什么是切削过程的进给运动,如何区别?
2. 切削过程形成哪三个表面?各表面的含义是什么?
3. 切削三要素是什么,切削加工过程中如何选择?
4. 金属切削刀具切削部分的材料应具备哪些要求?
5. 刀具几何参数包括哪四个方面?
6. 刀具主偏角、付偏角如何选择?
7. 如何安排零件的切削加工步骤?

第 2 章　切削加工质量评价及常用工具

教学目的和要求:随着现代加工技术的不断发展,切削加工精度要求越来越高,通过本章的学习,可以掌握切削加工质量评价由哪些内容组成,并了解加工精度的常见检查方法,熟悉常用量具的工作原理,使用方法及保养常识。

2.1　切削加工质量概述

任何机械产品都是由若干个相互关联的零件装配而成的。零件质量直接影响着产品的性能、寿命、效率、可靠性等质量指标,零件质量是保证产品质量的基础。零件的加工质量包括加工精度和表面质量。加工精度越高,加工误差就越小。零件的加工精度包括尺寸精度和几何精度。表面质量是指零件经过切削加工后的表面粗糙度、表面层的残余应力、表面的冷加工硬化等,其中表面粗糙度对使用性能影响最大。加工精度和表面粗糙度是影响零件加工质量的主要指标。

2.1.1　切削加工精度

1. 切削加工精度含义

1)加工精度和加工误差

在切削加工过程中,由于各种因素的影响使加工出的零件,不可能与理想的要求完全符合,这就产生了加工精度和加工误差。加工精度是指零件经机械加工后,其几何参数(尺寸、形状、表面相互位置)的实际值与理想值的符合程度。符合程度越高,加工精度也越高。加工误差是指各几何参数实际值与理想值之差。加工误差越小,加工精度越高。实际生产中,加工精度的高低是用加工误差的大小来评定的。

2)尺寸、形状和相互位置精度间的关系

零件的尺寸精度、形状精度和相互位置精度之间既有区别又有联系。通常尺寸精度高,其几何形状和相互位置精度也高。例如,为保证轴颈的直径尺寸精度,则轴颈的圆度误差不应超出直径的尺寸公差;又如,两平面本身的平面度很差,就很难保证其平行度。

2. 获得切削加工精度的方法

(1)获得尺寸精度的方法:有试切法、调整法、定尺寸刀具法和自动控制法等。

(2)获得形状精度的方法:有轨迹法、展成法、仿形法和成形刀具法等。

(3)获得位置精度的方法:由于零件的相互位置精度,主要由机床精度、夹具精度和工件的装夹精度来保证。其方法有一次装夹获得法、多次装夹获得法、非成形运动法。

2.1.2　切削加工表面质量

切削加工表面层质量对产品的质量有很大的影响。任何切削加工方法所获得的加工表面，实际上都不可能是绝对理想的表面。对加工表面的测试和分析可知，零件表面加工后存在着表面粗糙度、表面波纹度等微观几何形状误差以及划痕、裂纹等缺陷。此外，零件表面层在加工过程中也会产生物理、机械性能的变化。切削加工表面质量主要包括如下内容：

1. 加工表面的几何形状特征

1）表面粗糙度

表面粗糙度是指零件表面的微观几何形状误差。机械加工时由于加工系统（机床、刀具、工件）的震动、刀具与工件的摩擦等，在工件的表面会形成凹凸不平的加工痕迹。这些微小的凹凸不平的峰谷的高低程度用表面粗糙度来表示。其等级用表面的轮廓算术平均偏差 Ra 作为表面粗糙度的评定参数，它一般情况下代表着零件的表面质量，其值越大，则表面越粗糙。

2）表面波纹度

表面波纹度是指介于形状误差与表面粗糙度之间的周期性几何形状误差，主要是由加工过程中工艺系统的振动引起的。一般将零件表面中峰谷的波长 λ 和波高 H_B 之比为 50~1 000 的不平程度称为表面波度。

2. 影响切削加工表面质量的因素

影响切削加工表面质量的因素很多，概括为影响加工表面粗糙度和表面波度的因素，因表面波度的影响因素为工艺系统的振动，下面主要讨论影响表面粗糙度的因素。

1）工件材料

工件材料的力学性能中塑性是影响表面粗糙度的最大因素。塑性较大的材料，加工后表面粗糙度值大，而脆性材料加工后表面粗糙度值比较接近理论值。对于同样的材料，晶粒组织越粗大，加工后的表面粗糙度也越大。为了减小加工后的表面粗糙度，常在切削加工前进行调质处理，以得到均匀细密的晶粒组织和合适的硬度。

2）刀具几何形状、材料和刃磨质量

刀具的前角对切削加工中的塑性变形影响很大，前角增大，塑性变形减小，表面粗糙度值也将减小。当前角为负值时塑性变形增大，表面粗糙度值增大。增大后角，可以减小刀具后面与加工表面间的摩擦，从而减小表面粗糙度。刃倾角影响着实际前角的大小，对表面粗糙度也有影响。主偏角和副偏角、刀尖圆弧半径从几何因素方面影响着加工表面粗糙度。刀具材料及刃磨质量对产生积屑瘤、鳞刺等影响甚大，选择与工件摩擦系数小的材料（如金刚石）以及提高刀刃的刃磨质量都有助于降低表面粗糙度值。此外，合理选择冷却液，可以减少材料的变形和摩擦，降低切削区的温度，也可以减小表面粗糙度值。

3）切削用量

切削用量中对加工表面粗糙度影响最大的是切削速度。实验证明切削速度越高，切削过程中切屑和加工表面的塑性变形程度越小，表面粗糙度值就越小。积屑瘤和鳞刺都在较低的切削速度范围内产生，采用较高的切削速度能避免积屑瘤和鳞刺对加工表面的影响。

实际生产中，要针对具体问题进行具体分析，抓住影响表面粗糙度的主要因素，才能事半功倍地降低表面粗糙度值。例如，在高速精镗和精车时，如果采用锋利的刀尖和小进给量，则加工轮廓曲线很有规律。若要进一步减小表面粗糙度，必须减小进给量，改变刀具几何参数，并注意在改变刀具几何形状时避免增大塑性变形。

2.2 切削加工质量及检测方法

切削加工质量对产品的工作性能和使用寿命等方面影响很大，零件的切削加工质量包括切削加工精度和切削加工表面质量。

2.2.1 切削加工精度

工件经过切削加工后，其加工质量主要由加工精度来判断，加工精度在数值上通过加工误差来表示。精度越高，误差越小；反之精度越低，误差就越大。零件的几何参数包括几何形状、尺寸和相互间的位置关系等方面的内容，故加工精度可用尺寸精度及形状和位置精度来表示。

1. 尺寸精度

尺寸精度是指零件的直径、长度、两平面之间的距离、角度等尺寸的实际数值与理论值的接近程度。尺寸精度用尺寸公差来控制，根据 GB/T 1800.1—2009《极限与配合基础第 2 部分：公差、偏差和配合的基础》，尺寸公差分 20 个等级，公差代号用符号"IT+阿拉伯数"组成，并将标准公差分为 IT01、IT0、IT1～IT18，共 20 级，IT 表示标准公差，数值越大，精度越低，其中 IT01 级精度要求最高，IT18 级精度要求最低，一般尺寸后未标注公差等级的（即只有尺寸值）按照 IT12 级来制造。

2. 形状和位置精度

形状和位置精度是指加工后零件上的点、线、面的实际形状和位置与理想形状和位置相符合的程度。形状精度和位置精度的最大区别在于前者是单一要素，与其他要素没有关系，如直线度、平面度等；而后者是关联要素，必须以某一要素为基准，如平行度、垂直度等。形状和位置精度用几何公差来控制，按照 GB/T 1182—2008《产品几何技术规范（GPS）几何公差形状、方向、位置和跳动公差标注》规定，几何公差包括形状、方向、位置和跳动公差。几何公差的几何特征符号参见表 2-1 几何公差及基本符号

表 2-1 几何公差及基本符号

公差	特征项目	符号	有或无基准要求
形状	直线度	—	无
	平面度	▱	无
	圆度	○	无
	圆柱度	⌭	无
	线轮廓度	⌒	有或无
	面轮廓度	⌓	有或无

公差	特征项目	符号	有或无基准要求
方向	平行度	//	有
	垂直度	⊥	有
	倾斜度	∠	有
位置	位置度	⌖	有或无
	同轴（同心）度	◎	有
	对称度	⌯	有
跳动	圆跳动	↗	有
	全跳动	⌰	有

2.2.2　切削加工的表面质量

切削加工的表面质量也称表面完整性，它包括加工表面的几何质量和表面材质特性两方面。

1. 表面微观几何质量

表面微观几何质量常采用表面粗糙度来表示。表面粗糙度是指零件在加工过程中由于不同的加工方法、机床与刀具的精度、振动及磨损等因素在加工表面上所形成的具有较小间距和较小峰值的微观不平度。表面粗糙度对机械零件的耐磨性、耐腐蚀性、抗疲劳强度、接触刚度、配合性能、密封性及测量精度等有直接影响。国家标准 GB/T 131—2009 中规定了多种评定表面粗糙度的指标，其中轮廓算术平均偏差 *Ra* 应用最广。表面粗糙度参考值越小，表明零件表面越光洁。不同粗糙度的表面特征见表 2-2。

表 2-2　不同表面特征的表面粗糙度

加工方法		Ra/μm	表面特征
粗车、粗镗、粗铣、粗刨、钻孔		50	明显可见刀痕
		25	可见刀痕
		12.5	微见刀痕
精铣、精刨	半精车	6.3	可见加工痕迹
		3.2	微见加工痕迹
	精车	1.6	不见加工痕迹
粗磨、精车		0.8	可辨加工痕迹的方向
精磨		0.4	微辨加工痕迹的方向
刮削		0.2	不辨加工痕迹的方向
精密加工		0.1~0.008	按表面光泽判别

2. 表面材质特性

切削加工过程中由于力和热等因素的综合作用，工件表面层材质的物理力学性能和化学性能发生了一定的变化，主要包括：加工表面层因塑性变形产生的冷作硬化；加工表面层因切削热或磨削热引起的金相组织变化；加工表面层因力或热的作用产生的残余应力。

1）表面层的冷作硬化

切削加工过程中表面层金属受到切削力和切削热的作用，产生强烈的塑性变形。使表面层的强度和硬度提高，塑性下降，这种现象称为冷作硬化。其实质是使晶格扭曲、畸变，晶粒间产生剪切滑移，晶粒被拉长。

2）表面层残余应力

机械加工过程中由于切削变形和切削热等作用，机械加工后的工件，一般都存在一定的残余应力。这是由于切削加工中表面层产生了强烈的塑性变形。同时，金相组织变化造成的体积变化也是产生残余应力的原因之一。

3)表面层金相组织变化

机械加工过程中,工件表面加工区及其周围在切削热的作用下温度上升,当温度升高到超过工件材料金相组织变化的临界点时,就会发生金相组织变化。

2.2.3 切削加工表面质量检测

加工精度根据不同的加工精度内容以及精度要求,采用不同的测量方法。一般来说有以下几类方法:

(1)按是否直接测量被测参数,可分为直接测量和间接测量。

①直接测量:直接测量被测参数来获得被测尺寸。例如用卡尺、比较仪测量。

②间接测量:测量与被测尺寸有关的几何参数,经过计算获得被测尺寸。

显然,直接测量比较直观,间接测量比较繁琐。一般当被测尺寸或用直接测量达不到精度要求时,就不得不采用间接测量。

(2)按量具量仪的读数值是否直接表示被测尺寸的数值,可分为绝对测量和相对测量。

①绝对测量:读数值直接表示被测尺寸的大小、如用游标卡尺测量。

②相对测量:读数值只表示被测尺寸相对于标准量的偏差。如用比较仪测量轴的直径,需先用量块调整好仪器的零位,然后进行测量,测得值是被侧轴的直径相对于量块尺寸的差值,这就是相对测量。一般说来相对测量的精度比较高些,但测量比较麻烦。

(3)按被测表面与量具量仪的测量头是否接触,分为接触测量和非接触测量。

①接触测量:测量头与被接触表面接触,并有机械作用的测量力存在。如用千分尺测量零件。

②非接触测量:测量头不与被测零件表面相接触,非接触测量可避免测量力对测量结果的影响。如利用投影法、光波干涉法测量等。

(4)按一次测量参数的多少,分为单项测量和综合测量。

①单项测量;对被测零件的每个参数分别单独测量。

②综合测量:测量反映零件有关参数的综合指标。如用工具显微镜测量螺纹时,可分别测量出螺纹实际中径、牙型半角误差和螺距累积误差等。

综合测量一般效率比较高,对保证零件的互换性更为可靠,常用于完工零件的检验。单项测量能分别确定每一参数的误差,一般用于工艺分析、工序检验及被指定参数的测量。

(5)按测量在加工过程中所起的作用,分为主动测量和被动测量。

①主动测量:工件在加工过程中进行测量,其结果直接用来控制零件的加工过程,从而及时防止废品的产生。

②被动测量:工件加工后进行的测量。此种测量只能判别加工件是否合格,仅限于发现并剔除废品。

(6)按被测零件在测量过程中所处的状态,分为静态测量和动态测量。

①静态测量;测量相对静止。如千分尺测量直径。

②动态测量;测量时被测表面与测量头模拟工作状态中作相对运动。动态测量方法能反映出零件接近使用状态下的情况,是测量技术的发展方向。

2.3　常用量具使用

为保证零件的加工精度，在加工过程中要对工件进行测量；加工完的零件是否符合设计图纸要求，也要进行检验。这些测量和检验所用的工具称为量具。由于测量和检验的要求不同，所用的量具也不尽相同。量具的种类很多，常用的有金属尺、卡钳、游标卡尺、外径千分尺、百分尺、万能角度尺、百分表等。

2.3.1　金属直尺、内、外卡钳及塞尺

1. 金属直尺

金属直尺常称为钢尺，为普通测量长度用的简单量具，一般用矩形不锈钢片制成，两边刻有刻度（图 2-1）。金属直尺的一端成方形为工作端，另一端成半圆形并附悬挂孔可用于悬挂。金属直尺的刻度间距为 1 mm，也有的在起始 50 mm 内加刻了刻度间距为 0.5 mm 的刻度线。由于金属直尺的允许误差为±0.15～±0.3 mm，因此，只能用于对准确度要求不高的零件进行测量。金属直尺可用于测量长度、螺距、宽度、直径、深度以及划线等。

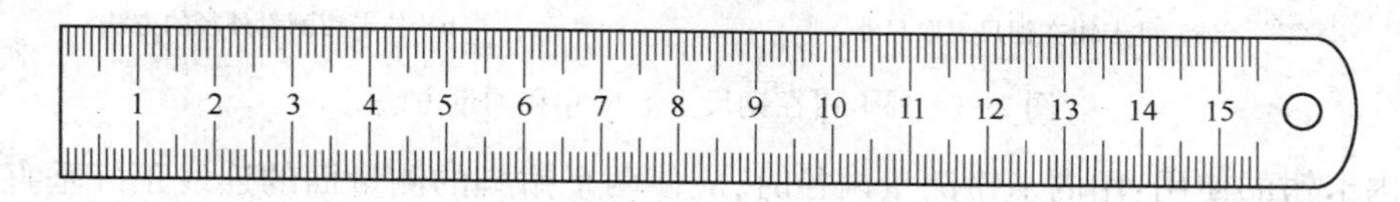

图 2-1　钢尺

由于金属直尺是一种测量工具，而且还是特殊的金属制作而成，因而在存放时不可以放在潮湿或者有酸性气体的地方，以免钢尺受到腐蚀或者生锈。在使用完钢尺测量后，需要把钢尺上面的灰尘、油污等擦拭干净，使用机油进行润湿，存放于干燥的环境中。

2. 内、外卡钳

内、外卡钳是最简单的比较量具，常见的内、外卡钳有两种（图 2-2）。外卡钳是用来测量外径和平面的，内卡钳是用来测量内径和凹槽的。它们本身都不能直接读出测量结果，而是把测量所得的长度尺寸（直径也属于长度尺寸），在钢尺上进行读数，或在钢尺上先取下所需尺寸，再去检验零件的直径是否符合。

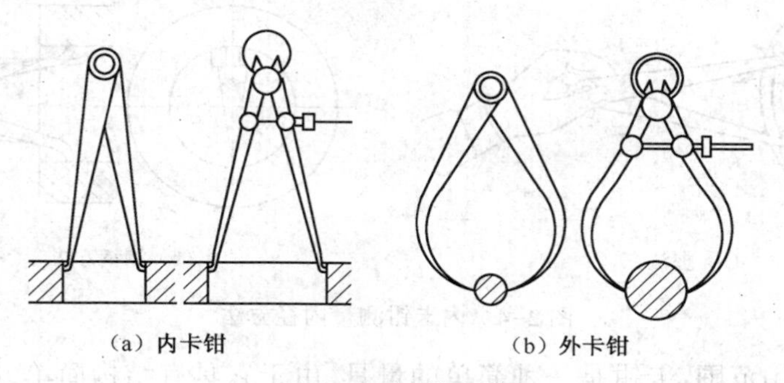

（a）内卡钳　　（b）外卡钳

图 2-2　内、外卡钳

(1)外卡钳的使用:外卡钳在钢尺上取下尺寸时,如图 2-3(a)所示,一个钳脚的测量面靠在钢尺的端面上,另一个钳脚的测量面对准钢尺刻度线,且两个测量面的连线应与钢尺平行,人的视线要垂直于钢尺。外卡钳测量外径时,要使两个测量面的连线垂直于零件的轴线,靠外卡钳的自重滑过零件外圆时,我们手中的感觉应该是外卡钳与零件外圆正好是点接触,此时外卡钳两个测量面之间的距离,就是被测零件的外径。所以,用外卡钳测量外径,就是比较外卡钳与零件外圆接触的松紧程度,以卡钳的自重能刚好滑下为合适,如图 2-3(b)所示。

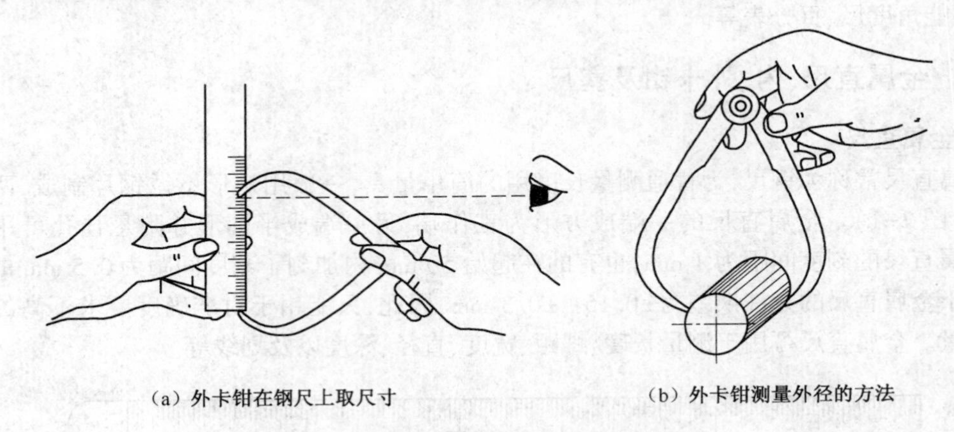

(a) 外卡钳在钢尺上取尺寸　　(b) 外卡钳测量外径的方法

图 2-3　外卡钳在钢尺上取尺寸和测量方法

(2)内卡钳的使用:用内卡钳测量内径时,应使两个钳脚的测量面的连线正好垂直相交于内孔的轴线,即钳脚的两个测量面应是内孔直径的两端点。因此,测量时应将下面的钳脚的测量面停在孔壁上作为支点,上面的钳脚由孔口略往里面一些逐渐向外试探,并沿孔壁圆周方向摆动,当沿孔壁圆周方向能摆动的距离为最小时,则表示内卡钳脚的两个测量面已处于内孔直径的两端点了。再将卡钳由外至里慢慢移动,可检验孔的圆度公差,如图 2-4 所示。

内卡钳测量内径,就是比较内卡钳在零件孔内的松紧程度。如内卡钳在孔内有较大的自由摆动时,就表示内卡钳尺寸比孔径小了;如内卡钳放不进,或放进孔内后紧得不能自由摆动,就表示内卡钳尺寸比孔径大了,如内卡钳放入孔内,按照上述的测量方法能有 1~2 mm 的自由摆动距离,这时孔径与内卡钳尺寸正好相等。

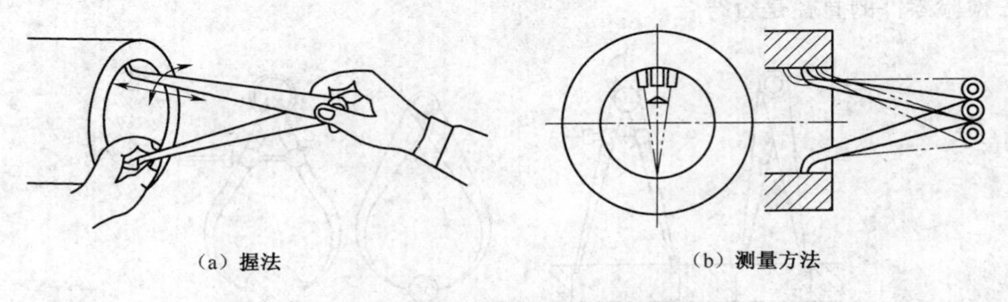

(a) 握法　　(b) 测量方法

图 2-4　内卡钳测量内径方法

(3)卡钳的适用范围:卡钳是一种简单的量具,由于它具有结构简单,制造方便、价格低廉、维护和使用方便等特点,广泛应用于要求不高的零件尺寸的测量和检验,尤其是对锻铸件毛坯尺寸的测量和检验,卡钳是最合适的测量工具。

3. 塞尺

塞尺又称厚薄规或间隙片。主要用来检验机床特别紧固面和紧固面、活塞与气缸、活塞环槽和活塞环、十字头滑板和导板、进排气阀顶端和摇臂、齿轮啮合间隙等两个结合面之间的间隙大小。塞尺是由许多层厚薄不一的薄钢片组成,按照塞尺的组别制成一把一把的塞尺,每把塞尺中的每片具有两个平行的测量平面,且都有厚度标记,以供组合使用,如图 2-5 所示。

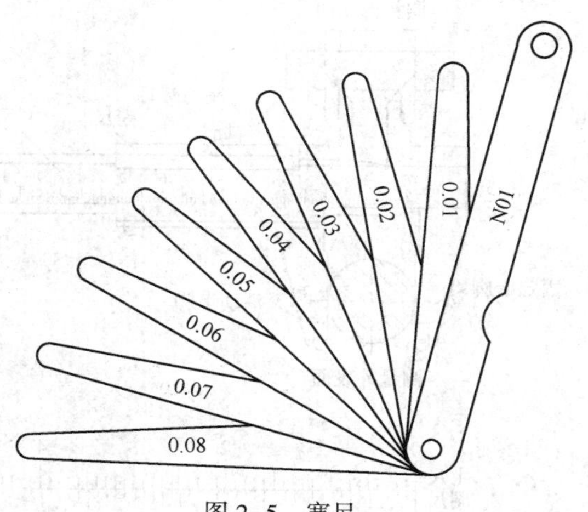

图 2-5　塞尺

测量时,根据结合面间隙的大小,用一片或数片重迭在一起塞进间隙内。例如用 0.04 mm 的一片能插入间隙,而 0.05 mm 的一片不能插入间隙,这说明间隙在 0.04~0.05 mm 之间,所以塞尺也是一种界限量规。塞尺使用注意事项如下:

(1)不允许在测量过程中剧烈弯折塞尺,或用较大的力硬将塞尺插入被检测间隙,否则将损坏塞尺的测量表面或零件表面的精度。

(2)使用完后,应将塞尺擦拭干净,并涂上一薄层工业凡士林,然后将塞尺折回夹框内,以防锈蚀、弯曲、变形而损坏。

(3)存放时,不能将塞尺放在重物下,以免损坏塞尺。

2.3.2　游标卡尺

游标卡尺应用游标读数原理制成,常用的量具有游标卡尺,高度游标卡尺、深度游标卡尺和齿厚游标卡尺等,用以测量零件的外径、内径、长度、宽度,厚度、高度、深度等,应用范围非常广泛。

1. 游标卡尺的结构形式及读数方法

游标卡尺是一种常用的量具,具有结构简单、使用方便、精度中等和测量的尺寸范围大等特点,可以用它来测量零件的外径、内径、长度、宽度、厚度、深度和孔距等,应用范围很广。常用是分度值为 0.02 mm 的游标卡尺。

1)游标卡尺刻线原理

游标卡尺由尺身和游标组成,尺身与固定卡脚制成一体,游标与活动卡脚制成一体,并能在尺身上滑动。尺身每小格是 1 mm,当两卡脚合并时,尺身上 49 mm 刚好等于游标上 50 格,游标上每格长度为 49 mm/50 = 0.98 mm,尺身与游标每格相差 0.02 mm,即分度值为 0.02 mm,如图 2-6 所示。

2)游标卡尺的读数方法

如图 2-6 所示,首先读出游标零线左面尺身上的整毫米数(23 mm),再读出游标与尺身对齐刻线处的小数毫米数(箭头所示位置 0.24 mm),两者相加即为所测尺寸,即(23+0.24)mm=23.24 mm 或通过计算(23+12×0.02)mm=23.24 mm。

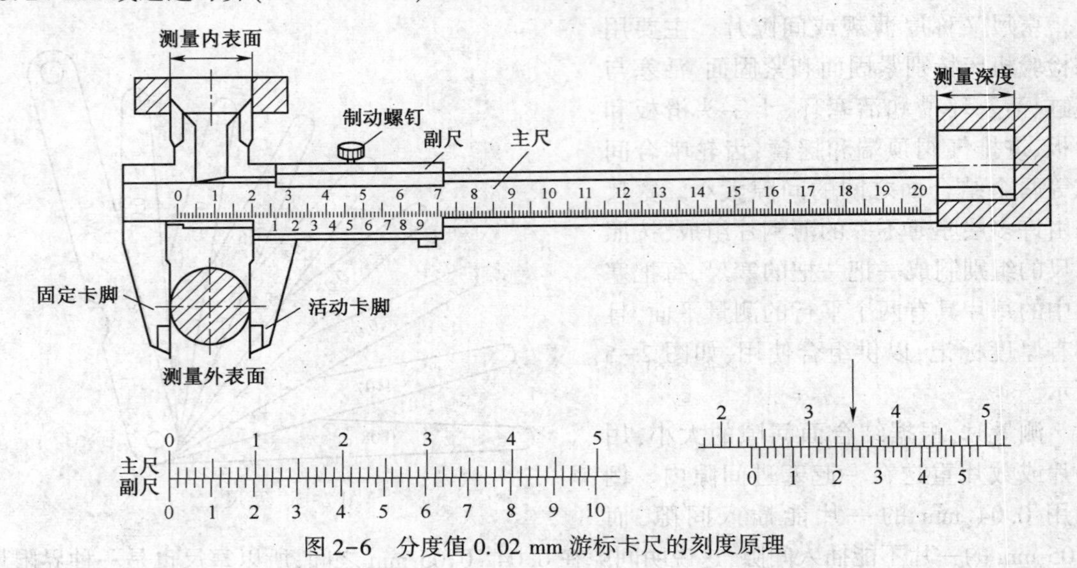

图 2-6　分度值 0.02 mm 游标卡尺的刻度原理

2. 游标卡尺的测量精度

测量或检验零件尺寸时,要按照零件尺寸的精度要求,选用相适应的量具。游标卡尺是一种中等精度的量具,它只适用于中等精度尺寸的测量和检验。用游标卡尺去测量锻铸件毛坯或精度要求很高的尺寸都是不合理的。前者容易损坏量具,后者测量精度达不到要求,因为量具都有一定的示值误差,游标卡尺的示值误差见表 2-3。

表 2-3　游标卡尺的示值误差　　单位:mm

游标读数值	示值总误差
0.02	±0.02
0.05	±0.05
0.10	±0.10

3. 游标卡尺的使用方法

量具使用得是否合理,不但影响量具本身的精度,且直接影响零件尺寸的测量精度,甚至发生质量事故。所以,我们必须重视量具的正确使用,对测量技术精益求精,务使获得正确的测量结果,确保产品质量。

1)测量零件的外尺寸

卡尺两测量面的连线应垂直于被测量表面,不能歪斜。测量时,可以轻轻摇动卡尺,放正垂直位置,如图 2-7 所示。

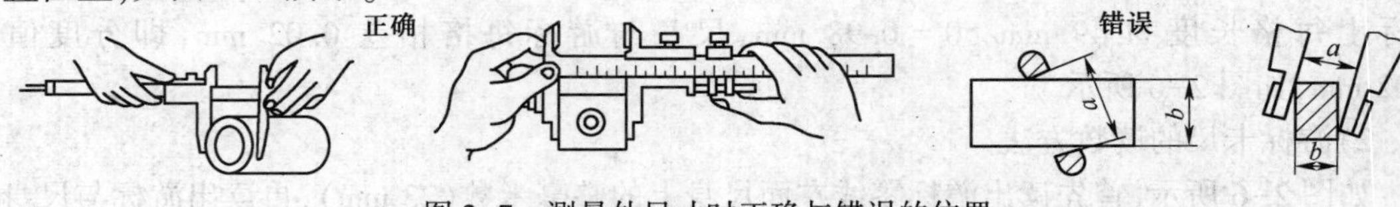

图 2-7　测量外尺寸时正确与错误的位置

2)测量沟槽

测量沟槽时应当用量爪的平面测量刃进行测量,尽量避免用端部测量刃和刀口形量爪去测量外尺寸。而对于圆弧形沟槽尺寸,则应当用刀口形量爪进行测量,不应当用平面测量刃进行测量,如图 2-8 所示。

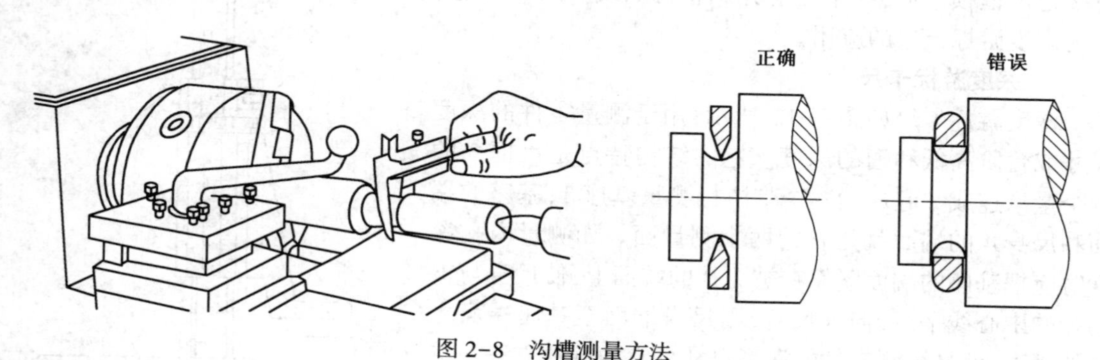

图 2-8　沟槽测量方法

3)测量零件的内尺寸

如图 2-9 所示,要使量爪分开的距离小于所测内尺寸,进入零件内孔后,再慢慢张开并轻轻接触零件内表面,用固定螺钉固定尺框后,轻轻取出卡尺来读数。取出量爪时,用力要均匀,并使卡尺沿着孔的中心线方向滑出,不可歪斜,免使量爪扭伤、变形和受到不必要的磨损,同时会使尺框走动,影响测量精度。

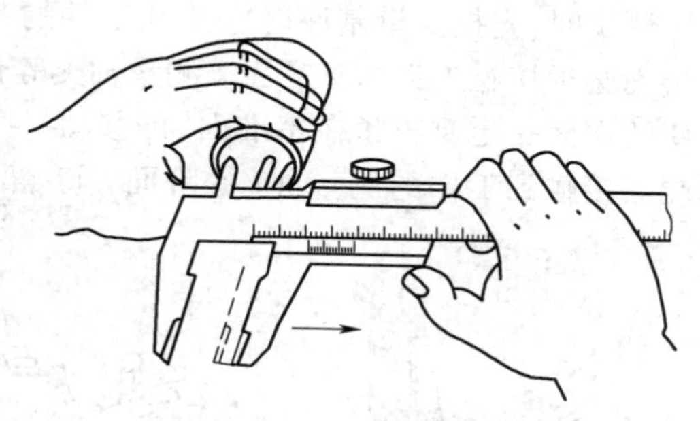

图 2-9　内孔的测量方法

4)卡尺两测量刃的位置

卡尺两测量刃应在孔的直径上,不能偏歪。

5)测量压力不能过大

用游标卡尺测量零件时,不允许过分地施加压力,所用压力应使两个量爪刚好接触零件表面。如果测量压力过大,不但会使量爪弯曲或磨损,且量爪在压力作用下产生弹性变形,使测量所得的尺寸不准确(外尺寸小于实际尺寸,内尺寸大于实际尺寸)。在游标卡尺上读数时,应把卡尺水平的拿着,朝着亮光的方向,使人的视线尽可能和卡尺的刻线表面垂直,以免由于视线的歪斜造成读数误差。

6)保证测量结果的正确性

为了获得正确的测量结果,可以多测量几次。即在零件的同一截面上的不同方向进行测量。对于较长零件,则应当在全长的各个部位进行测量,务使获得一个比较正确的测量结果。

4. 高度游标卡尺

高度游标卡尺如图 2-10 所示,用于测量零件的高度和精密划线。它的结构特点是用质量较大的基座 4 代替固定量爪 5,而动的尺框 3 则通过横臂装有测量高度和划线用的量爪,量爪的测量面上镶有硬质合金,提高量爪使用寿命。高度游标卡尺的测量工作应在平台上进行。当量爪的测量面与基座的底平面位于同一平面时,如在同一平台平面上,主尺 1 与游标 6 的零线相互对准。所以在测量高度时,量爪测量面的高度,就是被测量零件的高度尺寸,它的具体数值,与游标卡尺一样可在主尺(整数部分)和游标(小数部分)上读出。

应用高度游标卡尺划线时,调好划线高度,用紧固螺钉2把尺框锁紧后,在平台上先调整再划线。图2-11所示为高度游标卡尺的应用。

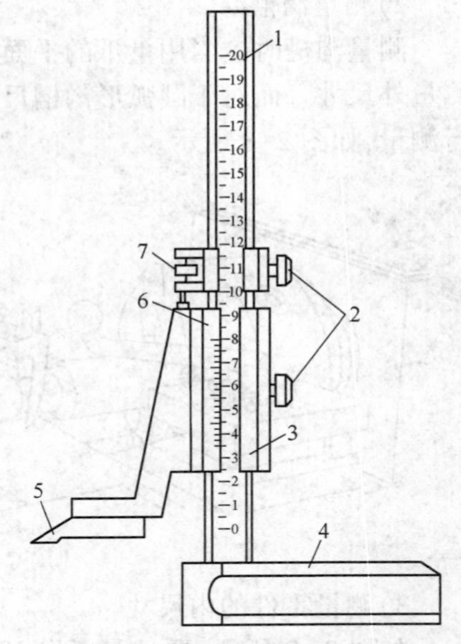

图2-10　高度游标卡尺

1—主尺;2—紧固螺钉;3—尺框;4—基座;5—量爪;6—游标;7—微动装置

5. 深度游标卡尺

深度游标卡尺如图2-12所示,用于测量零件的深度尺寸或台阶高低和槽的深度。它的结构特点是尺框3的两个量爪连成一起成为一个带游标测量基座1,基座的端面和尺身4的端面就是它的两个测量面。如测量内孔深度时应把基座的端面紧靠在被测孔的端面上,使尺身与被测孔的中心线平行,伸入尺身,则尺身端面至基座端面之间的距离,就是被测零件的深度尺寸。它的读数方法和游标卡尺完全一样。

测量时,先把测量基座轻轻压在工件的基准面上,两个端面必须接触工件的基准面。测量轴类等台阶时,测量基座的端面一定要压紧在基准面,再移动尺身,直到尺身的端面接触到工件的测量面(台阶面)上,然后用紧固螺

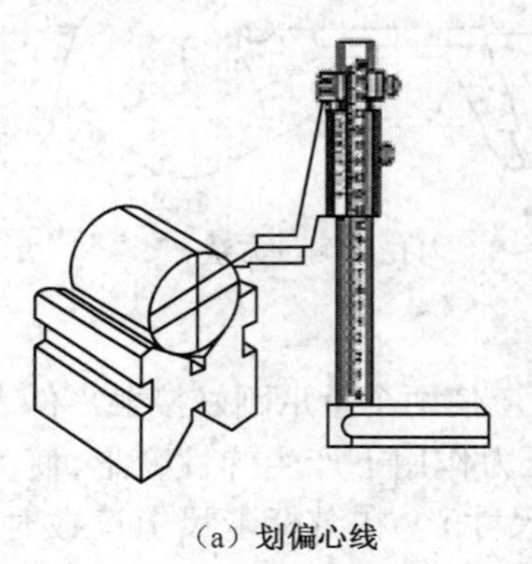
(a)划偏心线

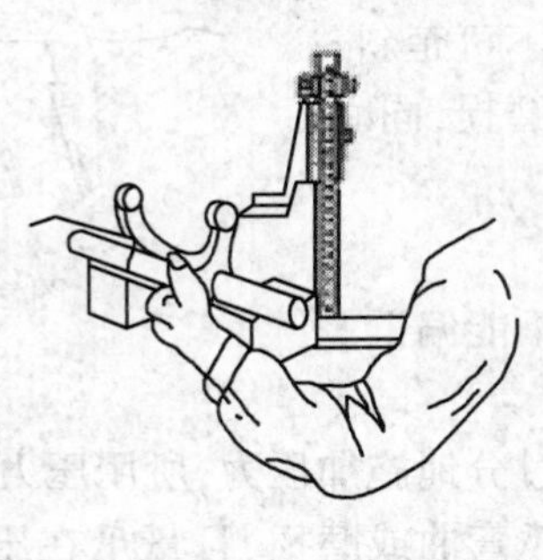
(b)划拔叉轴

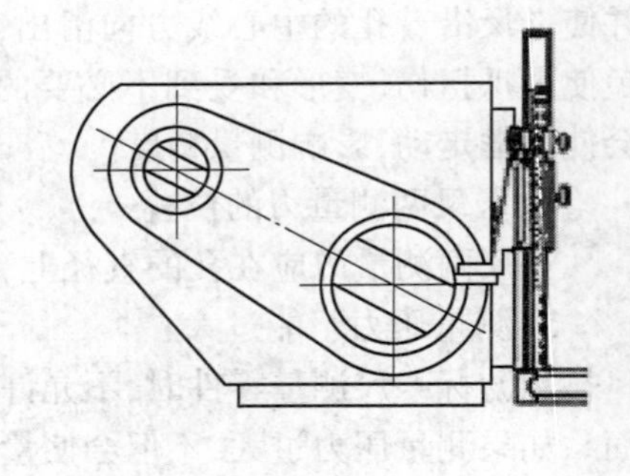
(c)划箱体

图2-11　高度游标卡尺的应用

钉固定尺框,提起卡尺,读出深度尺寸。多台阶小直径的内孔深度测量,要注意尺身的端面是否在要测量的台阶上。当基准面是曲线时,测量基座的端面必须放在曲线的最高点上,测量出的深度尺寸才是工件的实际尺寸,否则会出现测量误差。

以上所介绍的各种游标卡尺都存在一个共同的问题,就是读数不很清晰,容易读错,有时不得不借放大镜将读数部分放大。现有游标卡尺采用无视差结构,使游标刻线与主尺刻线处在同一平面上,消除了在读数时因视线倾斜而产生的视差;有的卡尺装有测微表成为带表卡尺(图2-13),便于读数准确,提高了测量精度;更有一种带有数字显示装置的游标卡尺(图2-14),这种游标卡尺在零件表面上量得尺寸时,就直接用数字显示出来,其使用极为方便。

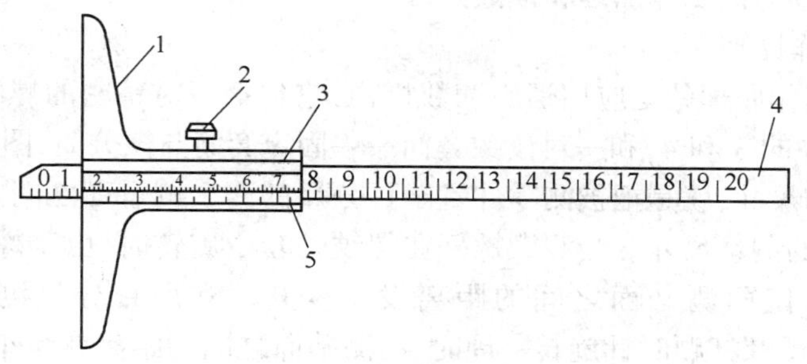

图 2-12　深度游标卡尺

1—测量基座;2—紧固螺钉;3—尺框;4—尺身;5—游标

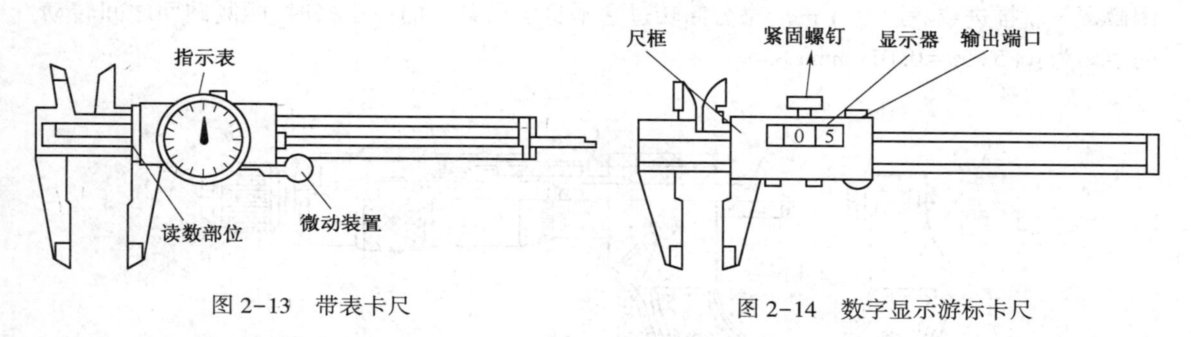

图 2-13　带表卡尺　　　　图 2-14　数字显示游标卡尺

6. 游标卡尺使用注意事项

游标卡尺是比较精密的量具,使用时应注意如下事项:

(1)使用前,应先擦干净两卡脚测量面,合拢两卡脚,检查副尺 0 线与主尺 0 线是否对齐,若未对齐,应根据原始误差修正测量读数。

(2)测量工件时,卡脚测量面必须与工件的表面平行或垂直,不得歪斜。且用力不能过大,以免卡脚变形或磨损,影响测量精度。

(3)读数时,视线要垂直于尺面,否则测量值不准确。

(4)测量内径尺寸时,应轻轻摆动,以便找出最大值。

(5)游标卡尺用完后,仔细擦净,抹上防护油,平放在合内。以防生锈或弯曲。

2.3.3　千分尺、百分尺(螺旋测微器)

千分尺又称螺旋测微器、螺旋测微仪、分厘卡,是应用螺旋测微原理制成的量具。它们的测量精度比游标卡尺高,并且测量比较灵活,因此,当加工精度要求较高时多被应用。常用的螺旋读数量具有百分尺和千分尺。百分尺的读数值精度为 0.01 mm,千分尺的读数值精度为 0.001 mm。目前车间里大量用的是读数值精度为 0.01 mm 的百分尺,现以百分尺为主,介绍百分尺和千分尺的使用方法。

百分尺的种类很多,机械加工车间常用的有:外径百分尺、内径百分尺、深度百分尺以及螺纹百分尺和公法线百分尺等,分别测量或检验零件的外径、内径、深度、厚度以及螺纹的中径和齿轮的公法线长度等。

1. 百分尺(千分尺)的工作原理和读数方法

1) 百分尺的工作原理

外径百分尺的工作原理就是应用螺旋读数机构,它包括一对精密的螺纹——测微螺杆与螺纹轴套,图 2-15 中的 3 和 4,和一对读数套筒——固定套筒与微分筒,图 2-18 中的 5 和 6。用百分尺测量零件的尺寸,就是把被测零件置于百分尺的两个测量面之间。所以两测砧面之间的距离,就是零件的测量尺寸。当测微螺杆在螺纹轴套中旋转时,由于螺旋线的作用,测量螺杆就有轴向移动,使两测砧面之间的距离发生变化。常用百分尺测微螺杆的螺距为 0.5 mm。因此,当测微螺杆顺时针旋转一周时,两测砧面之间的距离就缩小 0.5 mm。当测微螺杆顺时针旋转不到一周时,缩小的距离就小于一个螺距,它的具体数值,可从与测微螺杆结成一体的微分筒的圆周刻度上读出。微分筒的圆周上刻有 50 个等分线,当微分筒转一周时,测微螺杆就推进或后退 0.5 mm,微分筒转过它本身圆周刻度的一小格时,两测砧面之间转动的距离为:0.5÷50=0.01(mm)。

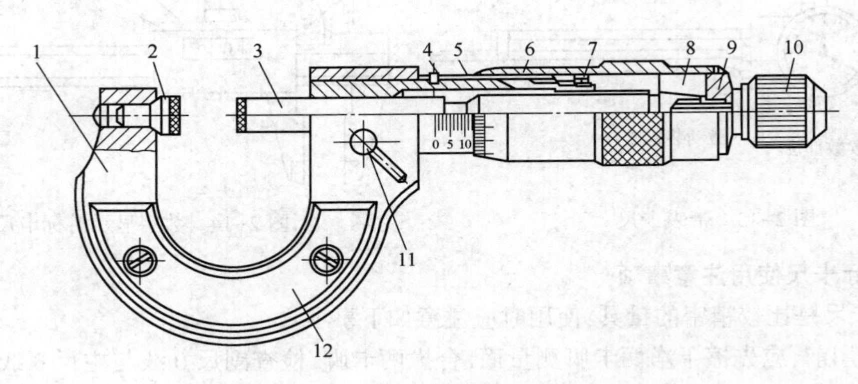

图 2-15　0~25 mm 外径百分尺

1—尺架;2—固定测砧;3—测微螺杆;4—螺纹轴套;5—固定刻度套筒;6—微分筒;
7—调节螺母;8—接头;9—垫片;10—测力装置;11—锁紧装置;12—绝热板

由此可知:百分尺上的螺旋读数机构,可以正确的读出 0.01 mm,也就是百分尺的读数值为 0.01 mm。

2) 外径百分尺的读数方法

在百分尺的固定套筒上刻有轴向中线,作为微分筒读数的基准线。另外,为了计算测微螺杆旋转的整数转,在固定套筒中线的两侧,刻有两排刻线,刻线间距均为 1 mm,上下两排相互错开 0.5 mm。百分尺的具体读数方法可分为三步:

(1)由固定套管上露出的刻线读出整数(下边格)和半毫米(上边格加 0.5 mm)数。

(2)在微分套筒上由固定套管纵刻线读出小数部分。

(3)将整数和小数两部分相加,即为被测工件的尺寸。

如图 2-16 所示为百分尺的几种读数方法。读取测量数值时,要防止读错 0.5 mm,也就是要防止在主尺上多读或少读半格(0.5 mm)。

2. 百分尺的精度及其调整

百分尺是一种应用很广的精密量具,按制造精度可分 0 级和 1 级的两种,0 级精度较高,

1 级次之。百分尺的制造精度,主要由它的示值误差和测砧面的平面平行度公差的大小来决定,从百分尺的精度要求可知,用百分尺测量 IT6~IT10 级精度的零件尺寸较为合适。百分尺在使用过程中,由于磨损,特别是使用不妥当时,会使百分尺的示值误差超差,所以应定期进行检查,进行必要的拆洗或调整,以便保持百分尺的测量精度。

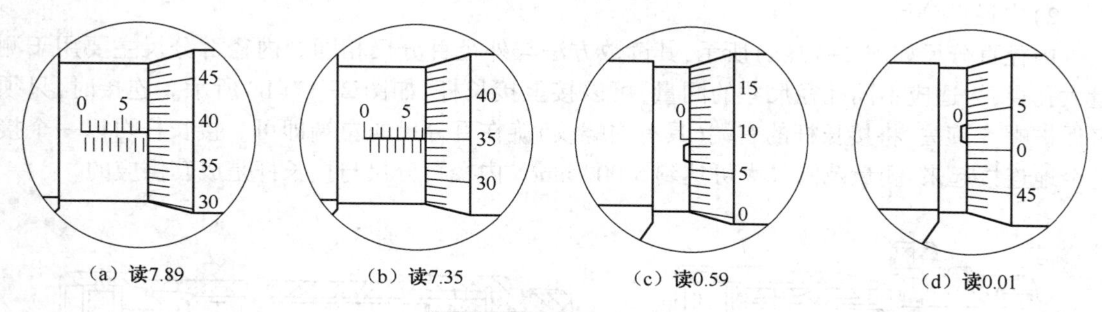

(a) 读7.89　(b) 读7.35　(c) 读0.59　(d) 读0.01

图 2-16　百分尺的读数

1)校正百分尺的零位

在使用百分尺的过程中,应当校对百分尺的零位。所谓"校对百分尺的零位",就是把百分尺的两个测砧面揩干净,转动测微螺杆使它们贴合在一起,检查微分筒圆周上的"0"刻线,是否对准固定套筒的中线,微分筒的端面是否正好使固定套筒上的"0"刻线露出来。如果两者位置都是正确的,就认为百分尺的零位是对的,否则就要进行校正,使之对准零位。如果零位是由于微分筒的轴向位置不对,如微分筒的端部盖住固定套筒上的"0"刻线,或"0"刻线露出太多,以及 0.5 的刻线错位,必须进行校正。此时,可用制动器把测微螺杆锁住,再用百分尺的专用扳手,插入测力装置轮轴的小孔内,把测力装置松开(逆时针旋转),调整微分筒,即轴向移动一点,使固定套筒上的"0"线正好露出来,同时使微分筒的零线对准固定套筒的中线,然后把测力装置旋紧。

如果零位是由于微分筒的零线没有对准固定套筒的中线,也必须进行校正。此时,可用百分尺的专用扳手,插入固定套筒的小孔内,把固定套筒转过一点,使之对准零线。但当微分筒的零线相差较大时,不应当采用此法调整,而应该采用松开测力装置转动微分筒的方法来校正。

2)调整百分尺的间隙

百分尺在使用过程中,由于磨损等原因,会使精密螺纹的配合间隙增大,从而使示值误差超差,必须及时进行调整,以便保持百分尺的精度。要调整精密螺纹的配合间隙,应先用制动器把测微螺杆锁住,再用专用扳手把测力装置松开,拉出微分筒后再进行调整。由图 2-18 可以看出,在螺纹轴套上,接近精密螺纹一段的壁厚比较薄,且连同螺纹部分一起开有轴向直槽,使螺纹部分具有一定的胀缩弹性。同时,螺纹轴套的圆锥外螺纹上,旋着调节螺母 7。当调节螺母往里旋入时,因螺母直径保持不变,就迫使外圆锥螺纹的直径缩小,于是精密螺纹的配合间隙就减小了。然后,松开制动器进行试转,看螺纹间隙是否合适。间隙过小会使测微螺杆活动不灵活,可把调节螺母松出一点,间隙过大则使测微螺杆有松动,可把调节螺母再旋进一点,直至间隙调整好后,再把微分筒装上,对准零位后把测力装置旋紧。

3. 常见百分尺(千分尺)介绍

1)外径百分尺

外径百分尺是最常见的百分尺,主要用于长度、宽度、外径等被测要素的测量,具体介绍参见前面对百分尺总体介绍中的说明。

2)内径百分尺

内径百分尺如图 2-17(a)所示,其读数方法与外径百分尺相同。内径百分尺主要用于测量大孔径,为适应不同孔径尺寸的测量,可以接上接长杆,如图 2-17(b)所示。连接时,只须将保护帽 5 旋去,将接长杆的右端(具有内螺纹)旋在百分尺的左端即可。接长杆可以一个接一个地连接起来,测量范围最大可达到 5 000 mm。内径百分尺与接长杆是成套供应的。

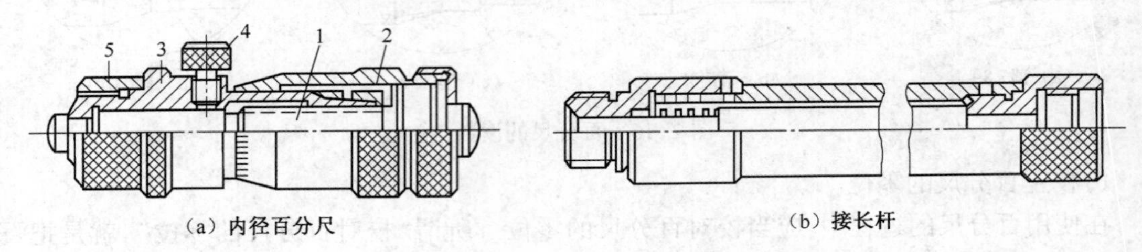

(a) 内径百分尺　　(b) 接长杆

图 2-17　内径百分尺

1—测微螺杆;2—微分筒;3—固定套筒;4—制动螺钉;5—保护螺帽

内径百分尺上,没有测力装置,测量压力的大小完全靠手中的感觉。测量时,是把它调整到所测量的尺寸后,轻轻放入孔内试测其接触的松紧程度是否合适。一端不动,另一端作左、右、前、后摆动。左右摆动,必须细心地放在被测孔的直径方向,以点接触,即测量孔径的最大尺寸处(最大读数处)。前后摆动应在测量孔径的最小尺寸处(即最小读数处)。按照这两个要求与孔壁轻轻接触,才能读出直径的正确数值。

3)内测百分尺

内测百分尺如图 2-18 所示,是测量小尺寸内径和内侧面槽的宽度。国产内测百分尺的读数值为 0.01 mm,测量范围有 5~30 mm 和 25~50 mm 的两种,图 2-18 所示的是 5~30 mm 的内测百分尺。内测百分尺的读数方法与外径百分尺相同,只是套筒上的刻线尺寸与外径百分尺相反,另外它的测量方向和读数方向也都与外径百分尺相反。

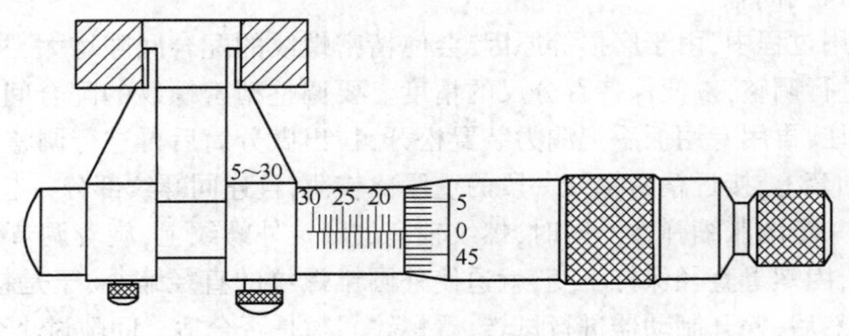

图 2-18　内测百分尺

4)三爪内径千分尺

三爪内径千分尺(见图 2-19),适用于测量中小直径的精密内孔,尤其适于测量深孔的直径。三爪内径千分尺的零位,必须在标准孔内进行校对。

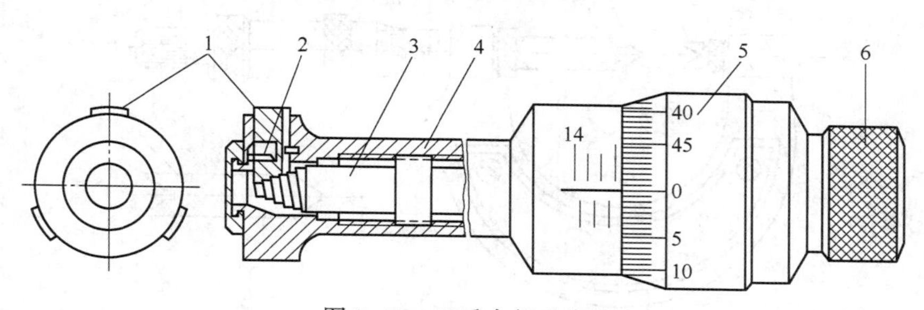

图 2-19　三爪内径千分尺

1—测量爪;2—扭簧;3—测微螺杆;4—螺纹轴套;5—微分筒;6—测力装置

三爪内径千分尺的工作原理如图 2-19 所示(测量范围 11~14 mm),当顺时针旋转测力装置 6 时,就带动测微螺杆 3 旋转,并使它沿着螺纹轴套 4 的螺旋线方向移动,于是测微螺杆端部的方形圆锥螺纹就推动三个测量爪 1 作径向移动。扭簧 2 的弹力使测量爪紧紧地贴合在方形圆锥螺纹上,并随着测微螺杆的进退而伸缩。

三爪内径千分尺的方形圆锥螺纹的径向螺距为 0.25 mm。即当测力装置顺时针旋转一周时测量爪 1 就向外移动(半径方向)0.25 mm,三个测量爪组成的圆周直径就要增加 0.5 mm。即微分筒 5 旋转一周时,测量直径增大 0.5 mm 而微分筒的圆周上刻着 100 个等分格,所以它的读数值为 0.5 mm÷100=0.005 mm。

5)公法线长度千分尺

公法线长度千分尺如图 2-20 所示。主要用于测量外啮合圆柱齿轮的两个不同齿面公法线长度,也可以在检验切齿机床精度时,按被切齿轮的公法线检查其原始外形尺寸。它的结构与外径百分尺相同,所不同的是在测量面上装有两个带精确平面的量钳(测量面)来代替原来的测砧面。

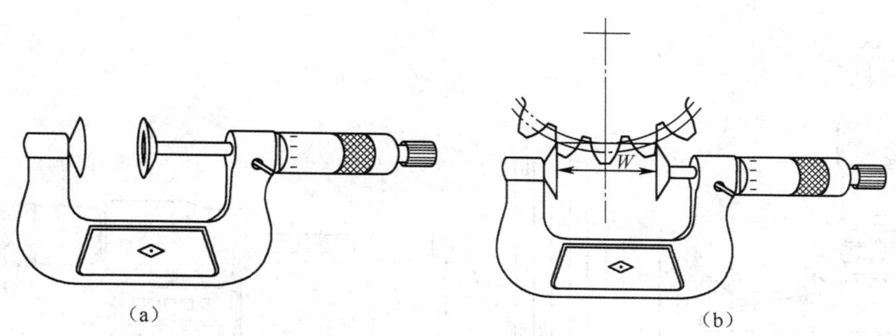

图 2-20　公法线长度测量

测量范围(mm):0~25,25~50,50~75,75~100,100~125,125~150。读数值(mm)0.01。测量模数 m(mm)≥1。

6)螺纹千分尺

螺纹千分尺如图 2-21 所示,主要用于测量普通螺纹的中径。

螺纹千分尺的结构与外径百分尺相似,所不同的是它有两个特殊的可调换的测量头 1 和 2,其角度与螺纹牙形角相同的。

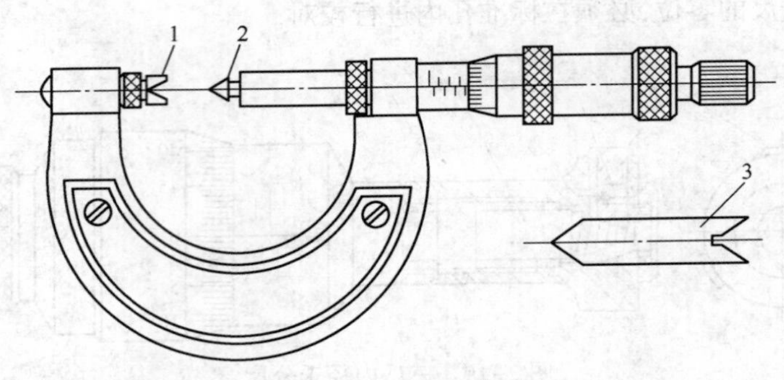

图 2-21　螺纹千分尺

1—测头 1;2—测头 2;3—校正规

7)深度百分尺

深度百分尺如图 2-22 所示,用以测量孔深、槽深和台阶高度等。它的结构,除用基座代替尺架和测砧外,与外径百分尺没有什么区别。深度百分尺的读数范围(mm):0~25,25~100,100~150, 读数值(mm)为 0.01。它的测量杆 6 制成可更换的形式, 更换后,用锁紧装置 4 锁紧。深度百分尺校对零位可在精密平面上进行,即当基座端面与测量杆端面位于同一平面时,微分筒的零线正好对准。当更换测量杆时,一般零位不会改变。

深度百分尺测量孔深时,应把基座 5 的测量面紧贴在被测孔的端面上。零件的这一端面应与孔的中心线垂直,且应当光洁平整,使深度百分尺的测量杆与被测孔的中心线平行,保证测量精度。此时,测量杆端面到基座端面的距离就是孔的深度。

8)数字外径百分尺

近来,我国有数字外径百分尺(图 2-23),用数字表示读数,使用更为方便。还有在固定套筒上刻有游标,利用游标可读出 0.002 或 0.001 mm 的读数值。

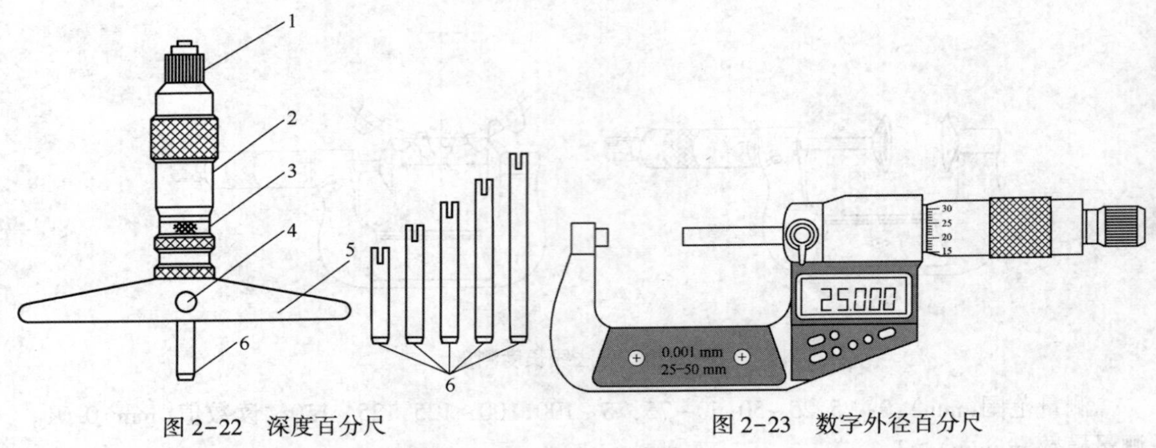

图 2-22　深度百分尺

1—测力装置;2—微分筒;3—固定套筒;
4—锁紧装置;5—底板;6—测量杆

图 2-23　数字外径百分尺

4. 百分尺的使用方法及注意事项

百分尺使用得是否正确,对保持精密量具的精度和保证产品质量的影响很大,指导人员和实习的学生必须重视量具的正确使用，使测量技术精益求精，务使获得正确的测量结果，确保产品质量。使用百分尺测量零件尺寸时，必须注意下列几点：

（1）使用前，应把百分尺的两个测砧面揩干净，转动测力装置，使两测砧面接触（若测量上限大于 25 mm 时，在两测砧面之间放入校对量杆或相应尺寸的量块），接触面上应没有间隙和漏光现象，同时微分筒和固定套筒要对准零位。

（2）转动测力装置时，微分筒应能自由灵活地沿着固定套筒活动，没有任何轧卡和不灵活的现象。如有活动不灵活的现象，应送计量站及时检修。

（3）测量前，应把零件的被测量表面揩干净，以免有脏物存在时影响测量精度。绝对不允许用百分尺测量带有研磨剂的表面，以免损伤测量面的精度。用百分尺测量表面粗糙的零件亦是错误的，这样易使测砧面过早磨损。

（4）用百分尺测量零件时，应当手握测力装置的转帽来转动测微螺杆，使测砧表面保持标准的测量压力，即听到嘎嘎的声音，表示压力合适，并可开始读数。要避免因测量压力不等而产生测量误差。绝对不允许用力旋转微分筒来增加测量压力，使测微螺杆过分压紧零件表面，致使精密螺纹因受力过大而发生变形，损坏百分尺的精度。有时用力旋转微分筒后，虽因微分筒与测微螺杆间的连接不牢固，对精密螺纹的损坏不严重，但是微分筒打滑后，百分尺的零位走动了，就会造成质量事故。

（5）使用百分尺测量零件时，要使测微螺杆与零件被测量的尺寸方向一致。如测量外径时，测微螺杆要与零件的轴线垂直，不要歪斜。测量时，可在旋转测力装置的同时，轻轻地晃动尺架，使测砧面与零件表面接触良好。

（6）用百分尺测量零件时，最好在零件上进行读数，放松后取出百分尺，这样可减少测砧面的磨损。如果必须取下读数时，应用制动器锁紧测微螺杆后，再轻轻滑出零件，把百分尺当卡规使用是错误的，因这样做不但易使测量面过早磨损，甚至会使测微螺杆或尺架发生变形而失去精度。

（7）在读取百分尺上的测量数值时，要特别留心不要读错 0.5 mm。

（8）为了获得正确的测量结果，可在同一位置上再测量一次。尤其是测量圆柱形零件时，应在同一圆周的不同方向测量几次，检查零件外圆有没有圆度误差，再在全长的各个部位测量几次，检查零件外圆有没有圆柱度误差等。

（9）对于超常温的工件，不要进行测量，以免产生读数误差。

5. 百分尺（千分尺）的保养

（1）使用百分尺要轻拿轻放，必须平放在专用盒内，万一掉在地上或被撞后，应立即检查百分尺的各部分的相互作用是否符合要求，并校对其“0”位，如有损坏不得自行拆卸百分尺。

（2）用完百分尺后，需用干净之棉布擦净并涂上防锈油，并将两测量面保持 0.5~2 mm 的间隙，然后放入盒内固定位置，存放在干燥、无酸、无振动和磁力的地方。

（3）不准用油石、砂纸等硬物摩擦百分尺的测量面，测微螺杆等部位。

（4）百分尺应实行定期检定，现场使用百分尺实行厂外进行检定工作。

2.3.4　百分表（千分表）

百分表是以指针指示出测量结果的量具。车间常用的指示式量具有：百分表、千分表、杠杆百分表和内径百分表等。主要用于校正零件的安装位置,检验零件的形状精度和相互位置精度,以及测量零件的内径等。

1. 百分表

1) 百分表和千分表的使用方法

由于千分表的读数精度比百分表高,所以百分表适用于尺寸精度为 IT6~IT8 级零件的校正和检验;千分表则适用于尺寸精度为 IT5~IT7 级零件的校正和检验。百分表和千分表按其制造精度,可分为 0、1 和 2 级三种,0 级精度较高。使用时,应按照零件的形状和精度要求,选用合适的百分表或千分表的精度等级和测量范围。使用百分表和千分表时,必须注意以下几点:

(1) 使用前,应检查测量杆活动的灵活性。即轻轻推动测量杆时,测量杆在套筒内的移动要灵活,没有任何轧卡现象,且每次放松后,指针能回复到原来的刻度位置。

(2) 使用百分表或千分表时,必须把它固定在可靠的夹持架上(如固定在万能表架或磁性表座上,如图 2-24 所示),夹持架要安放平稳,免使测量结果不准确或摔坏百分表。用夹持百分表的套筒来固定百分表时,夹紧力不要过大,以免因套筒变形而使测量杆活动不灵活。

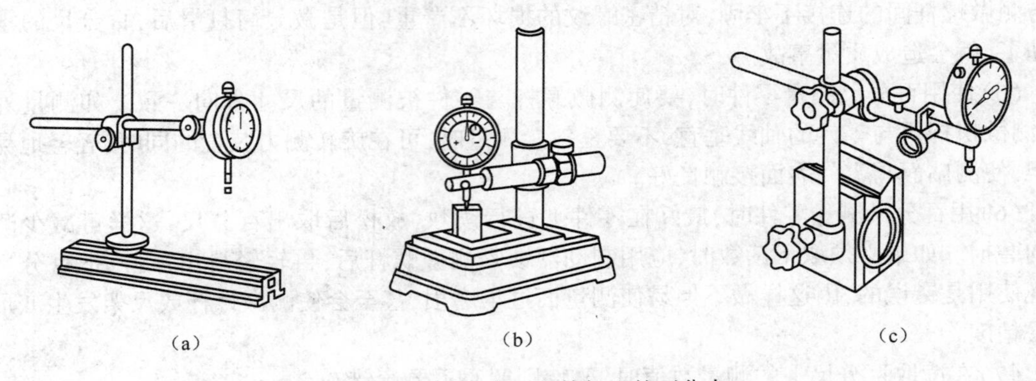

图 2-24　安装在专用夹持架上的百分表

(3) 用百分表或千分表测量零件时,测量杆必须垂直于被测量表面,使测量杆的轴线与被测量尺寸的方向一致,如图 2-25 所示,否则将使测量杆活动不灵活或使测量结果不准确。

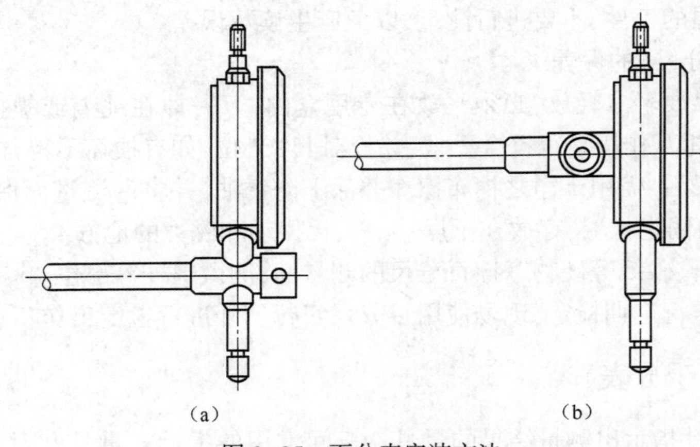

图 2-25　百分表安装方法

(4)测量时,不要使测量杆的行程超过它的测量范围;不要使测量头突然撞在零件上;不要使百分表和千分表受到剧烈的振动和撞击,亦不要把零件强迫推入测量头下,免得损坏百分表和千分表的机件而失去精度。因此,用百分表测量表面粗糙或有显著凹凸不平的零件是错误的。

(5)用百分表校正或测量零件时,如图 2-26 所示。应当使测量杆有一定的初始测力。即在测量头与零件表面接触时,测量杆应有 0.3~1 mm 的压缩量(千分表可小一点,有 0.1 mm 即可),使指针转过半圈左右,然后转动表圈,使表盘的零位刻线对准指针。轻轻地拉动手提测量杆的圆头,拉起和放松几次,检查指针所指的零位有无改变。当指针的零位稳定后,再开始测量或校正零件的工作。如果是校正零件,此时开始改变零件的相对位置,读出指针的偏摆值,就是零件安装的偏差数值。

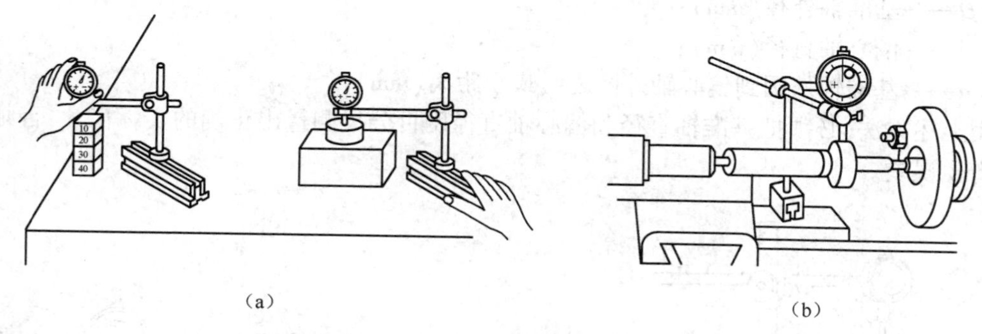

图 2-26　百分表尺寸校正与检验方法

(6)检查工件平整度或平行度时,如图 2-27 所示。将工件放在平台上,使测量头与工件表面接触,调整指针使摆动 1/3~1/2 转,然后把刻度盘零位对准指针,跟着慢慢地移动表座或工件,当指针顺时针摆动时,说明工件偏高,逆时针摆动,则说明工件偏低了。当进行轴测的时候,就是以指针摆动最大数字为读数(最高点),测量孔的时候,就是以指针摆动最小数字(最低点)为读数。

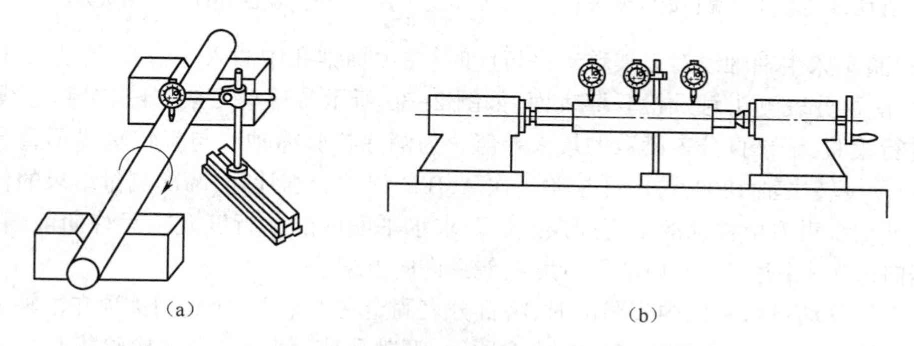

图 2-27　轴类零件的圆度、圆柱度及跳动

(7)检验工件的偏心度时,如果偏心距较小,可按图 2-28 所示方法测量偏心距,把被测轴装在两顶尖之间,使百分表的测量头接触在偏心部位上(最高点),用手转动轴,百分表上指示出的最大数字和最小数字(最低点)之差就等于偏心距的实际尺寸。偏心套的偏心距也可用

上述方法来测量,但必须将偏心套装在心轴上进行测量。

偏心距较大的工件,因受到百分表测量范围的限制,就不能用上述方法测量。这时可用如图 2-29 所示的间接测量偏心距的方法。测量时,把 V 形铁放在平板上,并把工件放在 V 形铁中,转动偏心轴,用百分表测量出偏心轴的最高点,找出最高点后,工件固定不动。再用百分表水平移动,测出偏心轴外圆到基准外圆之间的距离 a,然后用下式计算出偏心距 e:

$$\frac{D}{2}=e+\frac{d}{2}+a$$

得:

$$e=\frac{D}{2}-\frac{d}{2}-a$$

式中 e——偏心距(mm);

D——基准轴外径(mm);

d——偏心轴直径(mm);

a——基准轴外圆到偏心轴外圆之间最小距离(mm)。

用上述方法,必须把基准轴直径和偏心轴直径用百分尺测量出正确的实际尺寸,否则计算时会产生误差。

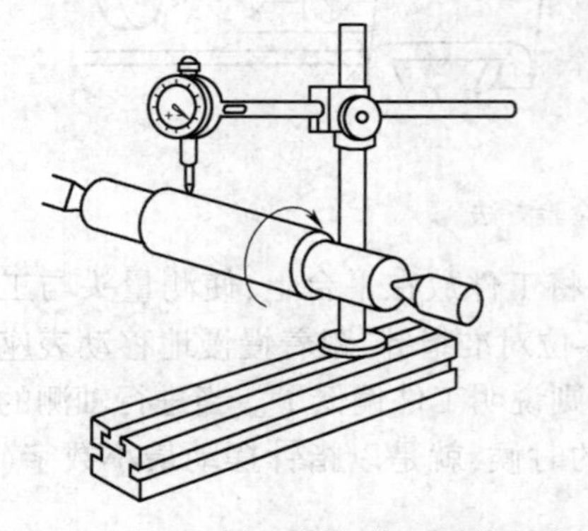

图 2-28 在两顶尖上测量偏心距的方法

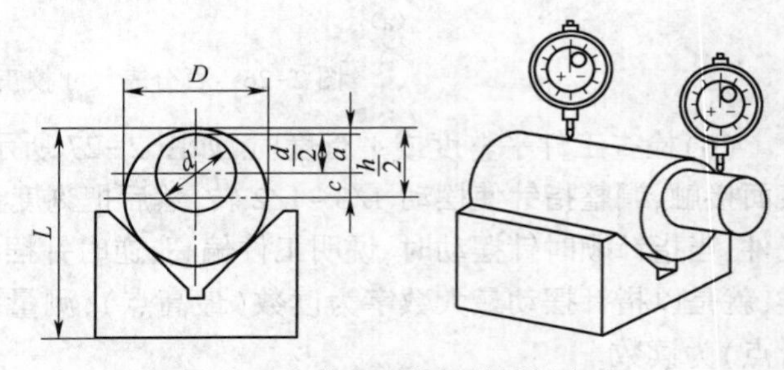

图 2-29 偏心距的间接测量方法

(8)检验车床主轴轴线对刀架移动平行度时,在主轴锥孔中插入一检验棒,把百分表固定在刀架上,使百分表测头触及检验棒表面,如图 2-30 所示。移动刀架,分别对侧母线 A 和上母线 B 进行检验,记录百分表读数的最大差值。为消除检验棒轴线与旋转轴线不重合对测量的影响,必须旋转主轴 180°,再同样检验一次 A、B 的误差分别计算,两次测量结果的代数和之半就是主轴轴线对刀架移动的平行度误差。要求水平面内的平行度允差只许向前偏,即检验棒前端偏向操作者;垂直平面内的平行度允差只许向上偏。

检验刀架移动在水平面内直线度时,将百分表固定在刀架上,使其测头顶在主轴和尾座顶尖间的检验棒侧母线上,如图 2-31 位置 A 所示,调整尾座,使百分表在检验棒两端的读数相等。然后移动刀架,在全行程上检验。百分表在全行程上读数的最大代数差值,就是水平面内的直线度误差。

(9)在使用百分表和千分表的过程中,要严格防止水、油和灰尘渗入表内,测量杆上也不要加油,免得粘有灰尘的油污进入表内,影响表的灵活性。

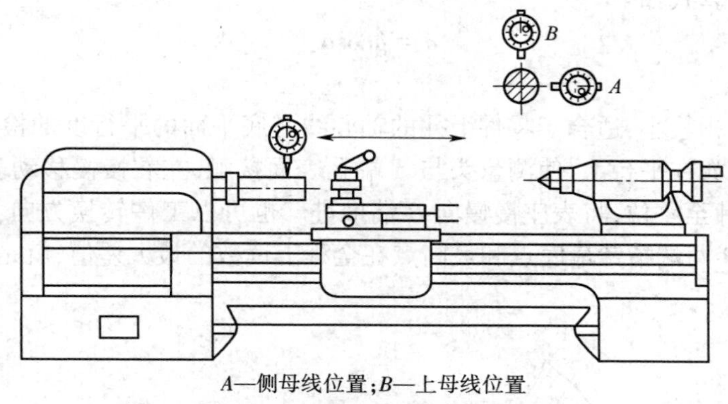

A—侧母线位置;*B*—上母线位置

图 2-30　主轴轴线对刀架移动的平行度检验

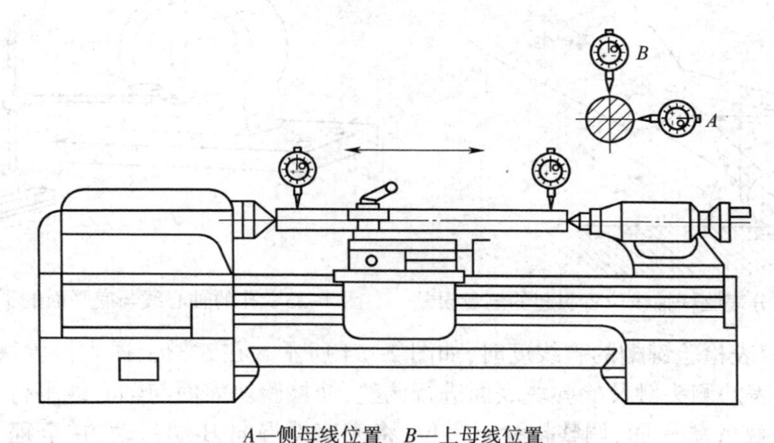

A—侧母线位置　*B*—上母线位置

图 2-31　刀架移动在水平面内的直线度检验

(10)百分表和千分表不使用时,应使测量杆处于自由状态,免使表内的弹簧失效。如内径百分表上的百分表,不使用时,应拆下来保存。

2. 杠杆百分表

杠杆千分表的分度值为 0.002 mm,杠杆百分表和千分表的使用方法:

1)使用注意事项

(1)千分表应固定在可靠的表架上,测量前必须检查千分表是否夹牢,并多次提拉千分表测量杆与工件接触,观察其重复指示值是否相同。

(2) 测量时,不准用工件撞击测头,以免影响测量精度或撞坏千分表。为保持一定的起始测量力,测头与工件接触时,测量杆应有 0.3~0.5 mm 的压缩量。

(3)测量杆上不要加油,以免油污进入表内,影响千分表的灵敏度。

(4)千分表测量杆与被测工件表面必须垂直,否则会产生误差。

(5) 杠杆千分表的测量杆轴线与被测工件表面的夹角愈小,误差就愈小。如果由于测量需要,α 角无法调小时(当 $\alpha>15°$),其测量结果应进行修正。从图 2-32 可知,当平面上升距离为 a 时,杠杆千分表摆动的距离为 b,也就是杠杆千分表的读数为 b,因为 $b>a$,所以指示读数增大。具体修正计算式如下：

$$a = b\cos\alpha$$

2）使用方法

杠杆百分表体积较小，适合于零件上孔的轴心线与底平面的平行度的检查，如图 2-33 所示。将工件底平面放在平台上，使测量头与 A 端孔表面接触，左右慢慢移动表座，找出工件孔径最底点，调整指针至零位，将表座慢慢向 B 端推进。也可以工件转换方向，再使测量头与 B 端孔表面接触，A、B 两端指针最底点和最高点在全程上读数的最大差值，就是全部长度上的平行度误差。

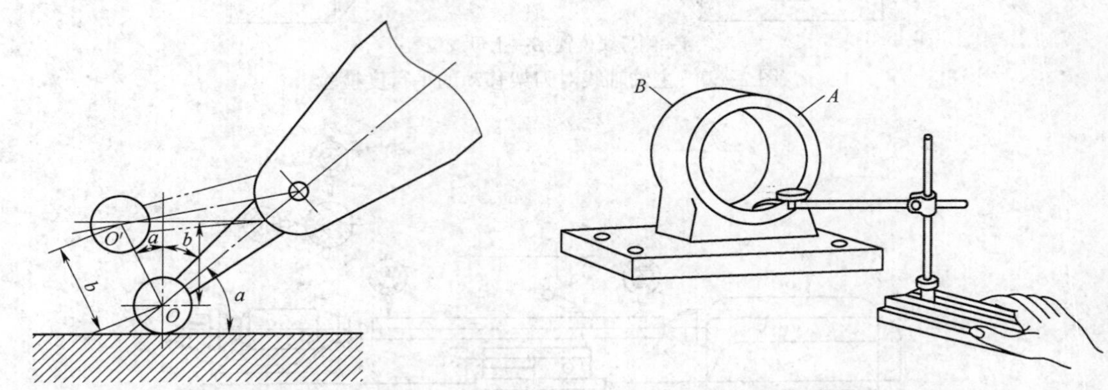

图 2-32　杠杆千分表测杆轴线位置引起的测量误差　　图 2-33　孔的轴心线与底平面的平行度检验方法

用杠杆百分表检验键槽的直线度时，如图 2-34 所示。在键槽上插入检验块，将工件放在 V 形铁上，百分表的测头触及检验块表面进行调整，使检验块表面与轴心线平行。调整好平行度后，将测头接触 A 端平面，调整指针至零位，将表座慢慢向 B 端移动，在全程上检验。百分表在全程上读数的最大代数差值，就是水平面内的直线度误差。

检验车床主轴轴向窜动量时，在主轴锥孔内插入一根短锥检验棒，在检验棒中心孔放一颗钢珠，将千分表固定在车床上，使千分表平测头顶在钢珠上，如图 2-35 所示位置 A，沿主轴轴线加一力 F，旋转主轴进行检验，千分表读数的最大差值，就是主轴轴向窜动的误差。检验车床主轴轴肩支承面的跳动时，将千分表固定在车床上使其测头顶在主轴轴肩支承面靠近边缘处，如图 2-35 位置 B，沿主轴轴线加一力 F，旋转主轴检验。千分表的最大读数差值，就是主轴轴肩支承面的跳动误差。检验主轴的轴向窜动和轴肩支承面跳动时外加一轴向力 F，是为了消除主轴轴承轴向间隙对测量结果的影响。其大小一般等于 1/2～1 倍主轴重量。

内外圆同轴度的检验，在排除内外圆本身的形状误差时，可用圆跳动量来计算。以内孔为基准时，可把工件装在两顶尖的心轴上，用百分表或扛杆表检验，如图 2-36(a)所示。百分表(杠杆表)在工件转一周的读数，就是工件的圆跳动。以外圆为基准时，把工件放在 V 形铁上，用杠杆表检验，如图 2-36(b)所示。这种方法可测量不能安装在心轴上的工件。

3. 内径百分表

1）内径百分表的结构

内径百分表是内径杠杆式测量架和百分表的组合，如图 2-37 所示。用以测量或检验零件的内孔、深孔直径及其形状精度。内径百分表活动测头的移动量，小尺寸的只有 0～1 mm，大尺寸的可有 0~3 mm,它的测量范围是由更换或调整可换测头的长度来达到的。因此,每个内径百分表都附有成套的可换测头。国产内径百分表的读数值为 0. 01 mm。

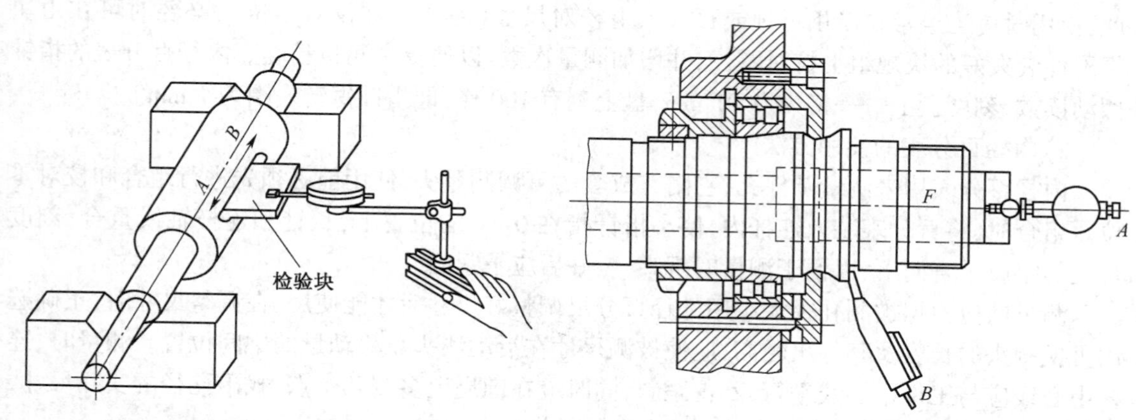

图 2-34　键槽直线度的检验方法　　图 2-35　主轴轴向窜动和轴肩支承面跳动检验

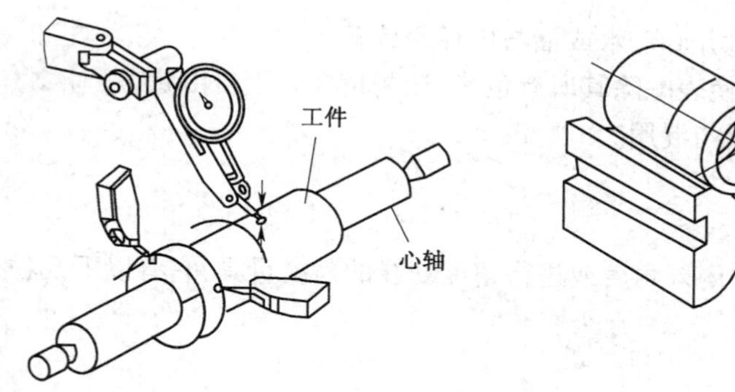

(a) 在心轴上检验圆跳动

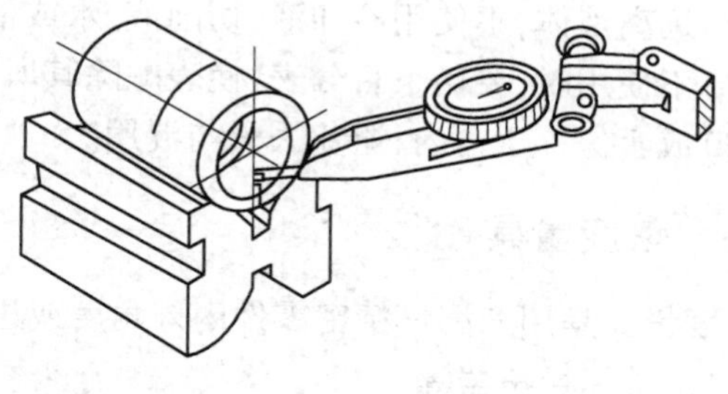

(b) 在V形铁上检验圆跳动

图 2-36　圆跳动的检验

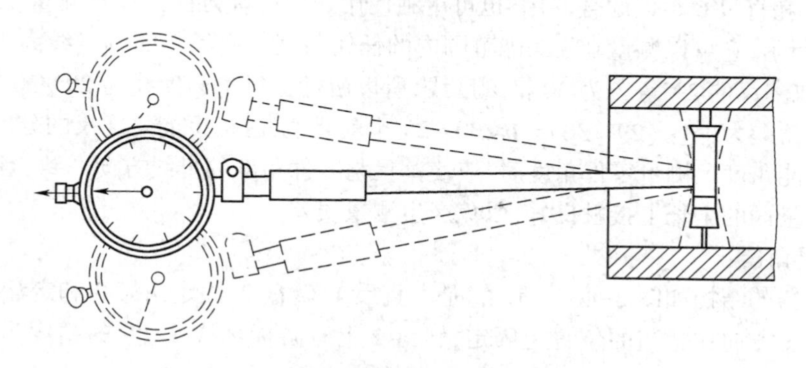

图 2-37　内径百分表及使用

用内径百分表测量内径是一种比较量法,测量前应根据被测孔径的大小,在专用的环规或百分尺上调整好尺寸后才能使用。调整内径百分尺的尺寸时,选用可换测头的长度及其伸出的距离（大尺寸内径百分表的可换测头,是用螺纹旋上去的,故可调整伸出的距离,小尺寸的不能调整),应使被测尺寸在活动测头总移动量的中间位置。

内径百分表的示值误差比较大,如测量范围为 35~50 mm 的,示值误差为±0.015 mm。为此,使用时应当经常在专用环规或百分尺上校对尺寸(习惯上称校对零位),必要时可在由块规附件装夹好的块规组上校对零位,并增加测量次数,以便提高测量精度。内径百分表的指针摆动读数,刻度盘上每一格为 0.01 mm,盘上刻有 100 格,即指针每转一圈为 1 mm。

2)内径百分表的使用方法

内径百分表用来测量圆柱孔,它附有成套的可调测量头,使用前必须先进行组合和校对零位。组合时,将百分表装入连杆内,使小指针指在 0~1 的位置上,长针和连杆轴线重合,刻度盘上的字应垂直向下,以便于测量时观察,装好后应予紧固。

测量前应根据被测孔径大小用外径百分尺调整好尺寸后才能使用,在调整尺寸时,正确选用可换测头的长度及其伸出距离,应使被测尺寸在活动测头总移动量的中间位置。测量时,连杆中心线应与工件中心线平行,不得歪斜,同时应在圆周上多测几个点,找出孔径的实际尺寸,看是否在公差范围以内。

4. 百分表维护与保养

(1)远离液体,不使用冷却液、切削液、水或油与内径表接触。

(2)不使用时,要摘下百分表,使表解除其所有负荷,让测量杆处于自由状态。

(3)成套保存于盒内,避免丢失与混用。

2.3.5 角度量具

角度量具是用来测量精密零件内外角度或进行角度划线的角度量具,它有以下几种,如万能角度尺、游标量角器等。

1. 游标万能角度尺

游标万能角度尺如图 2-38 所示,它是由主尺 1、基尺 5、游标 3、角尺 2、直尺 6、卡块 7、制动器 4 组成。捏手 10 可通过小齿轮 9 转动扇形齿轮 8,使基尺 5 改变角度,带动主尺 1 沿游标 3 转动,角尺 2 和直尺 6 可以配合使用,也可单独使用。用游标万能角度尺测量工件角度的方法如图 2-39 所示,它可以测量 0°~320°范围内的任何角度。主尺上的刻度线为 1°,游标上也有刻度线,是取主尺的 29°等分为 30 格刻度线,所以游标上每条刻度线为 29°/30,主尺与游标两刻度线间夹角差为 1°—(29°/30)= 1°/30 = 2′,也就是说,游标万能角度尺的分度值为 2′。

用游标万能角度尺测量零件角度时,应使基尺与零件角度的母线方向一致,且零件应与量角尺的两个测量面的全长上接触良好,以免产生测量误差。

2. 游标量角器

游标量角器的结构如图 2-40 所示,它是由直尺 1、转盘 2、固定角尺 3 和定盘 4 组成 。直尺 1 可顺其长度方向在适当的位置上固定,转盘 2 上有游标刻线 5。它的精度为 5′。产生这种精度的刻线原理是定盘上每格角度线 1 度,转盘上自零度线起,左右各刻有 12 等分角度线,其总角度是 23°。所以游标上每格的度数是 1°55′定盘上 2 格与转盘上 1 格相差度数是 5′,即这种量角器的精度为 5′。

游标量角器的各种使用方法示例,如图 2-41 所示。

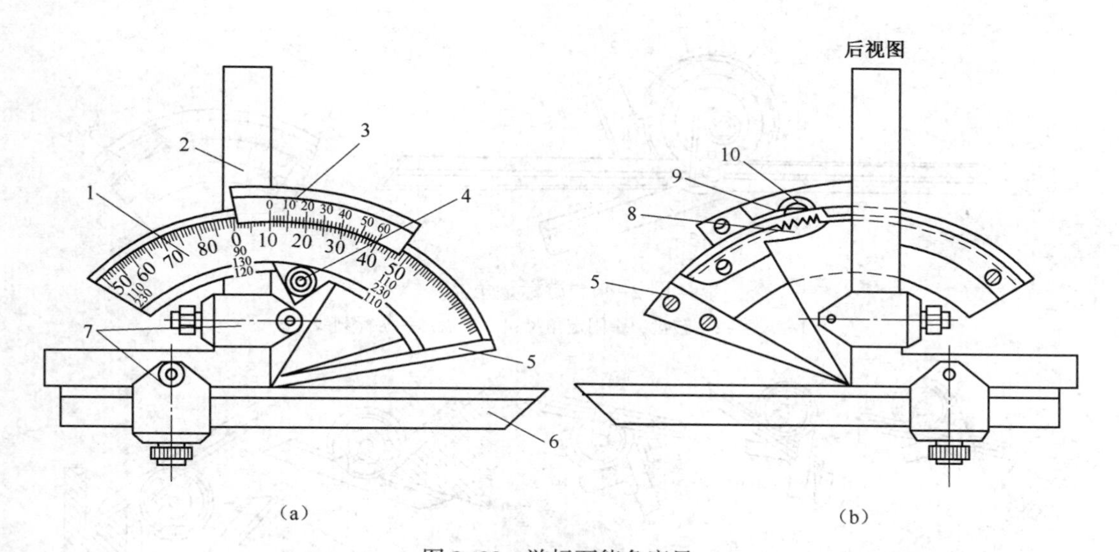

图 2-38　游标万能角度尺

1—主尺；2—角尺；3—游标；4—制动器；5—基尺；6—直尺；7—卡块；8—扇形齿轮；9—小齿轮；10—捏手

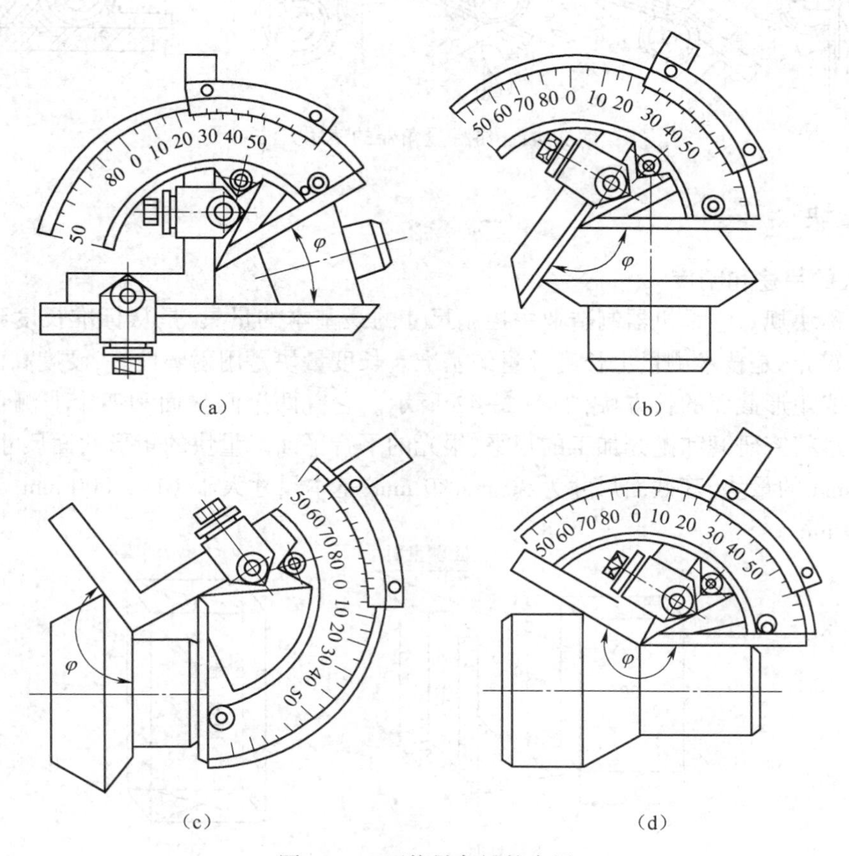

图 2-39　万能量角尺的应用

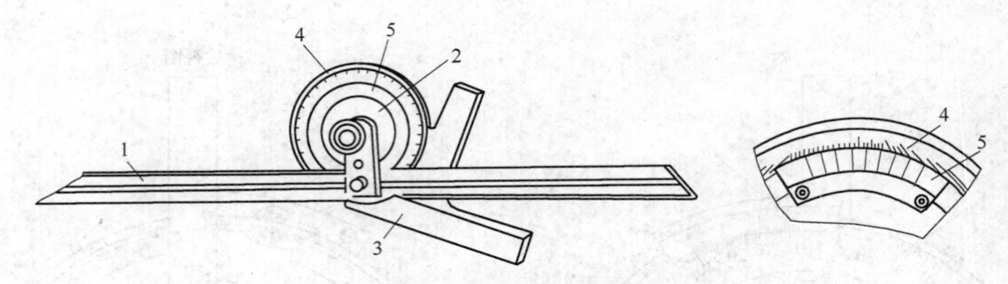

图 2-40　游标量角器

1—尺身;2—转盘;3—固定角尺;4—定盘;5—游标刻线

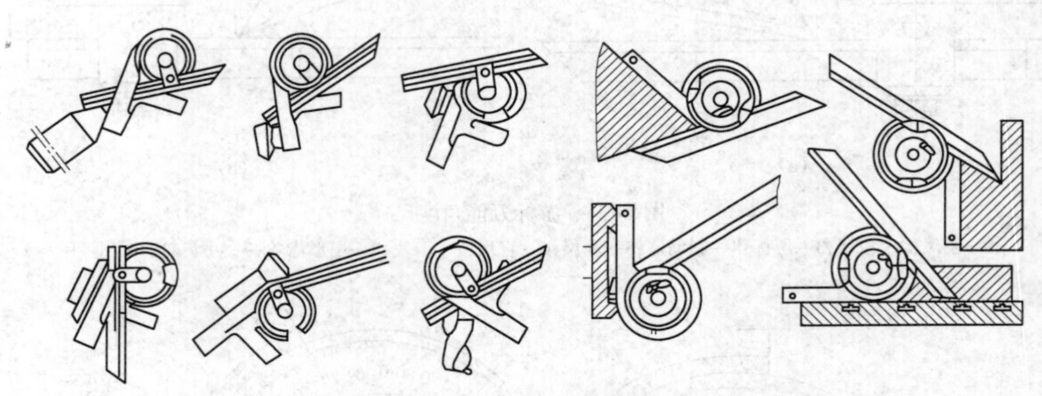

图 2-41　游标量角器的使用方法

2.3.6　量块

1. 量块的用途和精度

量块又称块规。它是机器制造业中控制尺寸的最基本的量具,是从标准长度到零件之间尺寸传递的媒介,是技术测量上长度计量的基准。长度量块是用耐磨性好,硬度高而不易变形的轴承钢制成矩形截面的长方块,如图 2-42 所示。它有两个测量面和四个非测量面。两个测量面是经过精密研磨和抛光加工的很平、很光的平行平面。量块的矩形截面尺寸是:基本尺寸 0.5~10 mm 的量块,其截面尺寸为 30 mm×9 mm;基本尺寸大于 10~1 000 mm,其截面尺寸为 35 mm×9 mm。

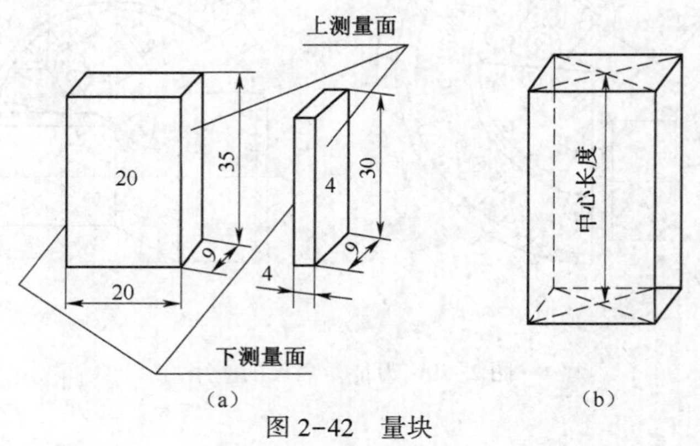

图 2-42　量块

量块的工作尺寸是指中心长度,即量块的一个测量面的中心至另一个测量面的垂直距离。在每块量块上都标记着它的工作尺寸,当量块尺寸等于或大于 6 mm 时,工作标记在非工作面上;当量块在 6 mm 以下时,工作尺寸直接标记在测量面上。

量块的精度,根据它的工作尺寸的精度、和两个测量面的平面平行度的准确程度,分成五个精度级,即 00 级、0 级、1 级 2 级和 3 级。0 级量块的精度最高,3 级量块的精度最低。一般作为工厂或车间计量站使用的量块,用来检定或校准车间常用的精密量具。

2. 成套量块和量块尺寸的组合

量块是成套供应的,每套装成一盒,每盒中有各种不同尺寸的量块。在总块数为 83 块和 38 块的两盒成套量块中,有时带有四块护块,所以每盒成为 87 块和 42 块了。护块即保护量块,主要是为了减少常用量块的磨损,在使用时可放在量块组的两端,以保护其他量块。

每块量块只有一个工作尺寸。但由于量块的两个测量面做得十分准确而光滑,具有可黏合的特性。利用量块的可黏合性,就可组成各种不同尺寸的量块组,大大扩大了量块的应用。但为了减少误差,希望组成量块组的块数不超过 4~5 块。为了使量块组的块数为最小值,在组合时就要根据一定的原则来选取块规尺寸,即首先选择能去除最小位数的尺寸的量块。例如,若要组成 87.545 mm 的量块组,其量块尺寸的选择方法如下:

量块组的尺寸　87.545 mm。
选用的第一块量块尺寸　1.005 mm。
剩下的尺寸　86.54 mm。
选用的第二块量块尺寸　1.04 mm。
剩下的尺寸　85.5 mm。
选用的第三块量块尺寸　5.5 mm。
剩下的即为第四块尺　80 mm。

3. 量块使用时注意事项

量块是很精密的量具,使用时必须注意以下几点:

(1)使用前,先在汽油中洗去防锈油,再用清洁的软绸擦干净。不要用棉纱头去擦量块的工作面,以免损伤量块的测量面。

(2)清洗后的量块,不要直接用手去拿,应当用软绸衬起来拿。若必须用手拿量块时,应当把手洗干净,并且要拿在量块的非工作面上。

(3)把量块放在工作台上时,应使量块的非工作面与台面接触。不要把量块放在蓝图上,因为蓝图表面有残留化学物,会使量块生锈。

(4)不要使量块的工作面与非工作面进行推合,以免擦伤测量面。

(5)量块使用后,应及时在汽油中清洗干净,用软绸揩干后,涂上防锈油,放在专用的盒子里。若经常需要使用,可在洗净后不涂防锈油,放在干燥缸内保存。绝对不允许将量块长时间的粘合在一起,以免由于金属粘结而引起不必要的损伤。

2.4 典型工件的测量

在各种实训过程中，要结合加工的典型工件进行测量。图 2-43 所示为转轴，测量方法与要领见表 2-4。

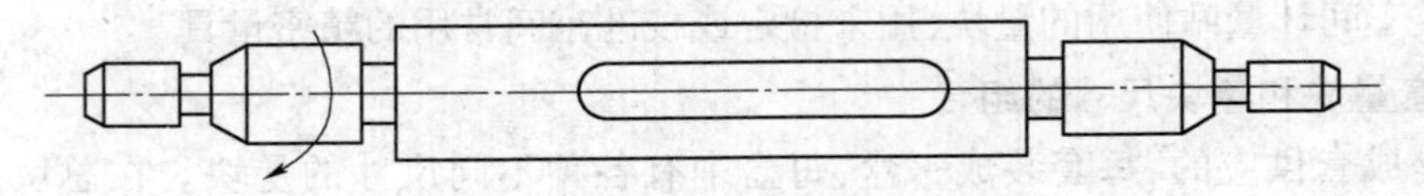

图 2-43 转轴

表 2-4 测量转轴的方法与要领

序号	测量内容	简图	量具	测量要领
1	测长度		金属直尺，游标卡尺	1. 尺身与工件轴线平行 2. 读数时眼睛不可斜视
2	测直径		游标卡尺，千分尺	1. 尺身垂直于工件轴线 2. 两端千分尺测量，其余用游标卡尺测量
3	测键槽		千分尺，游标卡尺或量块	1. 测槽深用千分尺 2. 测槽宽用游标卡尺或量块
4	测同轴度误差		百分表	1. 转轴夹在偏摆检查仪上 2. 测量杆垂直于转轴轴线

思考题

1. 切削加工精度含义是什么，切削加工精度包含哪些内容？
2. 游标卡尺的读数原理是什么？
3. 简述千分尺的结构。
4. 简述百分表使用及保养注意事项。

第3章　铸　　造

教学目的和要求：熟悉砂型铸造生产的工艺过程及其特点，了解手工造型方法的工艺特点，了解合金的熔炼与浇注及铸件质量评价体系，了解铸造车间的安全生产规范，掌握两箱造型的方法、工艺过程、特点和应用。

3.1　铸造概述

铸造是将液体金属浇注到具有与零件形状相适应的铸型空腔中，经冷却凝固、清整处理后得到有预定形状、尺寸和性能的铸件(零件或毛坯)的工艺过程，是现代机械制造工业的基础工艺。通过铸造生产的金属制品称为铸件。因其尺寸精度不高、表面粗糙、一般达不到零件的要求，常需要经过切削加工转化为零件方可使用。

铸造是金属成形的一种最主要的方法，是机械制造工业中毛坯和零件的主要加工工艺，在国民经济中占有极其重要的地位。在现代社会，是汽车、石化、钢铁、电力、装备制造等支柱产业的基础，是制造业的重要组成部分。铸造工艺铸件在一般机器中占总质量的 40% ~80%，如内燃机占总质量的 70% ~90%，机床、液压泵、阀等占总质量的 65% ~80%，拖拉机占总质量的 50% ~70%。铸造工艺广泛应用于机床制造、动力机械、冶金机械、重型机械、航空航天等领域。铸件的质量直接影响着整机的质量和性能。

铸造生产的毛坯成本低廉，对于形状复杂、特别是具有复杂内腔的零件，更能显示出它的经济性；同时它的适应性较广且具有较好的综合机械性能。但铸造生产所需的材料(如金属、木材、燃料、造型材料等)和设备(如冶金炉、混砂机、造型机、造芯机、落砂机、抛丸机等)较多，且会产生粉尘、有害气体和噪声而污染环境。

3.2　砂型铸造工艺

3.2.1　铸造工艺特点

铸造工艺具有以下特点：

1)适用范围广

铸造工艺几乎不受零件的形状复杂程度、尺寸大小、生产批量的限制，可以铸造壁厚 0.3 mm~1 m、质量从几克到 300 多吨的各种金属铸件。很多能熔化成液态的金属材料都可以用于铸造生产，如铸钢、铸铁、各种铝合金、铜合金、镁合金、钛合金及锌合金等。生产中铸铁应用最广，约占铸件总产量的 70% 以上。

2)良好的经济性

铸件的形状和尺寸与图样设计零件非常接近，加工余量小，精密铸件可省去切削加工，直接用于装配。铸铸造原料又可以大量利用废、旧金属材料，加之铸造动能消耗比锻造动能消耗小，因而铸造的综合经济性能好。

3）铸件的力学性能较差

铸造是液态成形工艺，故铸件缺陷往往较多，如晶粒粗大、缩孔、气孔、夹渣等，废品率较高，质量不稳定，所以铸件的力学性能较差。

4）劳动条件较差

工作环境粉尘多、温度高、劳动强大大，废料、废气、废水处理任务繁重。

铸造按生产方法不同，可分为砂型铸造和特种铸造。砂型铸造应用最为广泛，砂型铸件约占铸件总产量的 80% 以上，其铸型（砂型和芯型）是由型砂制作的。本章主要介绍大量用于铸铁件生产的砂型铸造方法。

3.2.2 砂型铸造生产工序

砂型铸造的主要生产工序有制模、配砂、造型、造芯、合模、熔炼、浇注、落砂、清理和检验。套筒铸件的生产过程如图 3-1 所示，根据零件形状和尺寸，设计并制造模样和芯盒；配制型砂和芯砂；利用模样和芯盒等工艺装备分别制作砂型和芯型；将砂型和芯型合为一整体铸型；将熔融的金属浇注入铸型，完成充型过程；冷却凝固后落砂取出铸件；最后对铸件清理并检验。

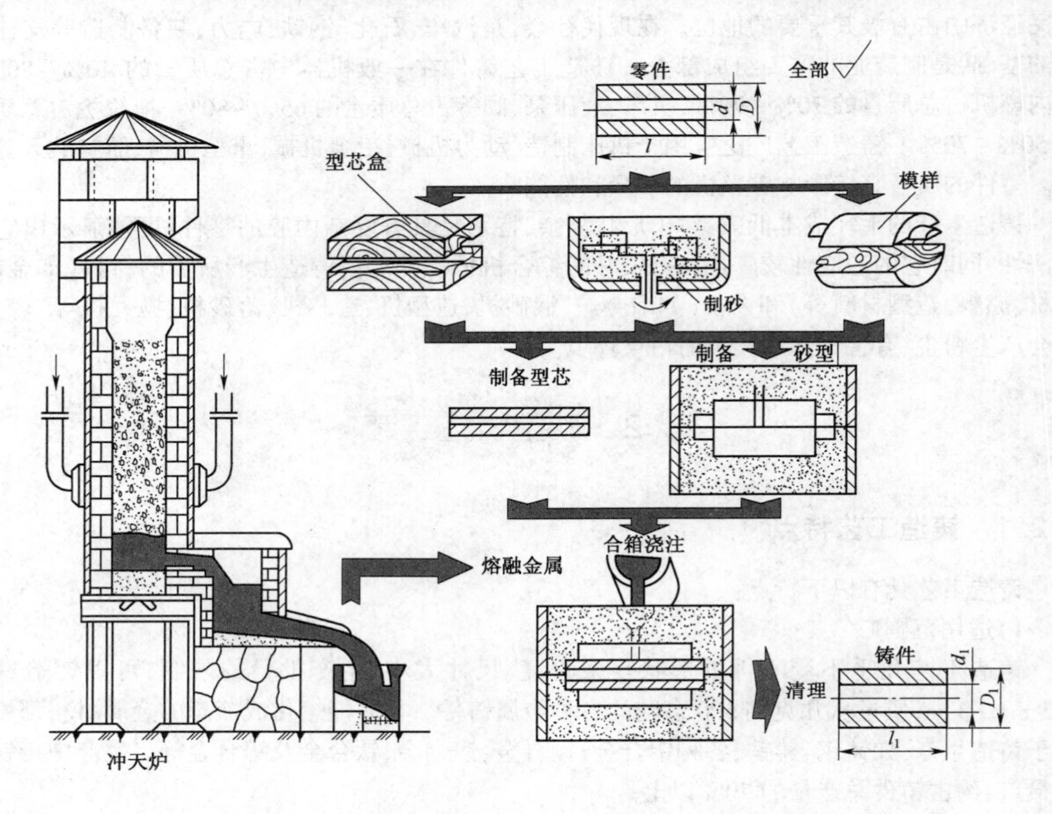

图 3-1 砂型铸造的生产过程

3.2.3 铸型的组成和作用

铸型是根据零件形状用造型材料制成的。铸型一般由上砂型、下砂型、型芯和浇注系统等部分组成，如图3-2所示。上砂型和下砂型之间的结合面称为分型面。铸型中由砂型面和型芯面所构成的空腔部分，用于在铸造生产中形成铸件本体，称为型腔。型芯一般用来形成铸件的内孔和内腔。金属液流入型腔的通道称为浇注系统。出气孔的作用在于排出浇注过程中产生的气体，铸型各部分作用见表3-1。

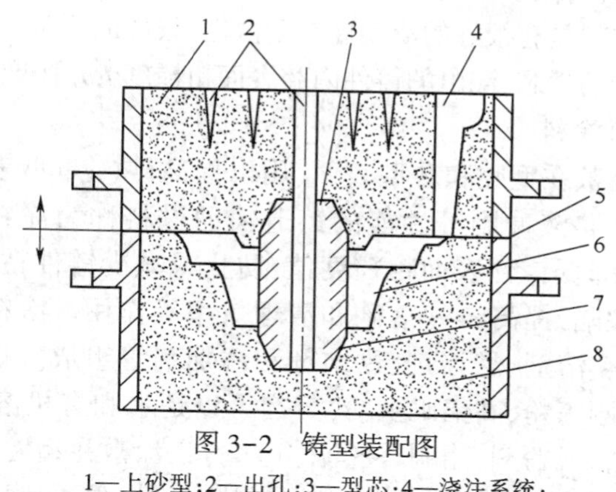

图3-2 铸型装配图

1—上砂型；2—出孔；3—型芯；4—浇注系统；5—分型面；6—型腔；7—芯头芯座；8—下砂型

表3-1 铸型各部分作用

组元名称	作用
砂箱	造型时填充型砂的容器，分上、中、下砂箱
铸型	通过造型获得具有型腔的工艺组元，分上、中、下铸型
分型面	各铸型组元间的结合面，每一对铸型间都有一个分型面
浇注系统	金属液流入型腔的通道
冒口	供补缩铸件用的铸型空腔，有些冒口还起观察、排气和集渣的作用
型腔	铸型中由造型材料所包围的空腔部分，也是形成铸件的主要空间
型芯	为获得铸件内部或局部外形，用芯砂制成安放在铸型内部的组元
出气孔	在铸型或型芯上，用针扎出的出气孔，用以排气
出气口	在铸型或型芯中，为排除浇注时形成的气体而设置的沟槽或孔道
冷铁	为加快铸件局部冷却，在铸型型芯中安放的金属物

3.2.4 型(芯)砂的组成和性能

1. 组成

将原砂或再生砂与黏结剂和其他附加物混合制成的物质称为型砂和芯砂。

1)原砂

原砂即新砂，铸造用原砂一般采用符合一定技术要求的天然矿砂，最常使用的是硅砂。其二氧化硅含量在80%~98%，硅砂粒度大小及均匀性、表面状态、颗粒形状等对铸造性能有很大影响。除硅砂外的各种铸造用砂称为特种砂，如石灰石砂、锆砂、镁砂、橄榄石砂、铬铁矿砂、钛铁矿砂等，这些特种砂性能较硅砂优良，但价格较贵，主要用于合金钢和碳钢铸件的生产。

2)黏结剂

黏结剂的作用是使砂粒黏结在一起，制成砂型和芯型。黏土是铸造生产中用量最大的一种黏结剂，此外水玻璃、植物油、合成树脂、水泥等也是铸造常用的黏结剂。用黏土作黏结剂制成的型砂又称黏土砂，其结构如图3-3所示。黏土资源丰富，价格低廉，它的耐火度较高，复用性好。

水玻璃砂可以适应造型、制芯工艺的多样性,在高温下具有较好的退让性,但水玻璃加入量偏高时,砂型及砂芯的溃散性差。油类黏结剂具有很好的流动性和溃散性、很高的干强度,适合于制造复杂的砂芯,浇出的铸件内腔表面粗糙度 Ra 值低。

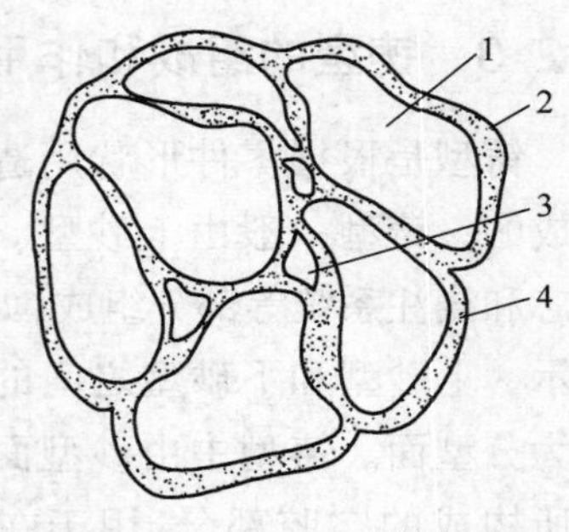

图 3-3　黏土砂结构

1—砂粒;2—黏土;3—孔隙;4—附加物

3)涂料

涂敷在型腔和芯型表面、用以提高砂(芯)型表面抗粘砂和抗金属液冲刷等性能的铸造辅助材料称为涂料。使用涂料,有降低铸件表面粗糙度值,防止或减少铸件粘砂、砂眼和夹砂缺陷,提高铸件落砂和清理效率等作用。涂料一般由耐火材料、溶剂、悬浮剂、黏结剂和添加剂等组成。耐火材料有硅粉、刚玉粉、高铝矾土粉,溶剂可以是水和有机溶剂等,悬浮剂如膨润土等。涂料可制成液体、膏状或粉剂,用刷、浸、流、喷等方法涂敷在型腔、型芯表面。型砂中除含有原砂、黏结剂和水等材料外,还加入一些辅助材料如煤粉、重油、锯木屑、淀粉等,使砂型和芯型增加透气性、退让性,提高铸件抗粘砂能力和铸件的表面质量,使铸件具有一些特定的性能。砂型铸造的造型材料为型砂,其质量好坏直接影响铸件的质量、生产效率和成本。生产中为了获得优质的铸件和良好的经济效益,对型砂性能有一定的要求。

2. 型砂性能

1)强度

型砂抵抗外力破坏的能力称为强度。它包括常温湿强度、干强度和硬度以及高温强度。型砂要有足够的强度,以防止造型过程中产生塌箱和浇注时液体金属对铸型表面的冲刷破坏。

2)成型性

型砂要有良好的成型性,包括良好的流动性、可塑性和不粘膜性,铸型轮廓清晰,易于起模。

3)耐火性

型砂在高温作用下不熔化、不烧结的性能为耐火性。型砂要有较高的耐火性,同时应有较好的热化学稳定性,较小的热膨胀率和冷收缩率。

4)透气性

型砂要有一定的透气性,以利于浇注时产生的大量气体的排出。透气性过差,铸件中易产生气孔;透气性过高,易使铸件粘砂。另外,具有较小的吸湿性和较低发气量的型砂对保证铸造质量有利。

5)退让性

退让性是指铸件在冷凝过程中,型砂能被压缩变形的性能。型砂退让性差,铸件在凝固收缩时将易产生内应力、变形和裂纹等缺陷,所以型砂要有较好的退让性。此外,型砂还要具有较好的耐用性、溃散性和韧性等。

3.2.5　浇注系统

浇注系统是砂型中引导金属液进入型腔的通道。

1. 对浇注系统的基本要求

浇注系统设计的正确与否对铸件质量影响很大,对浇注系统的基本要求是:

(1)引导金属液平稳、连续的充型,防止卷入、吸收气体和使金属过度氧化。

(2)充型过程中金属液流动的方向和速度可以控制,保证铸件轮廓清晰、完整,避免因充型速度过高而冲刷型壁或砂芯及充型时间不适合造成夹砂、冷隔、皱皮等缺陷。

(3)具有良好的挡渣、溢渣能力,净化进入型腔的金属液。

(4)浇注系统结构应当简单、可靠,金属液消耗少,并容易清理。

2. 浇注系统的组成

浇注系统一般由外浇口、直浇道、横浇道和内浇道四部分组成,如图 3-4 所示。

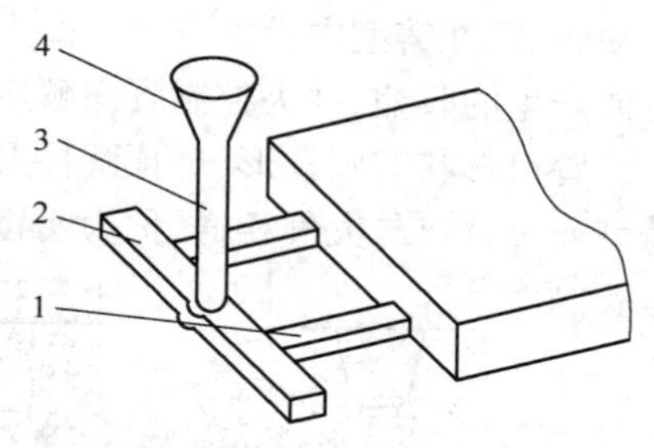

图 3-4　浇注系统的组成

1—内浇道;2—横浇道;3—直浇道;4—外浇口

1)外浇口

外浇口用于承接浇注的金属液,起防止金属液的飞溅和溢出、减缓对型腔的冲击、分离渣滓和气泡、阻止杂质进入型腔的作用。外浇口分漏斗形(浇口杯)和盆形(浇口盆)两大类。

2)直浇道

直浇道的功能是从外浇口引导金属液进入横浇道、内浇道或直接导入型腔。直浇道有一定高度,使金属液在重力的作用下克服各种流动阻力,在规定时间内完成充型。直浇道常做成上大下小的锥形、等截面的柱形或上小下大的倒锥形。

3)横浇道

横浇道是将直浇道的金属液引入内浇道的水平通道。作用是将直浇道金属液压力转化为水平速度,减轻对直浇道底部铸型的冲刷,控制内浇道的流量分布,阻止渣滓进入型腔。

4)内浇道

内浇道与型腔相连,其功能是控制金属液充型速度和方向,分配金属液,调节铸件的冷却速度,对铸件起一定的补缩作用。

3. 浇注系统的类型

浇注系统的类型按内浇道在铸件上的相对位置,分为顶注式、底注式、中间注入式和分段注入式 4 种类型,如图 3-5 所示。

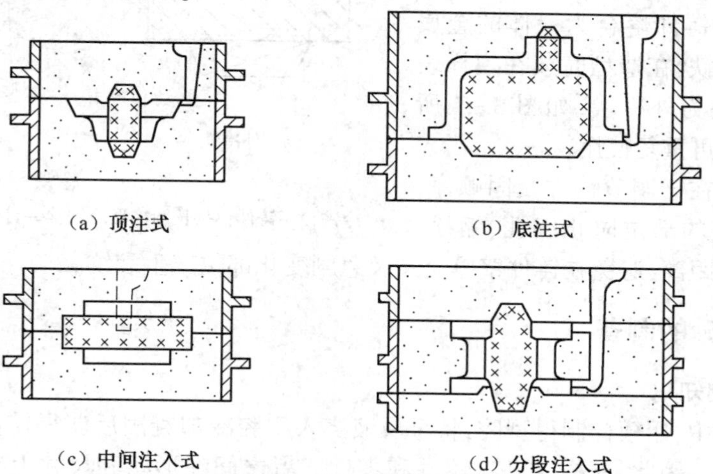

图 3-5　浇注系统的类型

3.2.6 冒口和冷铁

为了实现铸件在浇注、冷凝过程中能正常充型和冷却收缩，一些铸型设计中应用了冒口和冷铁。

1. 冒口

铸件浇铸后，金属液在冷凝过程中会发生体积收缩，为防止由此而产生的铸件缩孔、缩松等缺陷，常在铸型中设置冒口。即人为设置用以存储金属液的空腔，用于补偿铸件形成过程中可能产生的收缩，并为控制凝固顺序创造条件，同时冒口也有排气、集渣、引导充型的作用。

冒口形状有圆柱形、球顶圆柱形、长圆柱形、方形和球形等多种。若冒口设在铸件顶部，使铸型通过冒口与大气相通，称为明冒口；冒口设在铸件内部则为暗冒口，如图 3-6 所示。

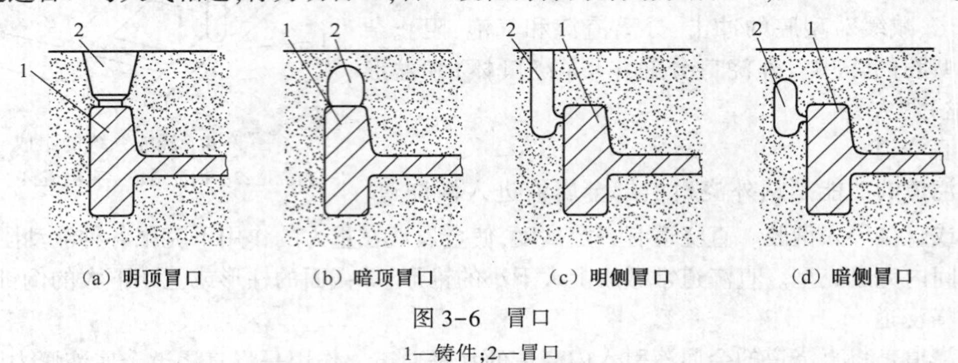

（a）明顶冒口　（b）暗顶冒口　（c）明侧冒口　（d）暗侧冒口

图 3-6　冒口

1—铸件；2—冒口

冒口一般应设在铸件壁厚交叉部位的上方或旁侧，并尽量设在铸件最高、最厚的部位，其体积应能保证所提供的补缩液量不小于铸件的冷凝收缩和型腔扩大量之和。

应当说明的是在浇铸冷凝后，冒口金属与铸件相连，清理铸件时，应除去冒口将其回炉。

2. 冷铁

为增加铸件局部冷却速度，在型腔内部及工作表面安放的金属块称为冷铁。冷铁分为内冷铁和外冷铁两大类，放置在型腔内浇铸后与铸件熔合为一体的金属激冷块称为内冷铁，在造型时放在模样表面的金属激冷块为外冷块，如图 3-7 所示。外冷铁一般可重复使用。

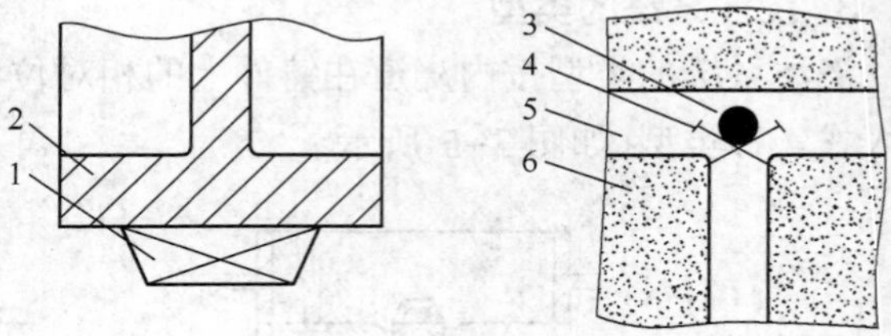

（a）外冷铁　（b）内冷铁

图 3-7　冷铁

1—冷铁；2—铸件；3—长圆柱形冷铁；4—钉子；5—型腔；6—型砂

冷铁的作用在于调节铸件凝固顺序，在冒口难以补缩的部位防止缩孔、缩松，扩大冒口的补缩距离，避免在铸件壁厚交叉及急剧变化部位产生裂纹。

3.2.7 （芯）砂的制备

1. 铸造基础知识

在铸造生产中，用模样制得型腔，将金属液浇入型腔冷却凝固后获得铸件，铸件经切削加工最后成为零件。因此，模样、型腔、铸件和零件四者之间在形状和尺寸上有着必然的联系。

搞清它们之间的相互关系对了解铸造工艺过程和读懂铸造工艺图有重要的意义。模样、型腔、铸件和零件之间的关系见表 3-2。

表 3-2　模样、型腔、铸件和零件之间的关系

特征＼名称	模样	型腔	铸件	零件
大小	大	大	小	最小
尺寸	大于铸件一个收缩率	与模样基本相同	比零件多一个加工余量	小于铸件
形状	包括型芯头、活块外型芯等形状	与铸件凹凸相反	包括零件中小孔洞等不铸出的加工部分	符合零件尺寸
凹凸(与零件相比)	凸	凹	凸	凸
空实(与零件相比)	实心	空心	实心	实心

2. 手工造型

造型的主要工序为填砂、舂砂、起模和修型。填砂是将型砂填充到已放置好模样的砂箱内,舂砂则是把砂箱内的型砂紧实,起模是把形成型腔的模样从砂型中取出,修型是起模后对砂型损伤处进行修理的过程。手工完成这些工序的操作方式即手工造型。

手工造型方法很多,有砂箱造型、挖砂造型、假箱造型、活块造型、刮板造型和三箱造型等。下面就介绍几种常用的手工造型方法。

1) 两箱造型

两箱造型应用最为广泛,按其模样又可分为整体模样造型(简称整模造型)和分开模样造型(简称分模造型)。整模造型一般用在零件形状简单、最大截面在零件端面的情况,其造型过程如图 3-8 所示。分模造型是

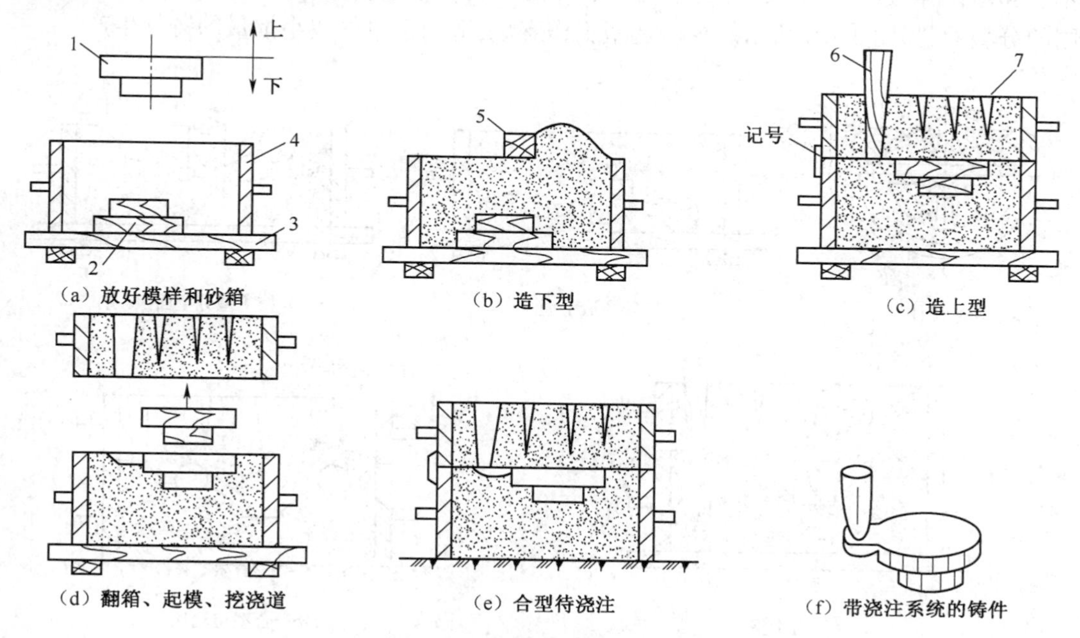

(a) 放好模样和砂箱　(b) 造下型　(c) 造上型
(d) 翻箱、起模、挖浇道　(e) 合型待浇注　(f) 带浇注系统的铸件

图 3-8　整模造型过程示意图

1—铸件;2—模样;3—底板;4—砂箱;5—刮板;6—直浇道棒;7—气孔

将模样从其最大截面处分开,并以此面作分型面。造型时,先将下砂型舂好,然后翻箱,舂制上砂箱,其造型过程如图 3-9 所示。

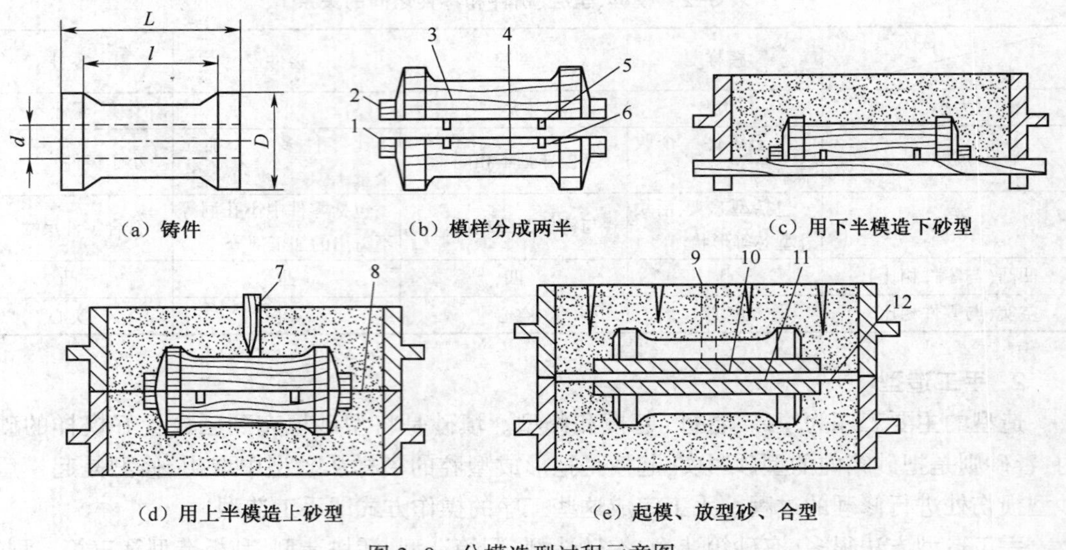

图 3-9 分模造型过程示意图

1—分模面;2—型芯头;3—上半模;4—下半模;5—销钉;6—销孔;7—直浇道棒;8—分型面;9—浇注系统;10—型芯;11—型芯通气孔;12—排气道

2)挖砂造型

挖砂造型有些铸件的模样不宜做成分开结构,必须做成整体,在造型过程中局部被砂型埋住不能起出模样,这时就需要采用挖砂造型,即沿着模样最大截面挖掉一部分型砂,形成不太规则的分型面,如图 3-10 所示。挖砂造型工作麻烦,适用于单件或小批量的铸件生产。

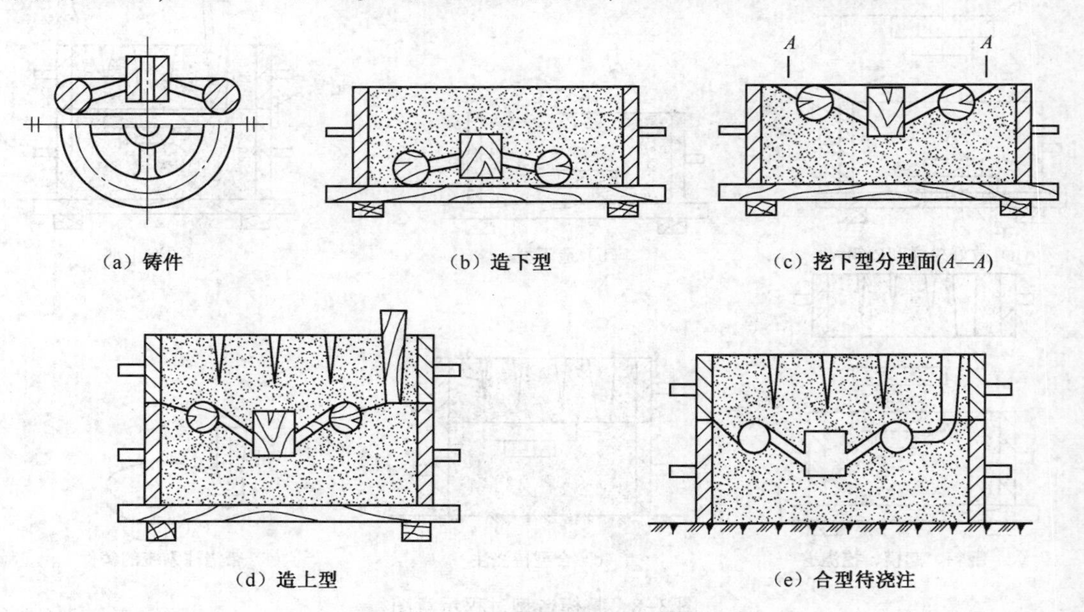

图 3-10 挖砂造型过程示意图

3)假箱造型

假箱造型方式与挖砂造型相近,先采用挖砂的方法做一个不带直浇道的上箱,即假箱,砂型尽量舂实一些,然后用这个上箱作底板制作下箱砂型,然后再制作用于实际浇铸用的上箱砂型,其原理如图 3-11 所示。

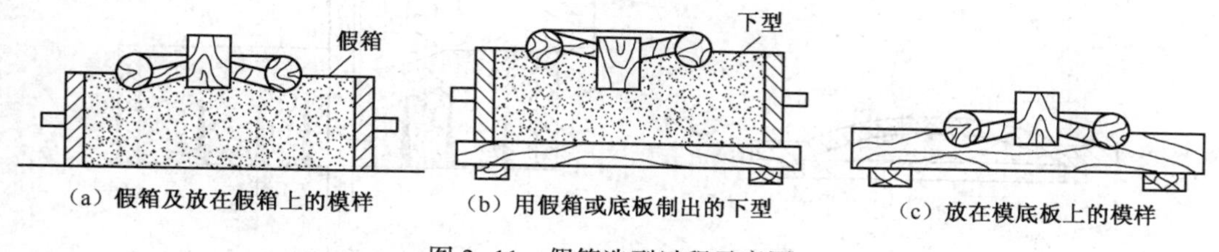

图 3-11　假箱造型过程示意图

4)活块造型

活块造型有些零件侧面带有凸台等突起部分,造型时这些突出部分妨碍模样从砂型中起出,故在模样制作时,将突出部分做成活块,用销钉或燕尾槽与模样主体连接,起模时,先取出模样主体,然后从侧面取出活块,这种造型方法称为活块造型,如图 3-12 所示。

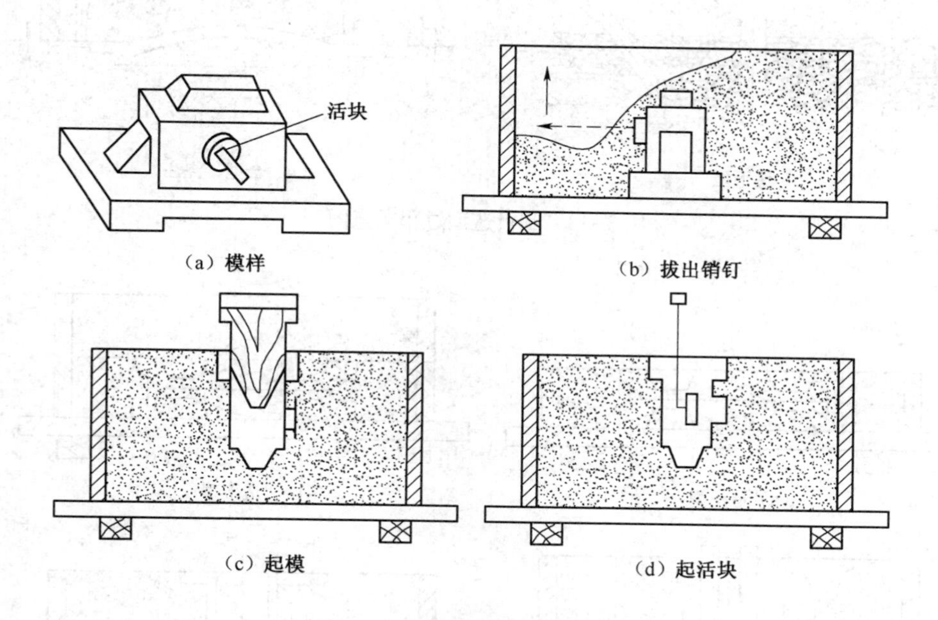

图 3-12　活块造型过程示意图

5)刮板造型

刮板造型适用于单件、小批量生产、大型旋转体铸件或形状简单铸件,方法是利用刮板模样绕固定轴旋转,将砂型刮制成所需的形状和尺寸,如图 3-13 所示。刮板造型模样制作简单省料,但造型生产效率低,并要求较高的操作技术。

6)三箱造型

对一些形状复杂的铸件,只用一个分型面的两箱造型难以正常取出型砂中的模样,必须采用三箱或多箱造型的方法。三箱造型有两个分型面,操作过程较两箱造型复杂,生产效率低,只适用于单件小批量生产,其工艺过程如图 3-14 所示。

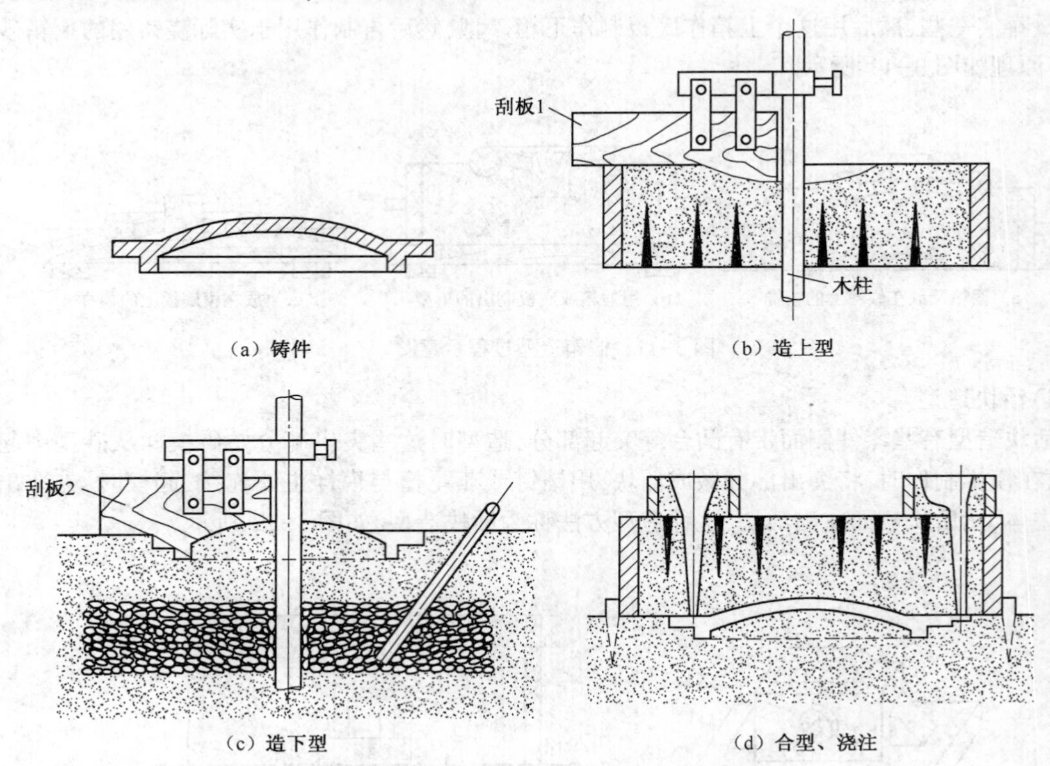

（a）铸件 （b）造上型 （c）造下型 （d）合型、浇注

图 3-13 刮板造型过程示意图

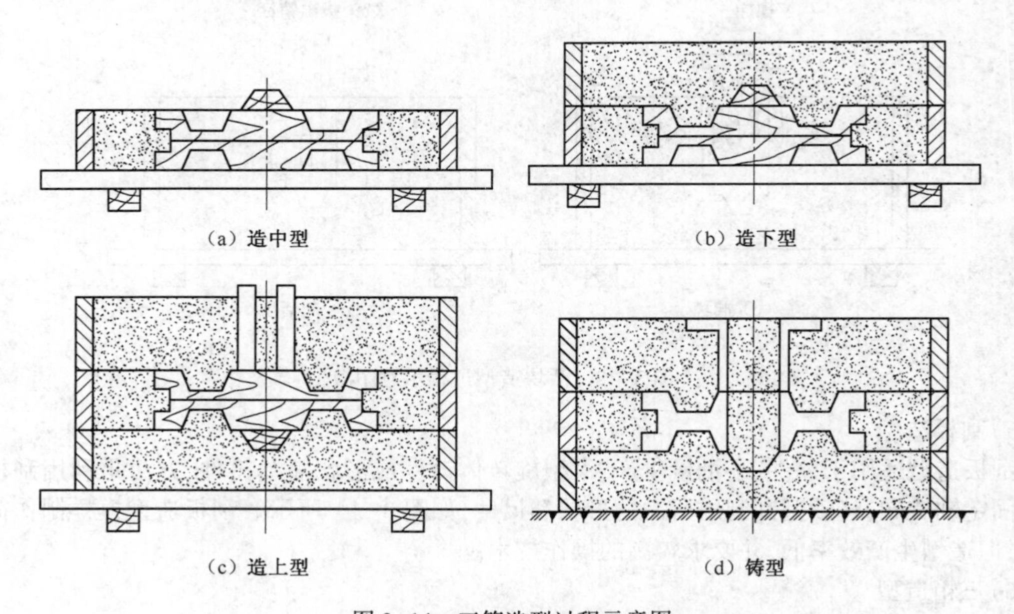

（a）造中型 （b）造下型 （c）造上型 （d）铸型

图 3-14 三箱造型过程示意图

3.3　合金的浇注

浇注是保证铸件质量的重要环节之一，据统计，铸造生产中，由于浇注原因而报废的铸件，约占报废件总数的 20%～30%。因此在浇注过程中，必须严格控制浇注温度和浇注速度。

1. 浇注时的注意事项

(1) 浇注是高温操作，必须注意安全，必须穿着白帆布工作服和工作皮鞋；

(2) 浇注前，必须清理浇注时行走的通道，预防意外跌撞；

(3) 必须烘干、烘透浇包，检查砂型是否紧固。

浇包中金属液不能盛装太满，吊包液面应低于包口 100 mm 左右，抬包和端包液面应低于包口 60 mm 左右。

2. 浇注工艺

1) 浇注温度

金属液浇注温度的高低，应根据铸件材质、大小及形状来确定。浇注温度过低时，铁液的流动性差，易产生浇注不足、冷隔、气孔等缺陷；而浇注温度偏高时，铸件收缩大，易产生缩孔、裂纹、晶粒粗大及黏砂等缺陷。铸铁件的浇注温度一般在 1 250～1 360 ℃之间。对形状复杂的薄壁铸件浇注温度应高些，厚壁简单铸件可低些。

2) 浇注速度

浇注速度要适中，太慢会使金属液降温过多，易产生浇不足、冷隔、夹渣等缺陷；浇注速度太快，金属液充型过程中气体来不及逸出易产生气孔，同时金属液的动压力增大，易冲坏砂型或产生抬箱、跑火等缺陷。浇注速度应根据铸件的大小、形状决定。浇注开始时，浇注速度应慢些，利于减小金属液对型腔的冲击和气体从型腔排出；随后浇注速度加快，以提高生产速度，并避免产生缺陷；结束阶段再降低浇注速度，防止发生抬箱现象。浇注过程中应注意：浇注前进行扒渣操作，即清除金属液表面的熔渣，以免熔渣进入型腔；浇注时在砂型出气口、冒口处引火燃烧，促使气体快速排出，防止铸件气孔和减少有害气体污染空气；浇注过程中不能断流，应始终使外浇口保持充满，以便熔渣上浮；另外浇注是高温作业，操作人员应注意安全。

3. 铸铁的熔炼

铸铁熔炼可使用多种炉型，如冲天炉、电炉、反射炉等，但应用最广的是冲天炉。冲天炉的规格以其熔化率(t/h)表示。冲天炉的炉料主要有焦炭、溶剂和金属料。熔化的铁液与消耗的焦炭之重量比称为铁焦比，一般为 8～10。经熔炼后的铁水化学成分将发生变化。含碳量、含硫量增加，而硅和锰有一定的烧损。

铸铁的浇注将熔化的液态金属注入铸型的过程，称为浇注。浇注不当，可能会使铸件产生气孔、冷隔、浇不足、缩孔等缺陷。

浇注前应做好现场准备工作，如选好浇包、清理场地等。临浇注时，要扒去金属液面上的熔渣，以免其进入铸型。浇注时，要合理掌握浇注温度和浇注速度。对复杂件、薄壁件，浇注温度要高，浇注速度要快。而对简单件、厚壁件，则正好相反。

4. 浇注操作

1)扒渣

扒渣即清除金属液表面熔渣的操作过程,以免熔渣进入型腔,产生夹杂等缺陷。扒渣操作要迅速,以免扒渣时间过长,导致金属液温度下降。扒渣时,应从浇包后面或侧面扒出,不可经过浇包嘴,以免将包嘴上的涂料损坏,影响浇注工作的进行。正确的扒渣操作如图 3-15 所示。

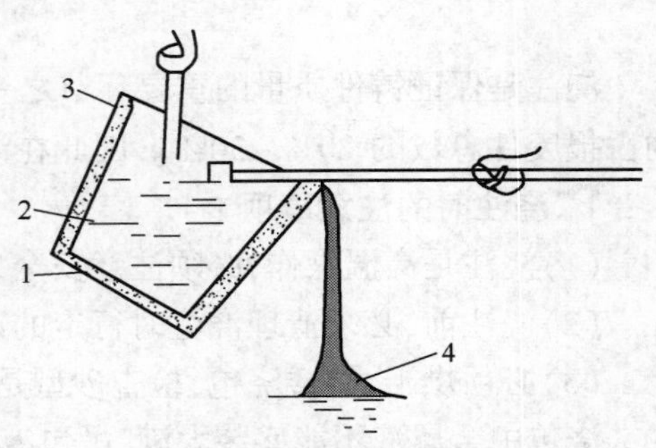

图 3-15 在浇包中扒渣

1—浇包;2—金属液;3—浇包嘴;4—熔渣

2)引火

在砂型出气冒口和出气孔处,引火燃烧,促使气体快速排出,减少铸件气孔等缺陷。

3)浇注

使浇包口或底注口靠近浇口杯,在开始浇注时和将近结束时都应以细流状注入;在整个浇注过程中,应使浇口杯保持充满状态,以免熔渣卷入型腔,如图 3-16 所示。

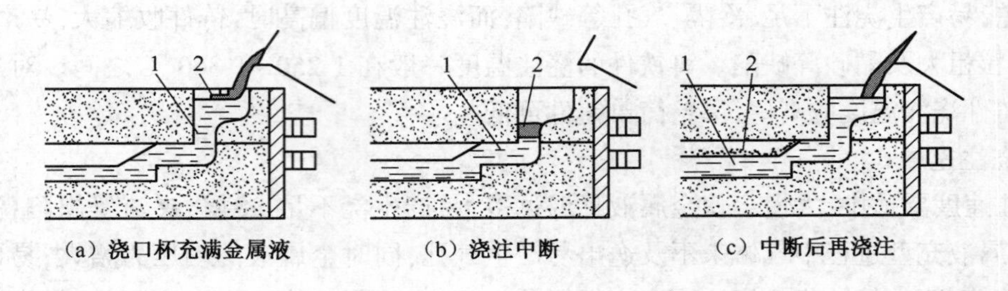

(a)浇口杯充满金属液 (b)浇注中断 (c)中断后再浇注

图 3-16 浇口杯应保持充满金属液

1—金属液;2—熔渣

4)跑火现象

在浇注过程中若发现跑火现象,应立即采取抢救措施,同时,还要保持细流浇注,不能中断。

5)保温

在浇满的浇冒口上面,加盖干砂、稻草灰或其他保温材料,既可阻止光辐射,又可保温。

6)固态收缩阶段

当铸件凝固后,进入固态收缩阶段时,应及时卸去压铁,使铸件自由收缩,防止铸件产生变形或裂纹等缺陷。

3.4 铸造技术训练实例

例:现以箱盖零件的铸造为例,介绍铸造各工序的实践操作过程。零件图如图 3-17 所示,工序过程见表 3-3。

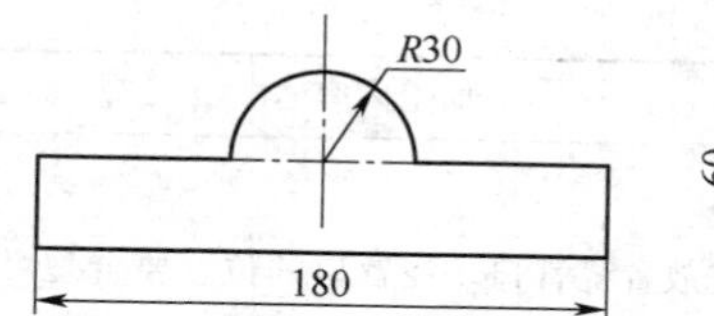

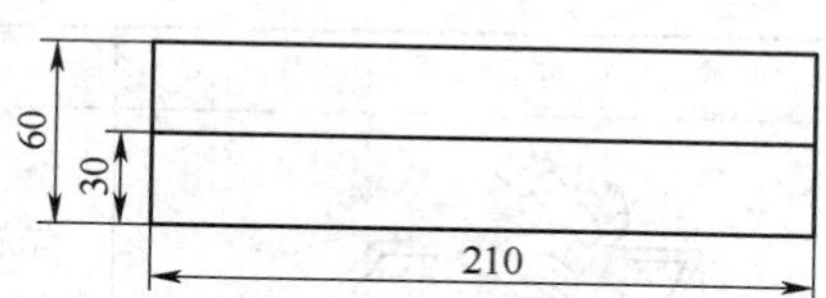

图 3-17 箱盖零件图

表 3-3 箱盖零件铸造加工工序

操作序号	加工简图	加工内容	工具、量具
1. 安放平板、模样及砂箱		按铸造工艺方案将模样安放在造型平板的适当位置，套上下砂箱，使模样与砂箱内壁有足够的吃砂量。若模样易粘砂，可撒（或涂）一层防粘模材料，如石英粉等	防粘模材料
2. 填砂和紧实		在安放好的模样表面筛上或铲上一层面砂，将模样盖在面砂上面，加一层背砂，用砂舂扁头将分批填入的型砂逐层舂实，填入最后一层背砂，要用砂舂的平头舂实。用刮板刮去型砂上面多余的型砂	铲子、砂舂刮板
3. 修整合翻型		刮去型砂上面多余的背砂后，使其表面与砂箱四边平齐，再用通气针扎出分布均匀、深度适当的出气孔，将造好的下砂型翻转 180°	通气针
4. 修整分型面		将分型面模样周围的砂型表面修光压平，撒上一层分型砂，再吹去落在模样上的分型砂	镘刀、皮老虎
5. 放置上型砂箱及撒防粘模材料		将与下砂箱配套的上砂箱安放在下砂型上，再均匀的撒上防粘模材料	防粘模材料

续表

操作序号	加工简图	加工内容	工具、量具
6. 填砂和紧实	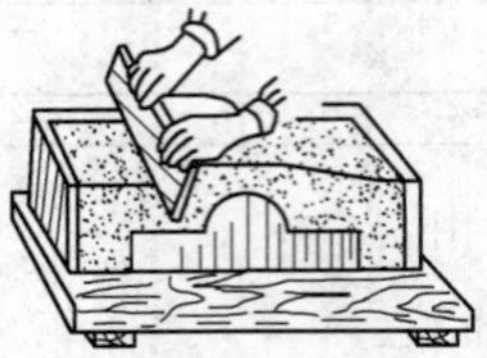	先放置浇冒口。浇冒口的位置要合理可靠,先用面砂固定它们的位置,填砂与舂砂操作与下砂型相同	铲子、砂舂刮板
7. 修整上砂型面及开型	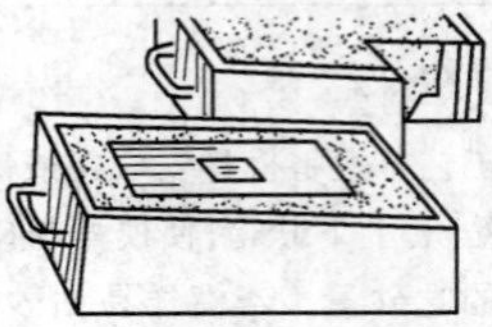	先用刮板刮去多余背砂,使型砂表面与砂箱四边平齐,再用镘刀光平浇冒口处的型砂。用通气针扎出气孔,取出浇冒口模样,在直浇道上端开挖浇口盆。如型砂没有定位装置,则还需要在砂箱外壁上下型连接处,做出定位记号(如泥号粉号)。再取走上型,将上型翻转 180°后放平	刮板、镘刀、通气针、浇冒口模样
8. 修整分型面		扫除分型面上的分型砂,用掸笔湿润靠近模样周围的型砂,准备起模	掸笔
9. 敲模和起模	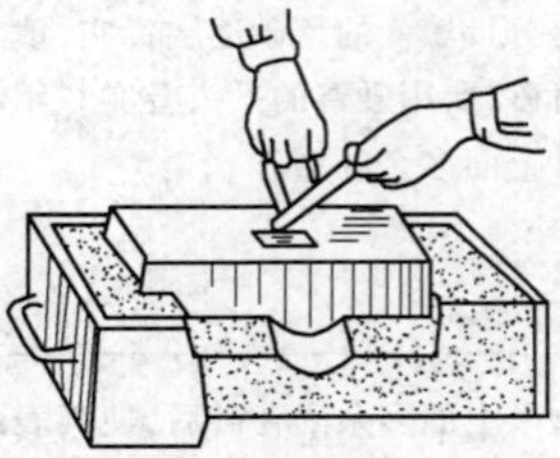	将模样向四周轻轻松动,再用起模针或起模钉将模样从砂型中取出	木锤、起模针或起模钉
10. 修型	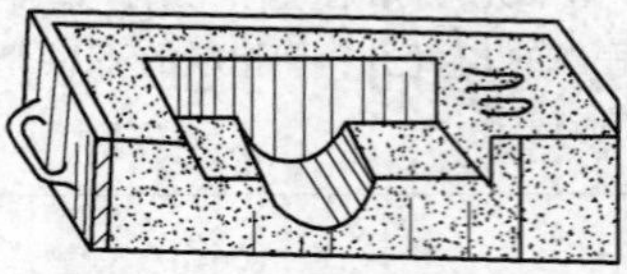	先开挖浇注系统的横浇道和内浇道,并修光浇冒口系统表面。将砂型型腔损坏处修好,最后修光全部型腔表面	刮板、镘刀
11. 合型	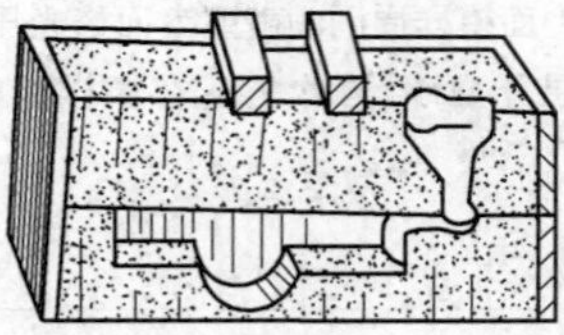	按定位标记将上砂型合在下砂型上,放置适当重量的压铁,抹好箱缝,准备浇注	压铁
12. 取件	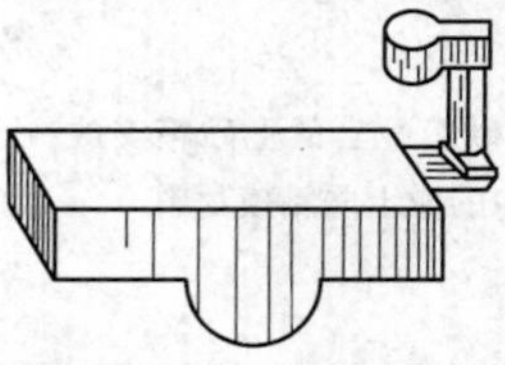	铸件浇注后保温一段时间,再从砂型中取出	

思 考 题

1. 什么是铸造？砂型铸造有哪些主要工序？
2. 铸造工艺有哪些特点？
3. 铸型由哪几部分组成？试说明各部分的作用？
4. 铸造合金有哪些？常用的铸铁有哪几种，其主要成分是什么？
5. 砂型反复使用后，性能为何会降低？

第4章　锻　　造

教学目的和要求：了解锻压的实质、特点和应用，锻压生产常用材料、坯料，加热目的和方法。熟悉自由锻的基本工序，能用自由锻方法锻制简单锻件。

4.1 锻造概述

用一定的设备或工具，对金属材料施加外力使其产生塑性变形，从而生产出型材、毛坯或零件的加工方法，称为金属压力加工。金属压力加工的种类较多，锻造和冲压（简称锻压）是其中两类主要的加工方法。常用方法的分类和应用见表 4-1。

表 4-1　金属压力加工的分类

类型	简　图	特点	适应场合及发展趋势
轧制	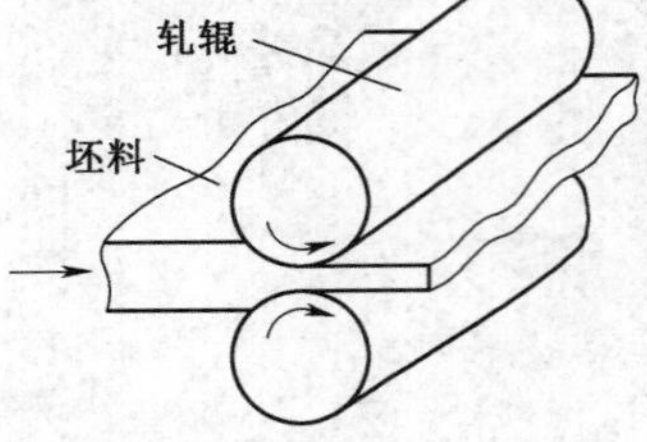 板材轧制	用轧机和轧辊；加热状态或常温状态；减小坯料截面尺寸，或兼改变截面形状	批量生产钢管、钢轨、角钢、工字钢与各种板料等型材。趋势：高速轧制，线材达 120 m/s，板材 30 m/s；精密轧制，提高尺寸精度及板形精度；轧锻复合生产钢球、齿轮、轴类、环类零件毛坯，力求少或无切削
拉拔	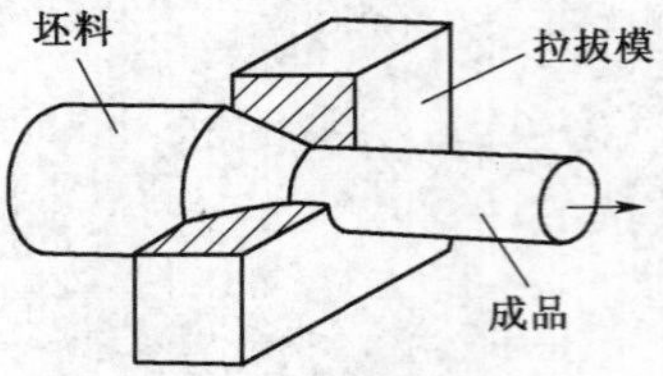	用拉拔机和拉拔模；常温或低温加热状态；减小坯料截面尺寸或兼改变坯料截面形状	批量生产钢丝、铜铝电线、漆包线、铜铝电排等丝、带、条状型材。趋势：高尺寸精度，低表面粗糙度
挤压	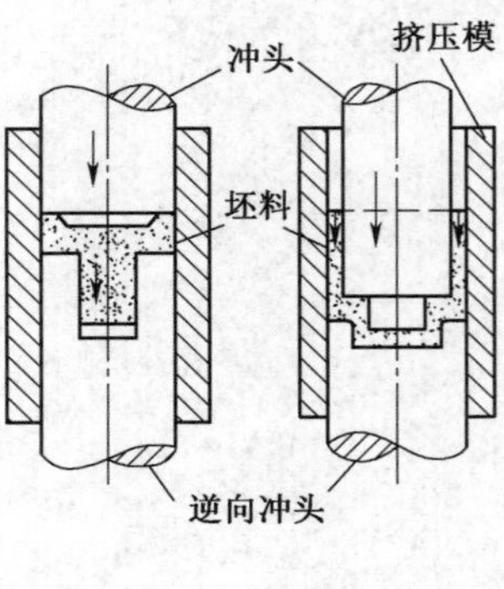	用挤压机和挤压模；常温或加热状态下，主要改变坯料截面形状	批量生产塑性较好的复杂截面型材，如铝合金门窗构条、铝散热片等或生产毛坯，如齿轮、螺栓、铆钉等，现我国已可生产千余种冷挤零件。趋势：高速精密，挤锻结合，如用挤锻机可自动、快速将棒料连续挤压成锥齿轮坯，每分钟可达近百件、近百公斤；温挤 45 钢汽车后轴管，重达 9 kg

续表

类型		简　图	特点	适应场合及发展趋势
锻造	自由锻	上砥铁 冲子 坯料 下砥铁	用自由锻锤或压力机和简单工具；一般在加热状态下使坯料成形	单件、小批生产外形简单的各种规格毛坯，如轧辊、大电机主轴等，以及钳工、锻工用的简单工具，也适用于修配场合。趋势：锻件大型化，提高内在质量；国内已可生产5万吨级船用轴系锻件，全纤维船用曲轴锻件已达国际水平；操作机械化
	模锻	上模 坯料 下模	用模锻锤或压力机和锻模；一般在加热状态下使坯料成形	批量生产中、小型毛坯（如汽车的曲轴、连杆、齿轮等）和日用五金工具（如手锤、扳手等）趋势：少或无切削精密化，如精密模锻叶片、齿轮，锻件公差可达0.05~0.2 mm，还可直接锻出8~9级精度的齿形
板料冲压		凸模（冲头） 压板 坯料 凹模	用剪床、冲床和冲模；一般在常温状态下使板料分离或兼成形	批量生产日用品，如钢、铝制的碗、杯、锅、勺等和电气仪表、汽车等工业领域用的零件或毛坯，如自行车链条片、汽车外壳、油箱等。趋势：自动化、精密化；精密冲裁尺寸公差可达0.01 mm之内，粗糙度$Ra3.6$~0.2 μm；非传统成形工艺发展较快，如旋压、超塑、爆炸成形等

锻造加工是通过对金属材料施加外力作用使其产生塑性变形，从而得到具有一定形状、尺寸和力学性能的型材、零件的加工方法。

按所使用的设备或工具及成形方式的不同，锻造可分为自由锻和模锻，介于两者之间的过渡方式称为胎模锻。自由锻还可分为手工锻和机器锻。手工自由锻是传统的、原始的生产方式，在单件复杂零件的锻造仍还在采用，在现实生产中已基本上为机器锻所取代，故本章以机器锻为主来介绍。

经过锻造加工后的金属材料，其内部原有的缺陷（如裂纹，疏松等）在锻造力的作用下可被压合，且形成细小晶粒。因此锻件组织致密、力学性能（尤其是抗拉强度和冲击韧度）比同类材料的铸件大大提高。机器上一些重要零件（特别是承受重载和冲击载荷的）的毛坯，通常用锻造方法生产。除自由锻外，锻造还有较高的生产率和锻件成形精度，因此被广泛应用于金属工艺的各工业领域中，主要缺点是锻件形状的复杂程度（尤其是内腔形状）不如铸件。

4.2 金属的加热与锻件的冷却

用于压力加工的金属必须具有较高的塑性和较低的变形抗力，即有良好的锻造性能。除少数具有良好塑性的金属可在常温下锻造成形外,大多数情况下金属均须通过加热来提高其锻造性能,达到用较小的变形功来获得较大的塑性变形,这就称为热锻。热锻工艺包括下料、坯料加热、锻造成形、锻件冷却和热处理等主要过程。

4.2.1 铸造加热设备

按所用能源和形式的不同,锻造炉有多种分类。最原始的是以烟煤为燃料的简易锻造炉,它结构简单、操作容易,但生产率低、加热质量不高,不能符合正规生产的要求。目前常用的工业锻造炉见表4-2。

表4-2 常用工业锻造炉

炉型			简图	特点及适用场合
燃料炉	箱式炉	煤气炉重油炉	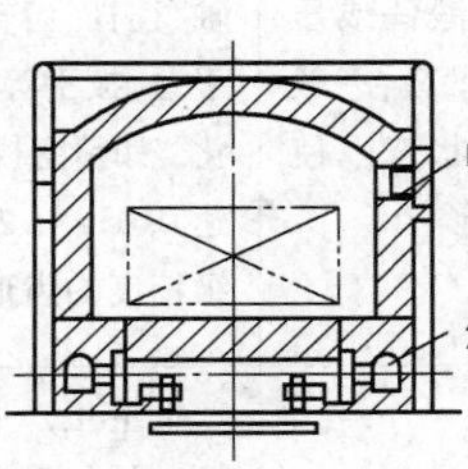 喷嘴 烟道	加热较迅速,加热质量一般,适于加热大型、单件坯料或成批中、小型坯料。根据不同情况还可间隙或连续加热
电炉	箱式炉	电阻炉	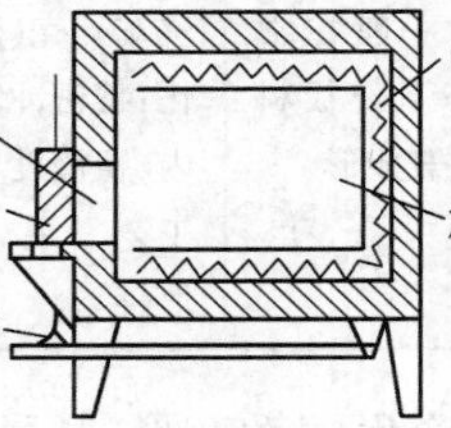 电热体 炉口 炉门 加热室 踏杆	加热温度、炉气成分易控制,加热质量较好,结构简单,适于加热中、小型单件或成批、且加热要求较高的坯料
	特型炉	中频工频感应炉	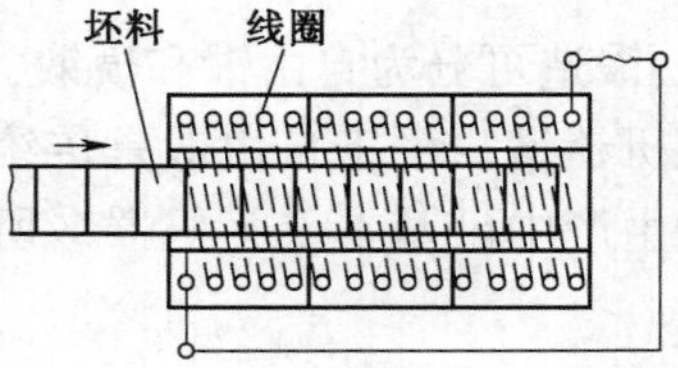 坯料 线圈	感应线圈形状根据坯料形状而制作,加热迅速,效率高,加热质量很好,适于加热批量大、质量要求高的中、小型特定形状坯料

4.2.2 锻造温度范围的确定

坯料开始锻造的温度(始锻温度)和终止锻造的温度(终锻温度)之间的温度间隔,称为锻造温度范围。在保证不出现加热缺陷的前提下,始锻温度应高一些,以便有较充裕的时间锻造成形,减少加热次数。在保证坯料还有足够塑性的前提下,终锻温度应低一些,以便获得内部组织细密、力学性能较好的锻件,同时也可延长锻造时间,减少加热火次。但终锻温度过低会使金属难以继续变形,易出现锻裂现象和损伤锻造设备。常用钢材的锻造温度范围见表4-3。

表 4-3　常用钢材的锻造温度范围

单位:℃

钢类	始锻温度	终锻温度	钢类	始锻温度	终锻温度
碳素结构钢	1 200~1 250	800	高速工具钢	1 100~1 150	900
合金结构钢	1 150~1 200	800~850	耐　热　钢	1 100~1 150	800~850
碳素工具钢	1 050~1 150	750~800	弹　簧　钢	1 100~1 150	800~850
合金工具钢	1 050~1 150	800~850	轴　承　钢	1 080	800

4.2.3　坯料的加热缺陷

由于加热不当,碳钢在加热时可出现多种缺陷,碳钢常见的加热缺陷见表 4-4(以碳钢为例)。

表 4-4　碳钢常见的加热缺陷

名称	实　质	危　害	防止(减少)措施
氧化	坯料表面铁元素氧化	烧损材料;降低锻件精度和表面质量;减少模具寿命	在高温区减少加热时间;采用控制炉气成分的少无氧化加热或电加热等
脱碳	坯料表面碳分氧化	降低锻件表面硬度,表层易产生龟裂	
过热	加热温度过高,停留时间长造成晶粒粗大	锻件力学性能降低,须再经过锻造或热处理才能改善	控制加热温度,减少高温加热时间
过烧	加热温度接近材料熔化温度,造成晶粒界面杂质氧化	坯料一锻即碎,只能报废	
裂纹	坯料内外温差太大,组织变化不匀,造成材料内应力过大	坯料产生内部裂纹,报废	某些高碳或大型坯料,开始加热时应缓慢升温

4.2.4　锻件冷却

为了保证锻件的质量,获得所需的力学性能,必须正确选择锻件的冷却方式。锻件常见的冷却方式见表 4-5。

表 4-5　锻件的冷却方式

方式	特　点	适 用 场 合
空冷	锻后置于空气中散放,冷速快,晶粒细化	低碳、低合金中小件或锻后不直接切削加工件
坑冷(堆冷)	锻后置于沙坑或箱内堆在一起,冷速稍慢	一般锻件,锻后可直接切削
炉冷	锻后置于原加热炉中,随炉冷却,冷速极慢	含碳或合金成分较高的中、大件,锻后可切割

4.2.5 锻后热处理

锻件在切削加工前,一般都要进行热处理。热处理的作用是使锻件的内部组织进一步细化和均匀化,消除锻造残余应力,降低锻件硬度,便于进行切削加工等。常用的锻后热处理方法有正火、退火和球化退火等。具体的热处理方法和工艺要根据锻件的材料种类和化学成分确定。

4.3 锻造设备

4.3.1 自由锻设备

自由锻是采用通用工具或直接在锻造设备的上下砥铁间进行锻造的方法。坯料部分表面受到工具限制,其余是未受限制的自由表面。常用的机器自由锻设备有空气锤、蒸汽-空气锤和水压机,前两者是利用落下部分的冲击能量,而水压机是用静压力使坯料变形的。由于蒸汽-空气锤的数量在逐渐减少,本节择要介绍空气锤和发展前途较好的水压机。

1. 空气锤

1)结构原理及规格

空气锤是将电能转化为压缩空气的压力能来产生打击力,其外形结构如图 4-1(a)所示,其原理如图 4-1(b)所示。其规格是以落下部分(也称锤头,包括锤杆、上砧等)的质量来表示的, 如 75 kg、560 kg。空气锤一般用于单件、小批生产的中小型锻件或制坯、修理场合,金工实习中常采用这种设备,而现实生产中已逐渐减少应用。

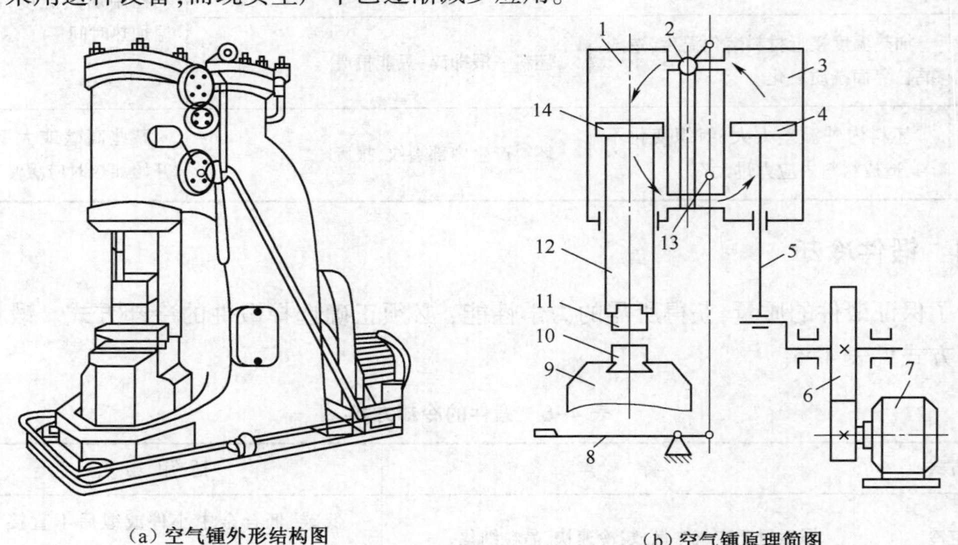

(a)空气锤外形结构图　　(b)空气锤原理简图

图 4-1　空气锤

1—工作缸;2—上旋阀;3—压缩缸;4—压缩活塞;5—连杆;6—减速机构;7—电动机;8—脚踏操纵杆;9—砧座;10—下砥铁;11—上砥铁;12—锤杆;13—下旋阀;14—工作活塞

2)基本操作

接通电源,启动空气锤后通过脚踏杆 8 或手柄,操纵上下旋阀 2、13 ,可使空气锤实现空转、锤头上悬、锤头下压、连续打击和单次打击五种动作,以适应各种加工需要。

(1)空转　操纵手柄,使锤头靠自重停在下砥铁上,此时电机与传动部分空转,锻锤不工作。

(2)锤头上悬　改变手柄位置,使锤头保持上悬状态,这时可做各种更换砥铁,放置锻坯、工具或调整,检查,清扫等工作。

(3)锤头　压 操纵手柄,使锤头向下压紧锻件,在这种状态下可进行锻件弯曲、扭转等操作。

(4)连续打击　先使锤头处于上悬位置,踏下脚踏杆 8 使锤头上下往复运动,进行连续打击。

(5)单次打击　操纵脚踏杆,使锤头由上悬位置进到连续打击位置,再迅速退回到上悬位置,形成单次打击。连续打击和单次打击力的大小,是通过踏杆转角大小来控制的。

2. 水压机

水压机是通过 20 ~ 40 MPa 的高压水进入工作缸,从而产生很大的静压力作用于坯料来进行锻压的。其本体结构如图 4-2 所示。其规格是由标称压力的大小来表示的,如 8 000 kN (800 t)、125 000 kN(12 500 t)。水压机主要用于单件、小批生产中、大型锻件。水压机主体庞大, 还须配备供水和操作系统,另外,还要配备大型加热、起重设备和操作机,因此投资较大,但由于其作用于坯料上的静压力时间较长,有利于将锻件的整个截面锻透,且工作时振动小、劳动条件好,因此逐步得到广泛应用,尤其是生产大型锻件必不可少的锻造设备。

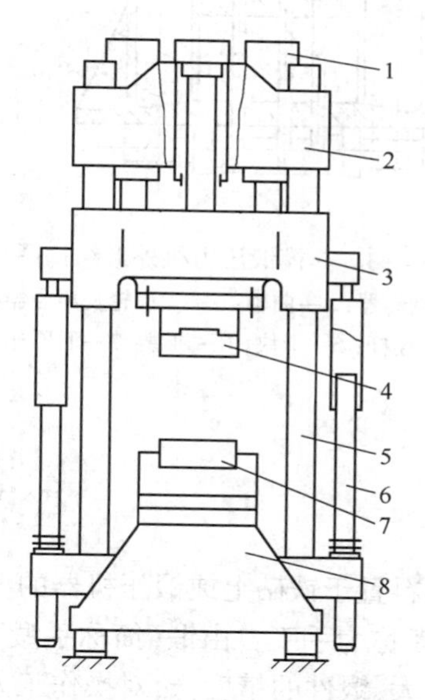

图 4-2　三梁四柱锻造水压机外形简图

1—工作缸;2—上横梁;3—活动横梁;4—上砧座;5—立柱;6—活动横梁提升缸;7—下砧座;8—下横梁

4.3.2　模锻设备

模锻时,较精密的锻模要固定在模锻设备上,因此模锻设备与自由锻设备相比,其机身刚度较大,安装上模的滑块导轨,运动精度较高,还有顶出锻件的机构等。模锻设备种类很多,大致可分为锤、液压机、机械压力机、螺旋压力机等,其中压力机模锻有较大的发展前途,因此其使用比重逐年加大。故本节仅介绍热模锻压力机,其外形如图 4-3 所示,工作原理如图 4-4 所示,其规格是以能产生的标称压力来表示的,如 25 000 kN(2 500 t)、63 000 kN(6 300 t)等。

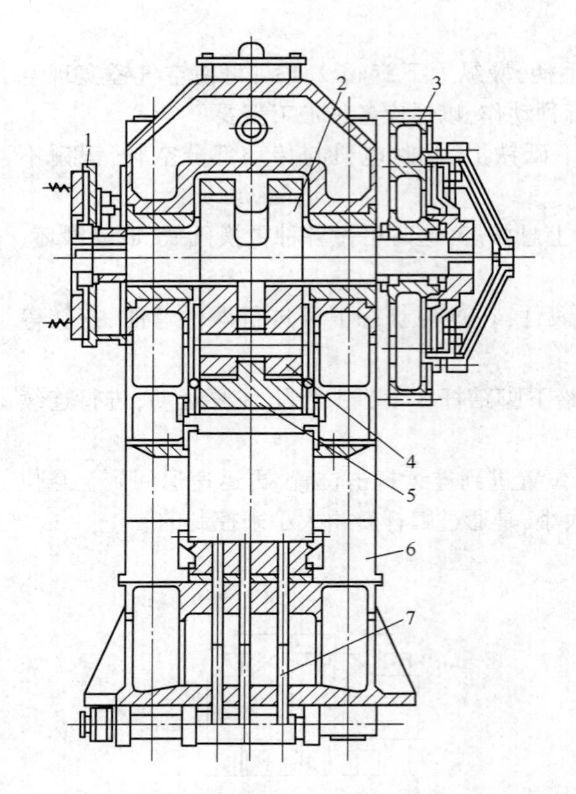

图 4-3　热模锻压力机外形结构图

1—制动器；2—曲轴；3—大齿轮及离合器；
4—连杆；5—滑块；6—机身；7—下顶杆

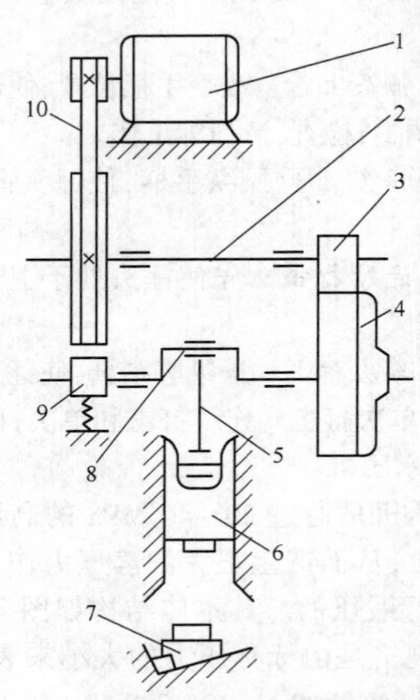

图 4-4　机械式压力机工作原理图

1—电动机；2—传动轴；3—齿轮；4—离合器；
5—连杆；6—滑块；7—工作台；8—曲轴；
9—制动器；10—三角皮带

4.4　自由锻造

将坯料置于铁砧上或锻压机器的上、下砥铁之间直接进行锻造，称为自由锻造（简称自由锻）。前者称为手工自由锻（简称手锻），后者称为机器自由锻（简称机锻）。自由锻生产率低，劳动强度大，锻件的精度低，对操作工人的技术水平要求高。但其所用的工具简单，设备通用性强，工艺灵活。所以广泛用于单件、小批量零件的生产，对于制造重型锻件，自由锻则是唯一的加工方法。自由锻常用的设备有空气锤、蒸汽—空气锤及水压机等。

4.4.1　自由锻造的基本工序及其操作

自由锻的基本工序分为基本工序、辅助工序和精整工序三类。基本工序是实现锻件基本成形的工序，如镦粗、拔长、冲孔、弯曲、切割等；辅助工序是为基本工序操作方便而进行的预先变形工序，如压钳口、压肩、钢锭倒棱等；修整工序是用以减少锻件表面缺陷而进行的工序，如校正、滚圆、平整等。

实际生产中最常用的是镦粗、拔长、冲孔三个基本工序。

1. 镦粗

镦粗(图4-5)是使坯料截面增大,高度减小的锻造工序,有完全镦粗和局部镦粗两种。局部镦粗分为端部镦粗和中间镦粗,需要借助于工具如胎模或漏盘(或称垫环)来进行。镦粗操作的工艺要点如下:

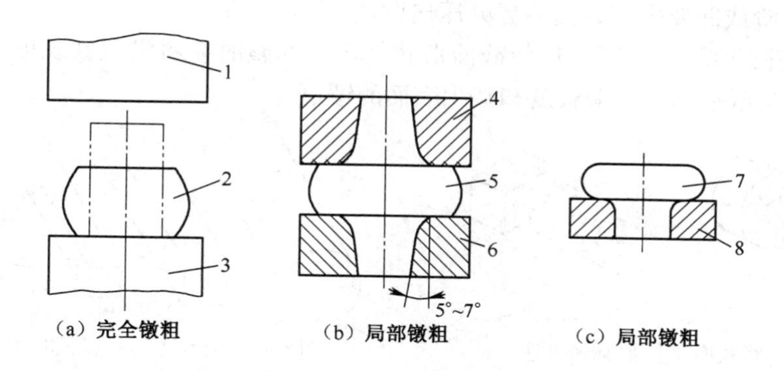

图4-5 完全镦粗和局部镦粗

1—上砧;2、5、7—坯料;3—下砧;4、6、8—漏盘

(1)坯料的高径比,即坯料的高度 H_0 和直径 D_0 之比,应不大于2.5~3。高径比过大的坯料容易镦弯或造成双鼓形,甚至发生折叠现象而使锻件报废。

(2)为防止镦歪,端面不平整或不与中心线垂直的坯料,镦粗时要用钳子夹住,使坯料中心与锤杆中心线一致。

(3)镦粗过程中如发现镦歪、镦弯或出现双鼓形应及时矫正。

(4)局部镦粗时要采用相应尺寸的漏盘或胎模等工具。

2. 拔长

拔长是使坯料长度增加、横截面减少的锻造工序。操作中还可以进行局部拔长、芯轴拔长等。拔长操作的工艺要点如下:

(1)送进锻打过程中,坯料沿砥铁宽度方向(横向)送进,每次送进量不宜过大,以砥铁宽度的0.3~0.7倍为宜,如图4-6(a)所示。送进量过大,金属主要沿坯料宽度方向流动,反而降低延伸效率,如图4-6(b)所示。送进量太小,又容易产生夹层,如图4-6(c)所示。

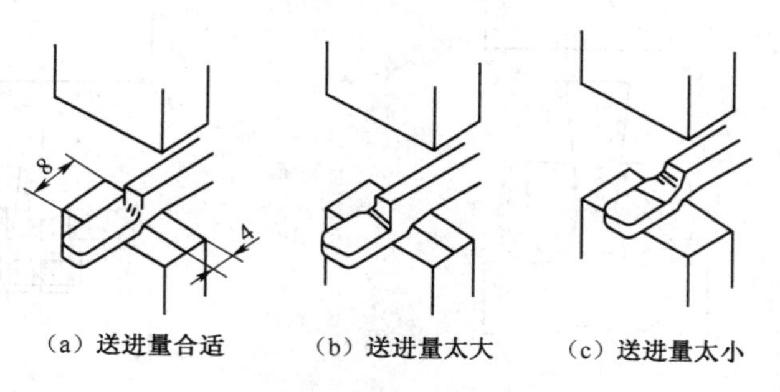

图4-6 拔长时的送进方向和送进量

(2)翻转拔长过程中应不断翻转坯料,除了图4-7所示按数字顺序进行的两种翻转方法

外,还有螺旋式翻转拔长方法。为便于翻转后继续拔长,压下量要适当,应使坯料横截面的宽度与厚度之比不要超过 2.5,否则易产生折叠。

(3)锻打将圆截面的坯料拔长成直径较小的圆截面时,必须先把坯料锻成方形截面,在拔长到边长接近锻件的直径时,再锻成八角形,最后打成圆形,如图 4-8 所示。

(4)锻制台阶或凹要先在截面分界处压出凹槽,称为压肩。

(5)修整拔长后要进行修整,以使截面形状规则。修整时坯料沿砥铁长度方向(纵向)送进,以增加锻件与砥铁间的接触长度和减少表面的锤痕。

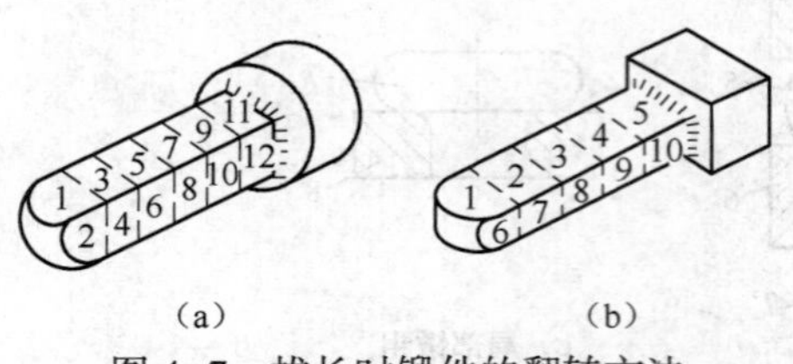

图 4-7 拔长时锻件的翻转方法

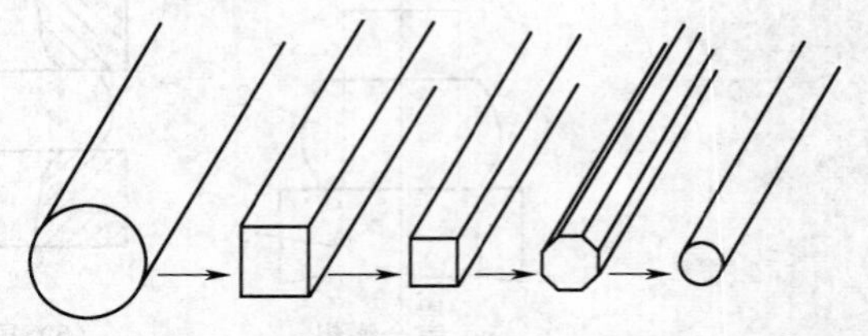

图 4-8 圆截面坯料拔长时横截面的变化

3. 冲孔

在坯料上冲出通孔或不通孔的工序称为冲孔。冲孔分双面冲孔和单面冲孔,如图 4-9、图 4-10 所示。单面冲孔适用于坯料较薄的场合。其操作工艺要点如下:

(1)冲孔前,坯料应先镦粗,以尽量减小冲孔深度。

(2)为保证孔位正确,应先试冲,即用冲子轻轻压出凹痕,如有偏差,可加以修正。

(3)冲孔过程中应保证冲子的轴线与锤杆中心线(即锤击方向)平行,以防将孔冲歪。

(4)一般锻件的通孔采用双面冲孔法冲出,即先从一面将孔冲至坯料厚度 3/4~2/3 的深度再取出冲子,翻转坯料,从反面将孔冲透。

(5)为防止冲孔过程中坯料开裂,一般冲孔孔径要小于坯料直径的 1/3。大于坯料直径的 1/3 的孔,要先冲出一较小的孔。然后采用扩孔的方法达到所要求的孔径尺寸。常用的扩孔方法有冲头扩孔和芯轴扩孔。冲头扩孔利用扩孔冲子锥面产生的径向分力将孔扩大,芯轴扩孔实际上是将带孔坯料沿切向拔长,内外径同时增大,扩孔量几乎不受什么限制,最适于锻制大直径的薄壁圆环件。

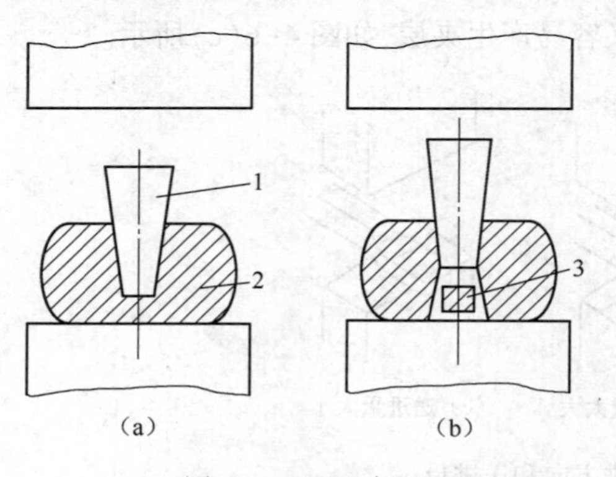

图 4-9 双面冲孔

1—冲子;2—零件;3—冲孔余料

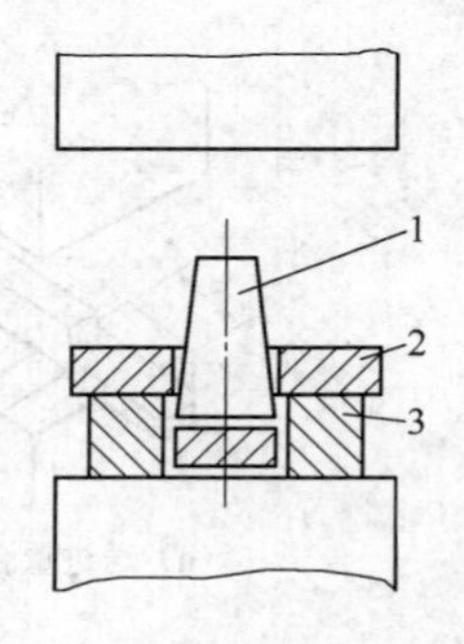

图 4-10 单面冲孔

1—冲子;2—零件;3—漏盘

4. 弯曲

将坯料弯成一定角度或弧度的工序称为弯曲,如图4-11所示。

5. 切割

将锻件从坯料上分割下来或切除锻件的工序称为切割,如图4-12所示。自由锻造的基本工序还有扭转、错移等。

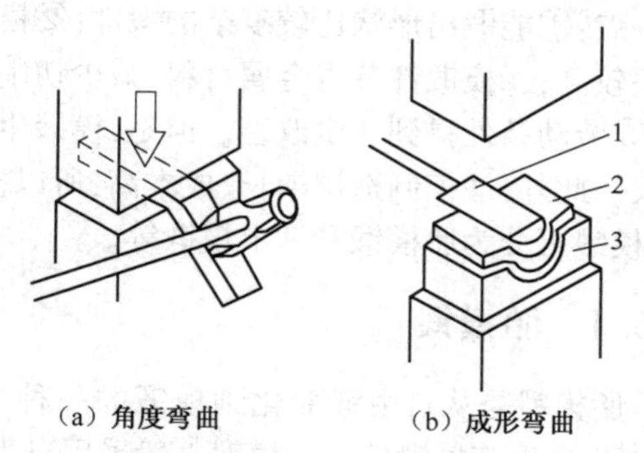

(a) 角度弯曲　(b) 成形弯曲

图4-11 弯曲

1—成形压铁;2—零件;3—成形垫铁

4.4.2 坯料的常见缺陷及分析

自由锻造过程中常见缺陷及产生原因的分析见表4-6,产生的缺陷有的是坯料质量不良引起的,尤其以铸锭为坯料的大型锻件更要注意铸锭有无表面或内部缺陷;有的是加热不当、锻造工艺不规范、锻后冷却和热处理不当引起的。对锻造缺陷,要根据不同情况下产生不同缺陷的特征进行综合分析,并采取相应的纠正措施。

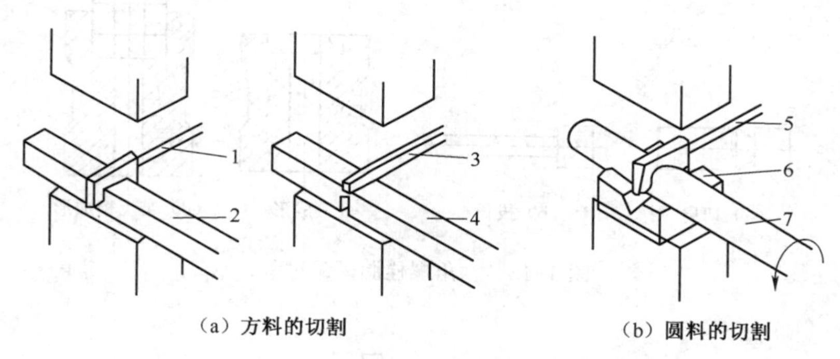

(a) 方料的切割　(b) 圆料的切割

图4-12 切割

1—垛刀;2、4、7—零件;3—剋棍;5—垛刀;6—垛垫

表4-6 自由锻件常见缺陷主要特征及产生原因

缺陷名称	主要特征	产生原因
表面横向裂纹	拔长时,锻件表面及角部出现横向裂纹	原材料质量不好;拔长时进锤量过大
表面纵向裂纹	镦粗时,锻件表面出现纵向裂纹	原材料质量不好;镦粗时压下量过大
中空裂纹	拔长时,中心出现较长甚至贯穿的纵向裂纹	未加热透,内部温度过低;拔长时变形集中于上下表面,心部出现横向拉应力
弯曲、变形	锻造、热处理后弯曲与变形	锻造矫直不够;热处理操作不当
冷硬现象	锻造后锻件内部保留冷变形组织	变形温度偏低;变形速度过快;锻后冷却过快

4.5 模型锻造

模型锻造简称模锻,是在高强度模具材料上加工出与锻件形状一致的模膛(即制成锻模),

加热后的坯料在模膛内受压变形,最终得到和模膛形状相符的锻件。模锻与自由锻相比有下列特点:①能锻出形状比较复杂的锻件;②模锻件尺寸精确、表面粗糙度小、加工余量小;③生产率较高;④模锻件节省金属材料、减少切削加工工时,因此在批量足够条件下可降低零件成本;⑤劳动条件得到一定改善。但是,模锻生产受到设备吨位的限制,模锻件的尺寸、重量不能太大。此外,锻模制造周期长、成本高,所以模锻适合中小型锻件的大批生产。按所用设备不同,模锻可分为胎模锻和锤上模锻等。

4.5.1 胎模锻

胎模锻是从自由锻变化到模锻的一种过渡方式,是在自由锻造设备上使用简单的模具(胎模)来生产模锻件。胎模锻一般采用自由锻方法制坯,在胎模中终锻成形。胎模不固定在设备上,锻造时根据工艺过程可随时放上或取下。胎模锻生产比较灵活,它适合于中小批量生产,在缺乏模锻设备的中小型工厂中应用较多。六角螺栓的胎模锻过程如图 4-13 所示,齿轮坯的胎模锻过程如图 4-14 所示。

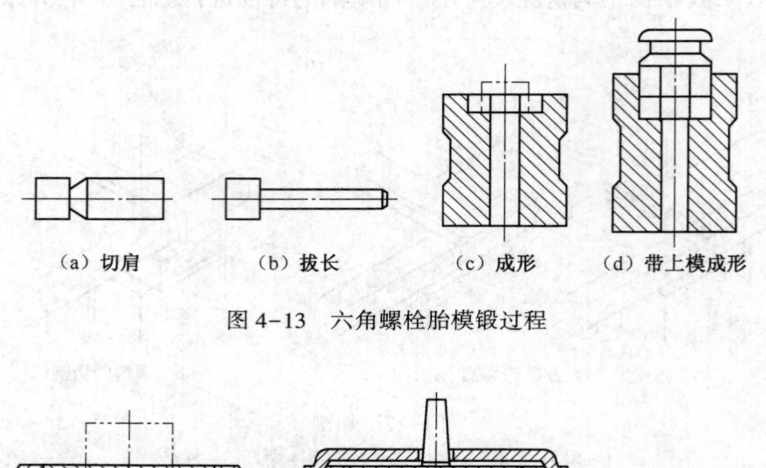

图 4-13　六角螺栓胎模锻过程

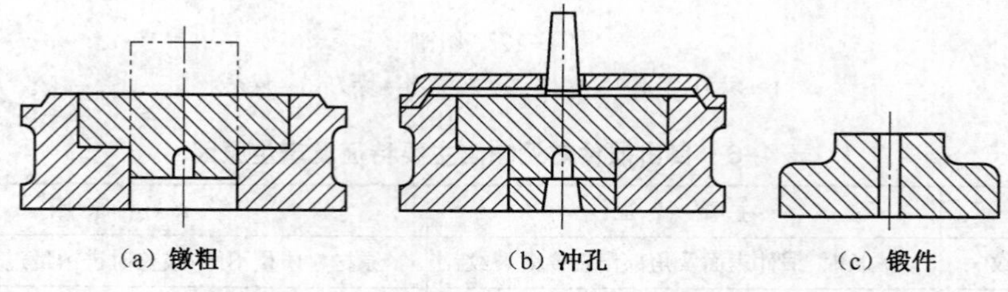

图 4-14　齿轮坯胎模锻过程

4.5.2 锤上模锻

通常锻模做成上模和下模,分别固定在设备的上下砧座上,锻模上有导柱导套或定位块保证上下模对准。只有一个模膛的锻模称为单模膛锻模;制坯和终锻都在一副锻模的不同模膛内完成的称多模膛锻模。通常模锻设备都配有吨位较小的压力机,以完成锻件的冲孔、切边和校正等工艺过程。模锻齿轮坯过程如图 4-15 所示。汽车摇臂模锻过程如图 4-16 所示。

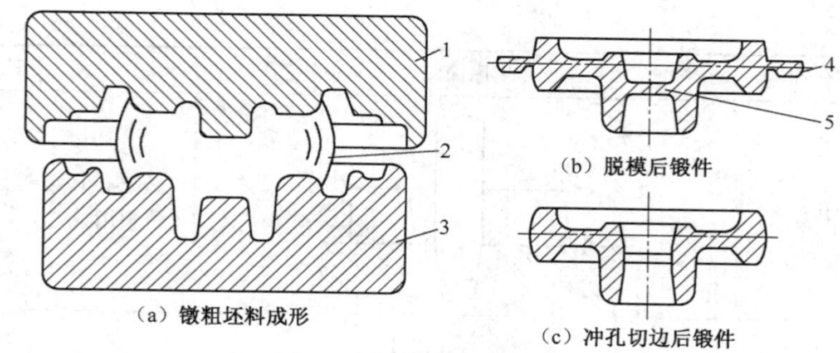

图 4-15 齿轮坯模锻过程

1—上模；2—坯料；3—下模；4—飞边；5—冲孔连皮

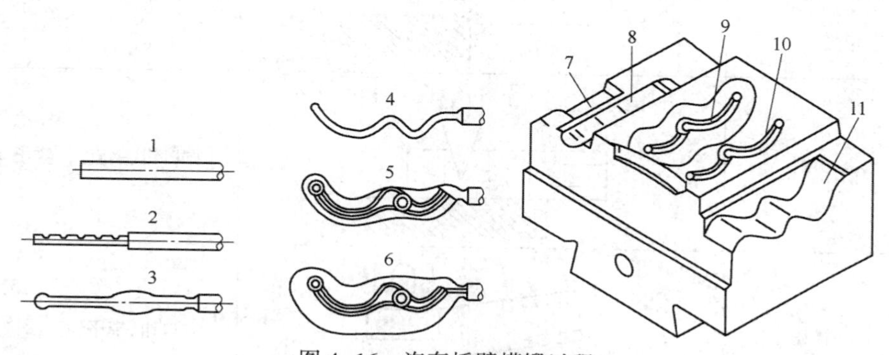

图 4-16 汽车摇臂模锻过程

1—坯料；2—拔长；3—滚压；4—弯曲；5—预锻；6—终锻；7—拔长模膛；
8—滚压模膛；9—终锻模膛；10—预锻模膛；11—弯曲模膛

4.6 锻造技术训练实例

锻造生产时，必须正确选择锻造方法，并按一定次序进行锻造。表 4-7、表 4-8 分别给出了钉锤和齿轮坯的自由锻造工艺过程。

表 4-7 钉锤的自由锻造工艺过程

锻件名称	钉锤	工艺类别	手工自由锻
材料	45 钢	始锻温度/C°	1 100
加热火次	2~3 次	终锻温度/C°	850
锻件图		坯料图	
A A—A A			

续表

序号	工序名称	工序简图	工具名称
1	冲孔		尖嘴钳、方冲子、漏盘、方平锤（修整用）
2	打八方		尖嘴钳、方口钳、钢直尺、窄平锤、方平锤（修整用）
3	切割		方口钳、钢直尺、錾子
4	错移		方口钳、窄平锤
5	拔长		尖嘴钳、方口钳、方平锤（修整用）
6	切割（劈料）	铁皮	方口钳、錾子
7	切割（切断）		方口钳、錾子
8	弯曲		方口钳

表 4-8 齿轮坯的自由锻造工艺过程

锻件名称	齿轮坯	工艺类别	手工自由锻
材料	45 钢	设备	65 kg 空气锤
加热火次	1 次	锻造温度范围/C°	800~1 200
锻件图		坯料图	
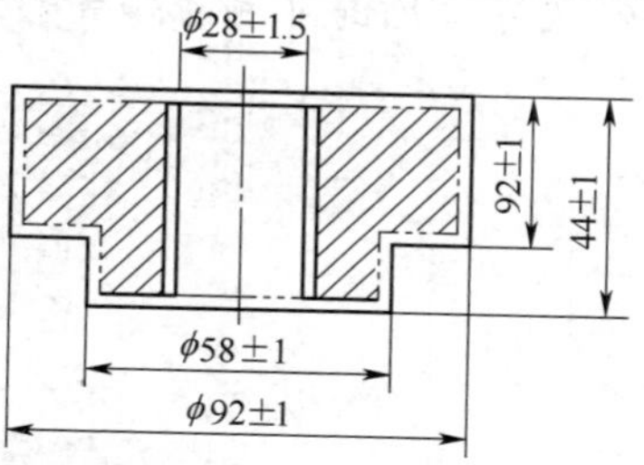 ϕ28±1.5, 92±1, 44±1, ϕ58±1, ϕ92±1		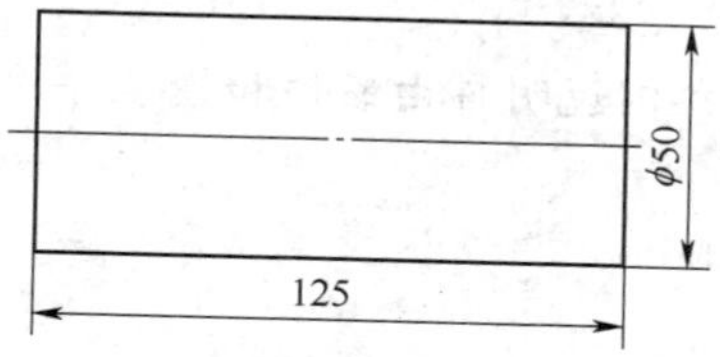 ϕ50, 125	

序号	工序名称	工序简图	使用工具	操作要点
1	镦粗	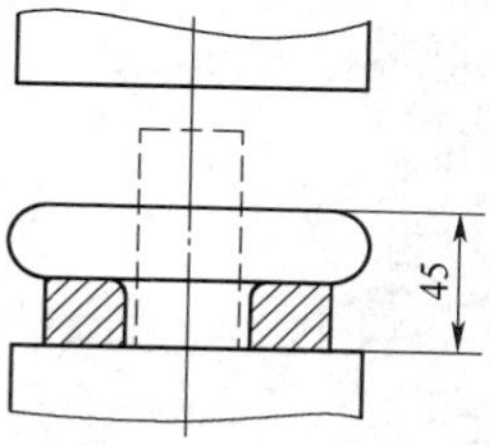 45	火钳 镦粗漏盘	控制镦粗后的高度为 45 mm
2	冲孔	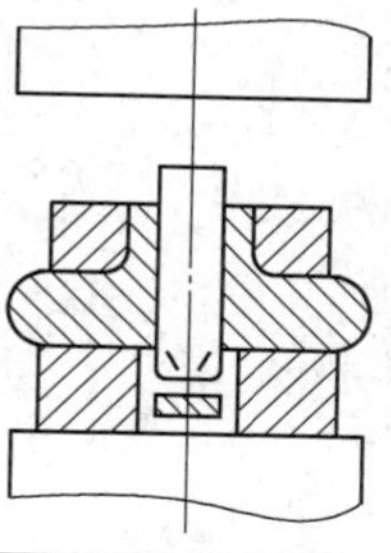	火钳 镦粗漏盘 冲子 冲孔漏盘	①注意冲子对中 ②采用双面冲孔,图为工件翻转后将孔冲透的情况
3	修正外圆	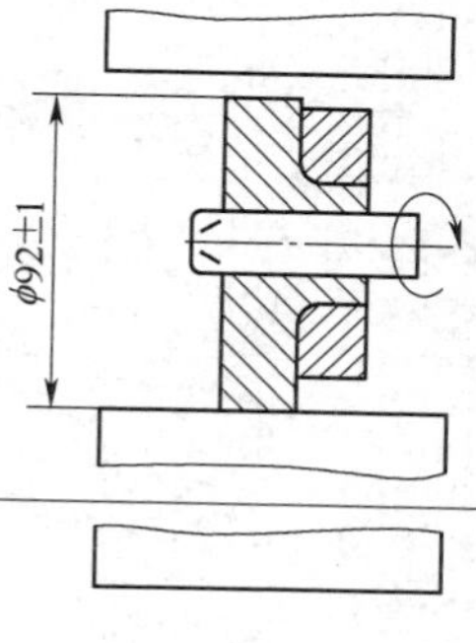 ϕ92±1	火钳 冲子	边轻打边旋转锻件,使外圆消除鼓形并达到(ϕ92±1)mm
4	修正平面	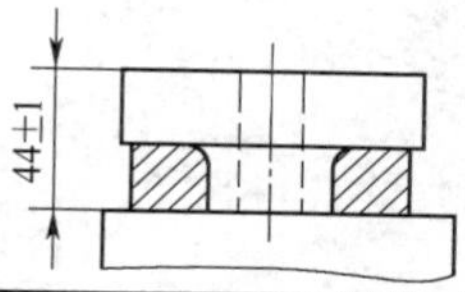 44±1	火钳 镦粗漏盘	轻打(如端面不平还要边打边转动锻件),使锻件厚度达到(44 ± 1)mm

思 考 题

1. 始锻温度和终锻温度过高或过低对锻件将会有什么影响?

2. 锻造生产与铸造相比有哪些主要的优缺点?举例说明它们的应用场合。

3. 回转成形方法各可用哪些传统的锻压方式生产?试另举几例可用回转成形方法生产的零件或毛坯。

4. 举例说明自由锻件和模锻件的应用范围。

第5章 焊 接

教学目的和要求:了解常用焊接方法的特点和应用、工业特点及应用范围,熟悉常用焊接材料及设备。配合实践教学,掌握焊条电弧焊的基本知识和操作方法。了解埋弧焊、气体保护焊、钎焊、激光焊等焊接方法。

5.1 焊接概述

5.1.1 焊接方法分类

焊接是通过加热或加压,或两者兼用,并且用或不用填充材料,使焊件金属达到原子结合的一种加工方法。根据焊接的工艺特点和母材金属所处的状态,将焊接方法分为熔焊、压焊和钎焊三大类,其中又以熔焊当中的电弧焊应用最普遍。

(1)熔焊是将接头处母材加热至熔化状态,但不加压力以形成焊缝的焊接方法。

(2)压焊是在焊接过程中必须对焊件施加压力(加热或不加热)以完成焊接的方法。

(3)钎焊是采用熔点比母材低的钎料,将焊件和钎料加热到高于钎料的熔点而母材不熔化,利用毛细管作用使液态钎料填充接头间隙与母材相互扩散连接焊件的焊接方法。

熔焊、压焊和钎焊三类方法,每一类依据工艺特点,又分成若干不同的方法,见表5-1。

表5-1 焊接方法分类

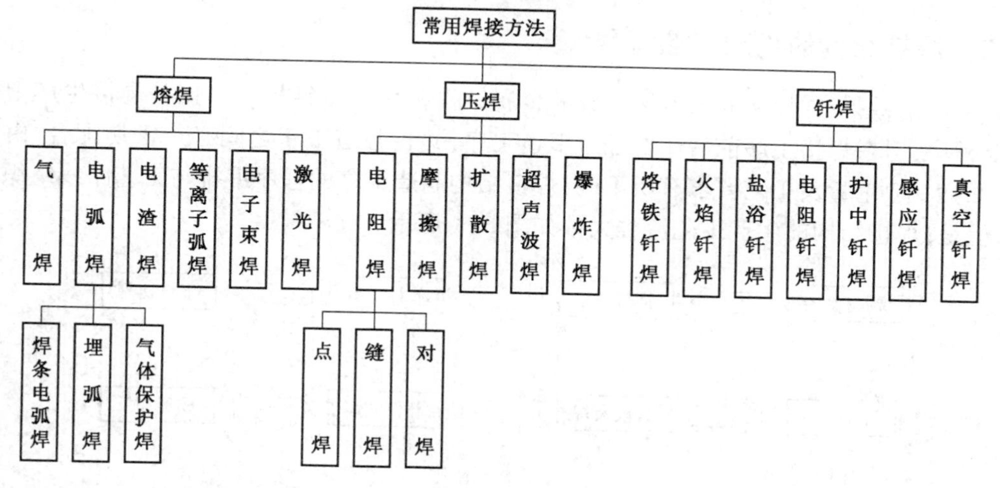

5.1.2 焊接方法的特点及应用

1. 焊接的优点

当前世界上已大量应用焊接方法制造各种金属结构。焊接方法得到人们的重视并获得迅速发展是因其具有以下优点。

(1)焊接可以较方便地将不同形状与厚度的型材连接起来;也可以将铸、锻件连接起来;甚至能将不同种类的材料连接起来;从而使结构中不同种类和规格的材料应用得更合理。

(2)焊接连接刚度大、整体性好,同时,焊接容易保证气密性与水密性。

(3)焊接工艺一般不需要大型、贵重的设备,因而设备投资少、投产快,容易适应不同批量的结构生产,更换产品方便。此外,焊接参数的电信号易于控制,容易实现自动化。焊接机械手和机器人,已用于工业部门。在国外已有无人焊接自动化车间。

(4)焊接适宜于制造尺寸较大的产品和形状复杂及单件或小批量生产的结构,并可在一个结构中选用不同种类和价格的材料,以提高技术及经济效果。

2. 焊接的缺点

但是,焊接也存在如下一些不足之处。

(1)常用的焊接方法将金属局部高温快速加热并快速冷却,结果导致焊缝及热影响区中的化学成分、金相组织、力学性能和物理性能、抗腐耐磨等性能与母材有所不同。

(2)焊件中存在焊接残余应力和变形,这不同程度地影响了产品的质量和安全性。

(3)焊缝及热影响区有时因工艺不当产生的某些缺陷,将会影响结构的承载能力。

实践证明,这些缺点的严重程度和危害性均与材料选用、设计、制造工艺水平等有关。合理选用材料,精心设计,合理的焊接工艺和严格的科学管理制度可以大大提高焊件的使用寿命。

焊接技术可用于制造金属结构,广泛用于造船、车辆、桥梁、航空航天、建筑钢结构、重型机械、化工装备等工业部门;可制造机器零件和毛坯,如轧辊、飞轮、大型齿轮、电站设备的重要部件等;可连接电气导线和精细的电子线路。凡是金属材料需要连接的地方,就有焊接方法的应用。它甚至还可应用于新型陶瓷连接、非晶态金属合金焊接等。

5.1.3 焊接结构的生产工艺流程

在生产中,用各种焊接方法连接而成的金属结构称为焊接结构。焊接是焊接生产中的一个重要程序,但在焊接工序前后还要经过多道工序,并且各道工序之间必须密切配合,由于焊接结构的大小、重量及工艺要求有所不同,焊接结构制造工序的程序编排与工艺路线组织也有区别,但是,焊接结构的生产工艺流程大致如图 5-1 所示。

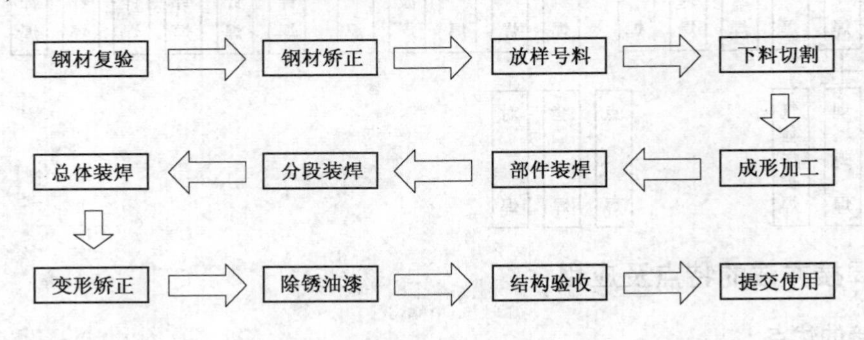

图 5-1 焊接结构的生产工艺流程

5.2　手工电弧焊

手工电弧焊也称为焊条电弧焊，是指利用手工操纵焊条进行焊接的电弧焊方法。焊条电弧焊设备简单，操作灵活，对空间不同位置、不同接头形式的焊件都能进行焊接、因此是焊接生产中应用最广泛的焊接方法。

5.2.1　焊接电弧

焊接电弧发生在焊条端头与工件之间，是电场通过两电极（焊条与工件）之间的气体进行强力、持久的放电，即所谓气体放电现象。

电弧作为焊接能量的载体，有着复杂的电—热—力的能量转换过程。焊接过程中，电弧不仅是热源，同时也是力源。电弧力对焊缝成形和焊接过程稳定性有着重要影响，其中尤以对工件熔透深度、金属熔滴过渡等影响最为突出。

1. 焊接电弧的形成

焊接时，先将焊条与焊件瞬时接触，发生短路。强大的短路电流流经少数几个接触点，如图 5-2(a)所示，致使接触点处温度急剧升高并熔化，甚至部分发生蒸发。当焊条迅速提起时，焊条端头的温度已升得很高，在两电极间的电场作用下，产生了热电子发射。飞速的电子撞击焊条端头与焊件间的空气，使之电离成正离子和负离子。电子和负离子流向正极，正离子流向负极。这些带电质点的定向运动形成了焊接电弧，如图 5-2(b)所示。

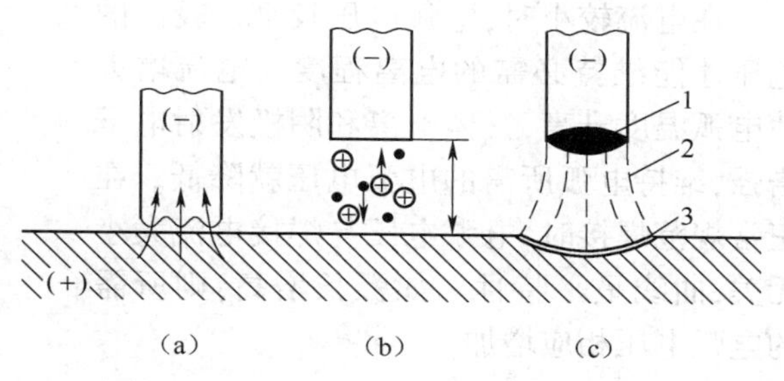

图 5-2　焊接电弧形成

1—阴极区；2—弧柱区；3—阳极区

2. 焊接电弧的构造、温度和极性

焊接电弧由阴极区、阳极区和弧柱区三部分组成如图 5-2(c)所示，各部分的温度不同。以铁为电极材料的电弧为例，阴极区温度约为 2 400 ℃，阳极区温度约为 2 600 ℃，而弧柱区温度高达 6 000~8 000 ℃。通常，在阳极材料和阴极材料相同情况下，阳极温度略高于阴极温度，而弧柱温度则随焊接电流增大而升高。

现仍对以铁为电极材料的电弧进行热量分析，阴极区因发射电子而消耗一定能量，故阴极区产生的热量略低，约占电弧热量的 36%；阳极区表面受高速电子的撞击，产生较大的能量，故发出较多的热量，约占电弧热量的 43%；弧柱区产生的热量仅占 21%；弧柱周围温度较低，故大部分热量散失在大气中。

由于电弧中各区温度不同，因此，用直流电源焊接时有正接法和反接法的区分，工件接电焊机的正极，焊条接电焊机的负极的接法，称为正接法；反之，则为反接法。焊接薄板时，采用直流反接可防止烧穿。正常焊接时，为获得较大的熔深，则用正接法。堆焊金属时，采用反接，目的是增加焊条的熔化速度，减少母材的熔深，降低母材对堆焊层的稀释。对碱性焊条，用直流电源可使电弧稳定。

使用交流电焊接时,由于电源周期性地改变极性,故无正接或反接的区分。焊条和工件上的温度及热量分布趋于一致。

3. 焊接电弧的静特性

焊接电弧是焊接回路中的负载,它起着把电能转变为热能的作用,在这一点上它与普通的电阻有相似之处,但它与普通电阻又有明显的区别。普通电阻通以电流时,电阻两端的电压降与通过的电流值成正比,而焊接时,电弧两端的电压降与通过电弧的电流并不成正比。焊接电弧的这一特性,即在电弧长度一定时,电弧两端的电压与焊接电流之间的关系(图 5-3),称焊接电弧的静特性。

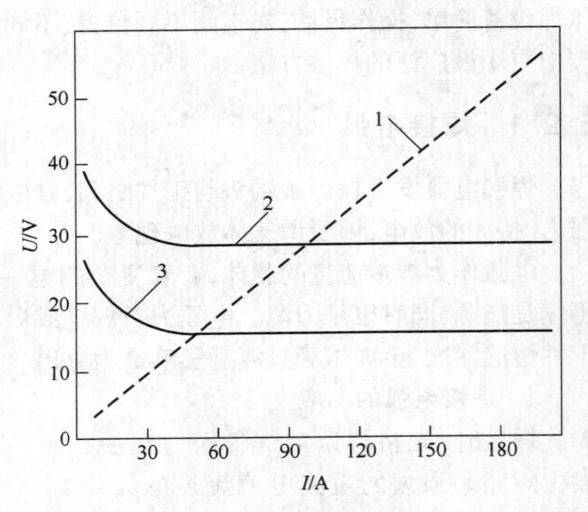

图 5-3 电弧的静特性曲线

1—普通电阻特性;2—弧长为 5 mm 的电弧静特性;3—弧长为 2mm 的电弧静特性

在电流较小时,电弧电压较高。较高的电压才能维持必需的电离程度。电流增大使电弧温度升高,气体电离和阴极发射电子增强,维持电弧所需的电弧电压就降低。在正常规范焊接时,电弧电压与焊接电流大小无关,曲线呈平特性。如弧长增高,则所需的电弧电压相应增加。

5.2.2 电焊条

电焊条由金属焊芯和药皮组成,见图 5-4。在焊条药皮前端有 45°的倒角,便于引弧。焊条尾部的裸焊芯,便于焊钳夹持和导电。焊条直径(即焊芯直径)通常有 2、2.5、3.2、4、5、5.8 mm 等规格。其长度 L 一般为 300~450 mm。目前因装潢、薄板焊接等需要,手提式轻小型电焊机在市场上问世,与之相配,出现直径 0.8 mm 和 1 mm 的特细电焊条。

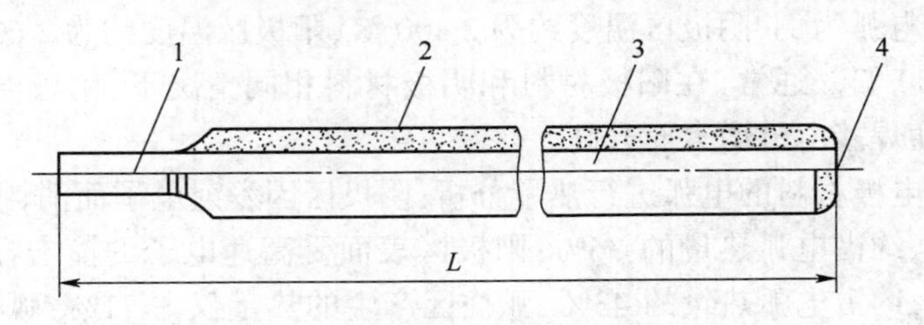

图 5-4 电焊条组成

1—夹持端;2—药皮;3—焊芯;4—引弧端

1. 焊芯及其作用

焊芯是一根具有一定直径和长度的金属丝。焊芯由特殊冶炼的焊条钢拉拔制成,与普通钢材的主要区别在于控制硫、磷等杂质含量和严格限制含碳量。焊芯牌号含义:H 为焊字汉的语拼音首字母,其后的数字表示含碳量,其他合金元素的表示方法与钢号表示相同,如 H08、H08A、H08SiMn 等。焊接时焊芯有两个作用:一是传导焊接电流,产生电弧把电能转换成热能。二是焊芯本身熔化作为填充金属与液体母材金属熔合形成焊缝。

2. 药皮及其作用

压涂在焊芯表面上的涂料层称为药皮,是由多种矿物质、有机物、铁合金等粉末用黏结剂调和制成,压涂在焊芯上, 主要起造气、造渣、稳弧、脱氧和渗合金等作用,使焊缝金属达到所要求的化学成分,以保证焊接接头获得优良的力学性能和合金成分。

3. 电焊条的分类、型号及牌号

电焊条品种繁多,我国现行的焊条主要根据其用途进行分类。原机械工业部《焊接材料产品样本》中将焊条按用途分为十大类型, 见表 5-2。新国标则按用途分为七大类型,将原结构钢焊条分为碳钢焊条和低合金钢焊条。其七大类型是:碳钢焊条、低合金钢焊条、不锈钢焊条、堆焊焊条、铸铁焊条及焊丝、铜及铜合金焊条和铝及铝合金焊条。其中碳钢焊条应用最广。

表 5-2 电焊条的分类

焊条类型	牌号符号	焊条类型	牌号符号
结构钢焊条	J(结)	铸铁焊条	Z(铸)
耐热钢焊条	R(热)	镍及镍合金焊条	Ni(镍)
低温钢焊条	W(温)	铜及铜合金焊条	T(铜)
不锈钢焊条	G(铬)A(奥)	铝及铝合金焊条	L(铝)
堆焊焊条	D(堆)	特殊用途焊条	TS(特)

为了满足各类焊条的焊接工艺及冶金性能要求,焊条的药皮类型分为十大类,见表 5-3。

表 5-3 焊条药皮类型及适用电源

牌号	药皮	熔渣特性	适合电源
XX0	不规定	—	—
XX1	氧化钛型	酸性	交流,直流
XX2	钛钙型	酸性	交流,直流
XX3	钛铁矿型	酸性	交流,直流
XX4	氧化铁型	酸性	交流,直流
XX5	纤维素型	酸性	交流,直流
XX6	低氢钾型	碱性	交流,直流
XX7	低氢钠型	碱性	直流
XX8	石墨型	铸铁及堆焊焊条	交流,直流
XX9	盐基型	铝及铝合金焊条	直流

焊条的型号是国家标准中规定的焊条代号。在同一类型的焊条中,根据不同特性有不同的型号。焊条的型号能反映焊条的主要特性。以碳钢焊条为例,碳钢焊条型号根据熔敷金属的抗拉强度、药皮类型、焊接位置和焊接电流种类划分。具体型号编制方法是:字母 E 表示焊条; E 后两位数字表示焊缝金属抗拉强度的最小值,单位 kgf/mm(1kgf/mm = 9.81MPa);第三

位数字表示焊条的焊接位置；第三位和第四位数字组合时，表示焊接电流种类及药皮类型。

举例如下：

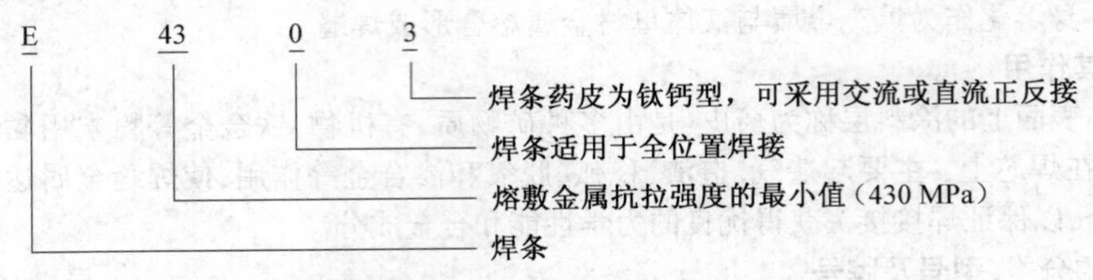

其他类型焊条的型号可参阅有关焊接手册。

焊条的牌号是焊条行业统一规定的焊条代号。考虑到国内各行业对原来的焊条牌号印象较深，故在《焊接材料产品样本》(1987年)中仍保留了原牌号的名称。电焊条牌号共分十大类，见表5-2。每类电焊条的第一个大写特征字母表示该焊条类别，例如J(或结)代表结构钢焊条，A代表奥氏体铬镍不锈钢焊条等。特征字母后面有三位数字，其中前两位数字在不同类别焊条中的含义不同；第三位数字所代表的含义都一样，均表示焊条药皮类型和焊接电流要求，见表5-3。

例如，焊条牌号为J42(或结422)表示结构钢焊条，其焊缝金属抗拉强度不小于412 MPa (即42 kgf/mm)，最后的数字2代表焊条的药皮类型为钛钙型，交流直流电源均可用。结构钢焊条包括碳钢、低合金钢和耐大气、海水腐蚀钢焊条等等。某些牌号的碳钢焊条举例见表5-4。

表5-4　某些牌号的碳钢焊条举例

牌号	型号	药皮类型	焊接位置	适用电源	主要用途
J422	E4303	钛钙型	全位置	AC;DC	焊接较重要的低碳钢结构和同强度等级的低合金钢
J426	E4316	低氢钾型	全位置	AC;DC	焊接重要的低碳钢及某些低合金钢结构
J427	E4315	低氢钠型	全位置	DC	
J502	E5003	钛钙型	全位置	AC;DC	焊接16Mn及相同强度等级低合金钢的一般结构
J506	E5016	低氢钾型	全位置	AC;DC	焊接中碳钢及某些重要的低合金钢(如16Mn)结构
J507	E5015	低氢钠型	全位置	DC	焊接中碳钢及16Mn等低合金钢重要结构
J507R	E5015-G	低氢钠型	全位置	DC	焊接压力容器

4. 酸性焊条与碱性焊条

根据焊条药皮焊后溶渣中所含酸性氧化物与碱性氧化物的数量不同(表5-3)，焊条分为酸性焊条和碱性焊条。如酸性氧化物大于碱性氧化物的焊条则为酸性焊条；反之为碱性焊条。酸性焊条的工艺性好，力学性能差。碱性焊条适宜焊接高强度等级的重要结构，但萤石会使电弧不稳定，并产生有毒气体(氟)。此外碱性焊条熔渣的脱渣性差、焊缝成形美观不如酸性焊条。

5.2.3　电焊机

1. 手工电弧焊对电源的要求

手工电弧焊的电源设备简称电焊机。为了使焊接顺利进行,电焊机在性能上应满足以下几点要求。

1)具有陡降的外特性

一般用电设备都要求电源电压不随负载变化而变化,要求近似水平的特性,如图 5-5 所示。但焊接电源则要求其电压随负载增大而迅速降低,这样才能满足下列的焊接要求。

(1)具有一定的空载电压以满足引弧需要;

(2)限制适当的短路电流,以保证焊接过程频繁短路时,电流不致无限增大而烧毁电源;

(3)电弧长度发生变化时,能保证电弧的稳定。

2)具有调节特性

焊接电流具有调节特性,以适应不同材料和板厚的焊接要求。

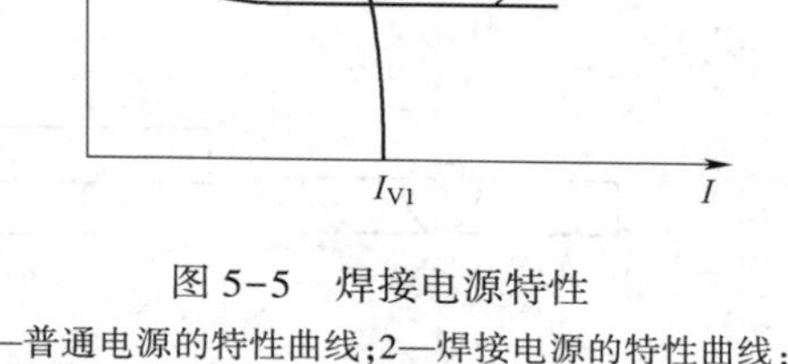

图 5-5　焊接电源特性

1—普通电源的特性曲线;2—焊接电源的特性曲线;3—焊接电弧的静特性曲线

2. 常用的交流和直流电焊机

电焊机有交流弧焊机和直流弧焊机两类。

1)交流弧焊机

交流弧焊机又称弧焊变压器,也即交流弧焊电源,用以将电网的交流电变成适宜于弧焊的交流电。常见的型号有 BX1-400、BX3-500 等。其中:

B——弧焊变压器;

X——下降特性电源;

1——动铁芯式;

3——动线圈式;

400、500 ——额定电流的安培数。

2)直流弧焊机

直流弧焊机有两种:发电机式直流弧焊机和整流器式直流弧焊机(又称弧焊整流器)。

(1) 发电机式直流弧焊机因结构复杂、价格高、噪声大等原因,我国早在 20 世纪 90 年代初就明文规定不准生产和使用。

(2) 整流器式直流弧焊机是一种优良的电弧焊电源,现被大量使用。它由大功率整流元件组成整流器,将电流由交流变为直流,供焊接使用。整流器式直流弧焊机的型号含义:如 ZXG-500,其中:

Z——整流弧焊电源;

X——下降特性电源;

G——硅整流式;

500——额定电流的安培数。

近年来,逆变式电焊机作为新一代的弧焊电源,其特点是直流输出,具有电流波动小、电弧稳定、焊机重量轻、体积小、能耗低等优点,得到了越来越广泛的应用,有代替硅整流直流焊机的趋势。例如,ZX7-315、ZX7-160 等,其中:

7——逆变式;

315、160——额定电流安培数。

5.2.4 手工电弧焊工艺

1. 接头形式和坡口形式

在手工电弧焊中,由于焊件厚度、结构形状和使用条件不同,其接头形式和坡口形式也不同。焊接接头形式可分为对接接头,角接接头、T 形接头和塔接接头四种,如图 5-6 所示。

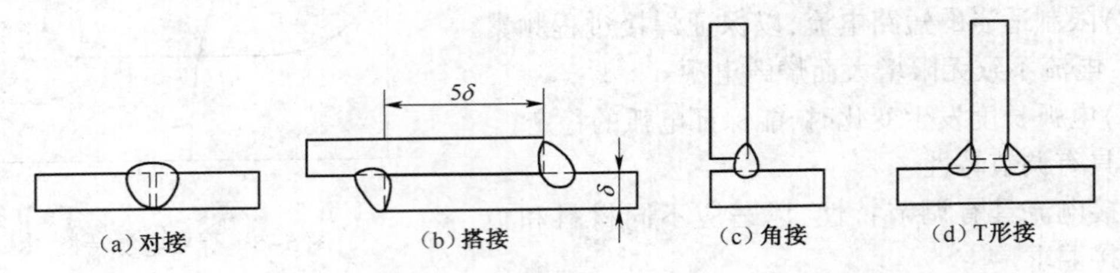

图 5-6 常用焊接接头型式

(1) 为了使焊件焊透并减少被焊金属在焊缝中所占的比例,一般在对接接头手工电弧焊钢板厚度大于 6 mm 时要开坡口,重要的结构厚度大于 3 mm 时就要开坡口。常见的坡口形式有 V 形、U 形、K 形和 X 形等。常见坡口形式及几何尺寸如图 5-7 所示。

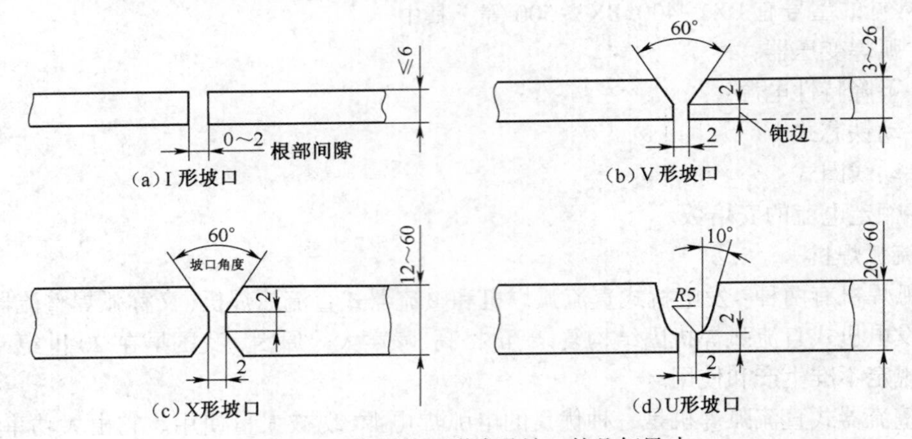

图 5-7 常用坡口形式及坡口的几何尺寸

(2) 焊缝的空间位置按施焊时焊缝在空间所处的位置不同,可分为平焊缝、立焊缝、横焊缝和仰焊缝四种形式,如图 5-8 所示。平焊时,熔化金属不会外流,飞溅小,操作方便,易于保证焊接质量;横焊和立焊则较难操作;仰焊最难,不易掌握。

2. 焊接规范参数的选择

手工电弧焊焊接规范参数包括焊条直径、焊接电流、电弧电压和焊接速度等,而主要的参数通常是焊条直径和焊接电流。至于电弧电压和焊接速度在手工电弧焊中除非特别指明均由焊工视具体情况掌握。

1)焊条直径的选择

焊条直径主要取决于焊件厚度、接头形式和焊缝位置、焊接层数等因素。若焊件较厚,则应选用较大直径的焊条。平焊时允许使用较大的电流进行焊接,焊条直径可大些,而立焊、横焊与仰焊应选用小直径焊条。多层焊的打底焊,为防止未焊透缺陷,选用小直径焊条;大直径焊条用于填坡口的盖面焊道。一般工件厚度与焊条直径的关系见表5-5。

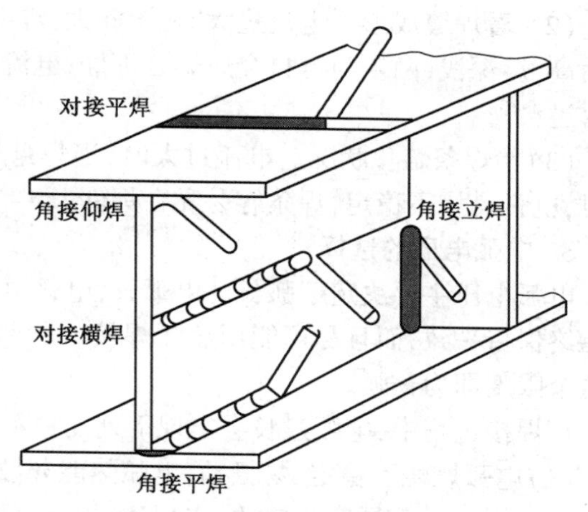

图5-8 焊缝的空间位置

表5-5 焊条直径与焊件厚度的关系

单位:mm

焊件厚度	<1.5	2	3	4~5	6~12	>13
焊条直径	1.6	2	3.2	3.2~4	4~5	4~5.8

2)焊接电流

焊接电流主要根据焊条类型、焊条直径、焊件厚度、接头形式、焊缝位置及焊道层次等因素确定。

使用结构钢焊条进行平焊时,焊接电流可根据经验公式

$$I = (35 \sim 55)d$$

式中 I——焊接电流,A;

d——焊条直径,mm。

立焊、横焊和仰焊时,焊接电流应比平焊时小10%~20%,对合金钢和不锈钢焊条,由于焊芯电阻大,热膨胀系数高,若电流过大,则焊接过程中焊条容易发红而造成药皮脱落,因此焊接电流应适当减少。

3)焊接层数选择

中厚板开坡口后应采用多层焊。焊接层数应以每层厚度小于4~5 mm的原则确定。当每层厚度为焊条直径的0.8~1.2倍时,生产率较高。各焊条直径参考电流选用见表5-6。

表5-6 各种直径焊条使用电流的参考值

焊条直径(mm)	1.6	2.0	2.5	3.2	4.0	5.0	5.8
焊接电流(mm)	25~40	40~65	50~80	90~130	160~210	260~270	260~300

在实际生产中,先根据焊条直径选取一个大概的焊接电流,然后试焊。在试焊过程中,可根据以下几点来判断选择的电流是否合适:

(1)看飞溅。电流过大时,电弧吹力大,可看到较大颗粒的铁水向熔池外飞溅,焊接时爆裂声大;电流过小时,电弧吹力小,熔渣和铁水不易分清。

(2) 看焊缝成形。电流过大时,熔深大,焊缝余高低、两侧易产生咬边;电流过小时,焊缝窄而高,熔深浅、两侧与母材金属熔合不好;电流适中时,焊缝两侧与母材金属熔合得很好,呈圆滑过渡。

(3)看焊条熔化状况。电流过大时,当焊条熔化了大半根时,其余部分均已发红;电流过小时,电弧燃烧不稳定,焊条容易黏在焊件上。

3. 电弧电压的选择

电弧电压主要决定于弧长。电弧长,电弧电压高;反之则低。在焊接过程中,一般希望弧长始终保持一致,而且尽可能用短弧焊接。所谓短弧是指弧长为焊条直径的 0.5~1.0 倍,超过这个限度即为长弧。

在焊接过程中,电弧过长会出现下列几种不良现象:

(1)电弧燃烧不稳定,易摆动,电弧热能分散,飞溅增多,造成金属和电能的浪费。

(2)熔深小,容易产生咬边、未焊透、焊缝表面高低不平整,焊波不均匀等缺陷。

(3)对熔化金属的保护差,空气中氧、氮等有害气体容易侵入,使焊缝产生气孔的可能性增加,使焊缝金属的机械性能降低。

4. 焊接速度

焊接速度是指焊条沿焊接方向移动的速度。焊接过程中,焊接速度应该均匀适当,既要保证焊透又要保证不烧穿。速度过快,易造成未焊透,未熔合,焊缝成形不良等缺陷;速度过慢,焊缝熔深、熔宽增大,焊件变形大,焊薄件时易烧穿;焊接速度适当时,若采用直线运条,焊缝的熔宽约等于焊条直径的两倍。

5.2.5 焊条电弧焊的操作技术

1. 电弧的引燃方法

引弧是指让两电极之间形成以空气为介质的剧烈放电现象的过程。具体来说,就是将焊条接触焊件表面形成短路,然后将焊条向上提起 2~4 mm,从而使电弧引燃。引弧一般有两种方式,即敲击法与划擦法两种,如图 5-9 所示。

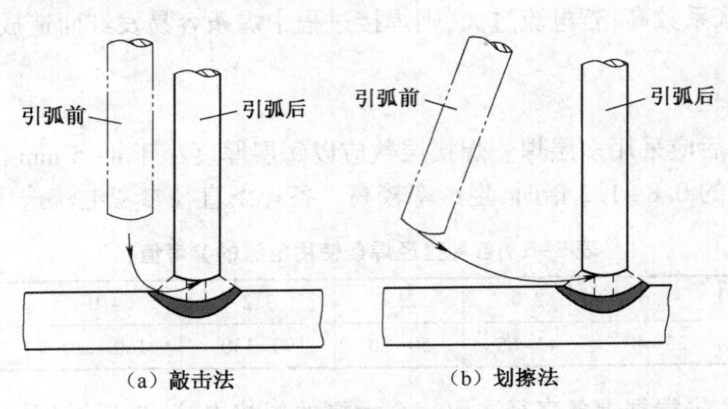

图 5-9 引弧方法

1) 敲击法

先将焊条对准焊件引弧点,然后垂直敲击焊件形成短路后,再快速提起 2~4 mm,从而引燃电弧。

此方法的特点是能准确从引弧点引弧，但容易发生电弧熄灭或产生粘连短路现象，这是由于没有掌握好焊条离开焊件时的速度和保持一定距离而引起的。

2）划擦法

在引弧点将焊条轻微划擦一下焊件，再迅速将焊条提高 2~4 mm 即可引燃电弧。

此方法的特点是易掌握，不易黏条。适合初学者采用，但使用不当时会损坏工件表面。

2. 运条方法

运条即是焊条的运动。当电弧引燃后，焊条要有三个基本方向的运动才能使焊缝良好的成形，如图 5-10 所示。

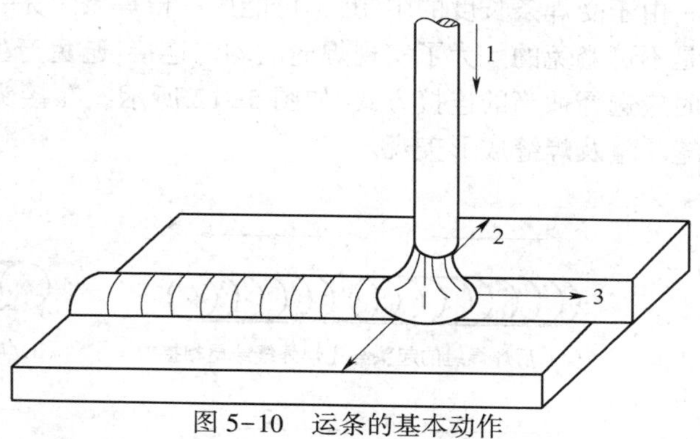

图 5-10　运条的基本动作

1—焊条送进；2—焊条摆动；3—沿焊缝移动

（1）焊条朝熔池方向作逐渐送进的运动，主要是用来维持所要求的电弧长度。焊条送进的速度应该与焊条熔化的速度相适应。

（2）焊条的横向摆动，主要是为了控制焊缝成形及获得一定宽度的焊缝。其摆动范围与焊缝要求的宽度、焊条直径有关，摆动的范围越宽，得到的焊缝宽度也越大。常见运条方法如图 5-11 所示。

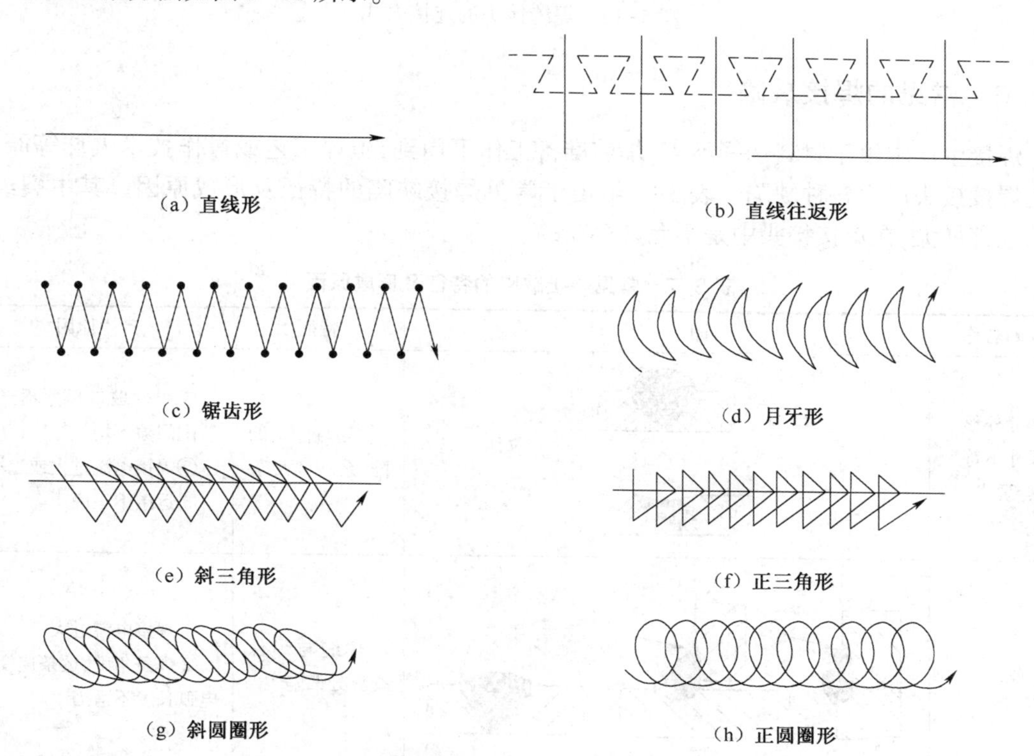

图 5-11　常用运条方法

(3)焊条沿着焊件方向逐渐移动,此方向移动的速度即为焊接速度。应根据电流大小、焊条直径、焊件厚度、装配间隙以及焊缝位置来适当掌握。

3. 焊缝收尾

焊缝收尾时,为使熔化的焊芯填满弧坑,在焊条停止前移的同时,应使焊条朝一个方向作旋转,并自下而上慢慢地拉断电弧,以保证收尾处成形良好。

4. 焊缝的接头

由于受焊条长度的限制,不可能用一根焊条焊完一条较长的焊缝,因此焊缝前后两段的接头是不可避免的。为了实现焊缝的均匀连接,避免产生接头过高、脱节和宽窄不一的缺陷,焊接时应选择适当的连接方式,如图 5-12 所示。在接头时更换焊条的动作越快越有利于保证焊缝质量及焊缝成形美观。

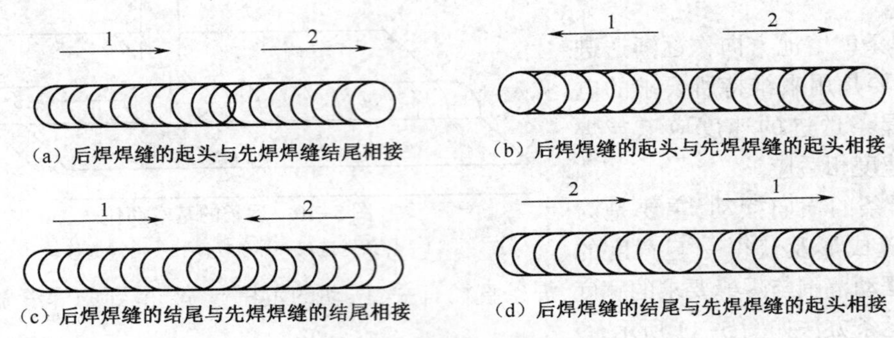

(a)后焊焊缝的起头与先焊焊缝结尾相接　(b)后焊焊缝的起头与先焊焊缝的起头相接

(c)后焊焊缝的结尾与先焊焊缝的结尾相接　(d)后焊焊缝的结尾与先焊焊缝的起头相接

图 5-12　焊缝接头的连接方式

5.2.6 常见的焊接缺陷

焊接生产中由于材料选择不当,焊前准备工作不周到,施焊工艺或操作技术欠佳等原因,会使焊接接头产生各种缺陷。表 5-7 给出了常见焊接缺陷的特征及形成原因。其中裂纹缺陷的危害最大,在焊接接头中是不允许存在的。

表 5-7　常见焊接缺陷的特征及形成原因

缺陷名称	图　例	特征	产生原因
焊缝外形尺寸不符合要求		焊缝过窄、凹陷、余高过大等	①焊件坡口尺寸不当或装配间隙不均 ②焊接电流过大或过小 ③运条不正确
咬边		焊缝与焊件交界处凹陷	①焊接电流过大 ②焊条角度、运条速度或电弧长度不适当

续表

缺陷名称	图例	特征	产生原因
气孔	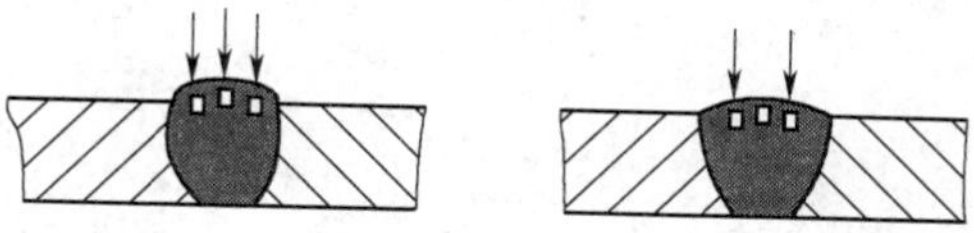	在焊缝内部或表面存在孔穴	①焊件表面清理不良、药皮受潮 ②焊接电流过小、焊接速度太快、电弧过长
夹渣	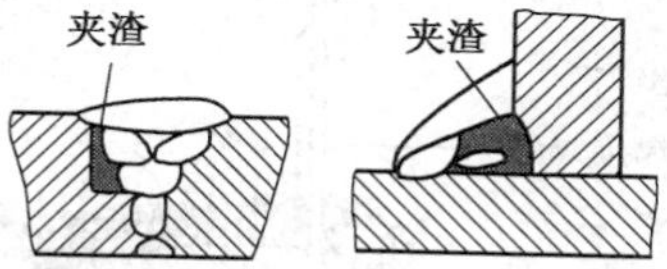 夹渣 夹渣	在焊缝内部存在非金属夹杂物	①焊件边缘及焊层之间清理不干净 ②焊接电流过小、焊接速度太快
未焊透	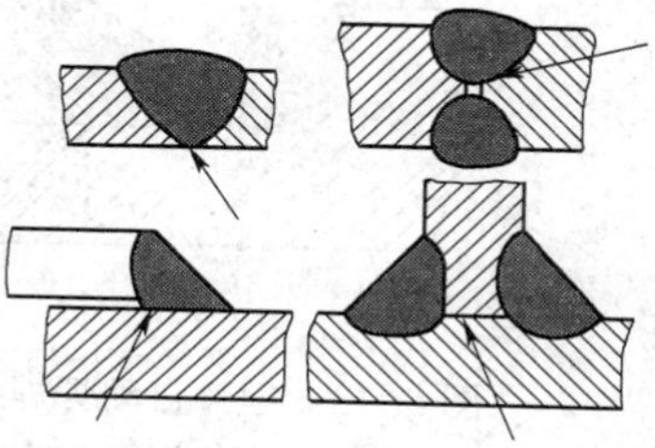	焊缝金属与焊件之间或焊缝金属之间的局部未熔合	①焊接电流过小、焊接速度太快 ②坡口角度太小、钝边太厚,间隙太小
裂纹	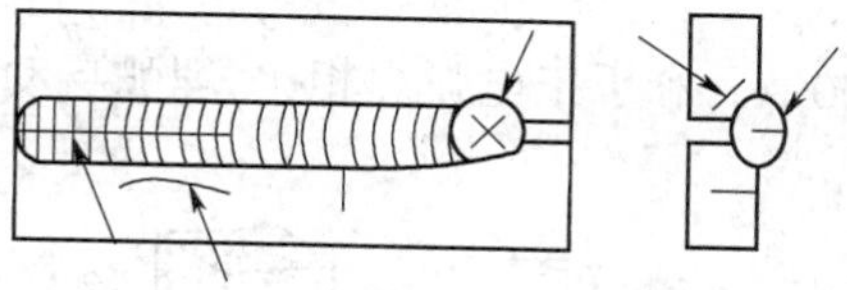	焊缝、热影响区内部或表面因开裂而形成缝隙	①焊接材料化学成分不当 ②焊接顺序不正确 ③焊接设计不合理 ④焊缝金属冷却速度太快
焊瘤	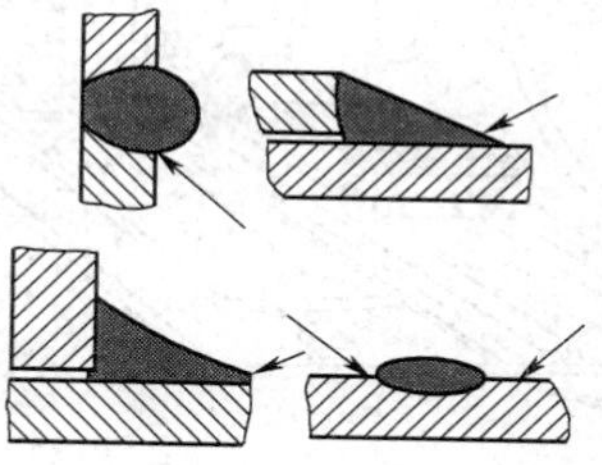	熔化金属流淌到未熔化的焊件或凝固的焊缝上形成金属瘤	①焊接电流太大、电弧过长 ②运条不当、焊接速度太慢
焊穿及塌陷	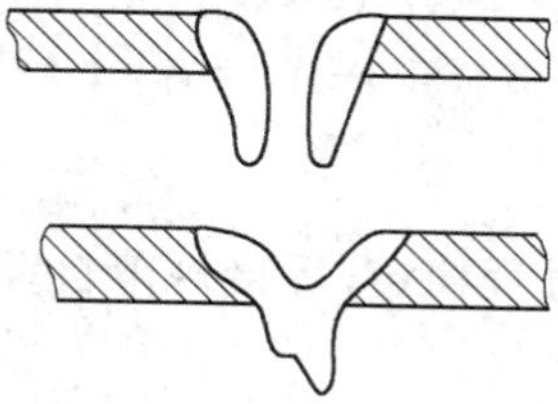	液态金属从焊缝背面漏出凝成疙瘩或在焊缝上形成穿孔	①焊接电流太大、焊接速度太慢 ②焊件装配间隙太大

5.3 其他焊接方法简介

5.3.1 埋弧自动焊

埋弧自动焊(简称埋弧焊)是电弧在焊剂层下燃烧,用机械自动引燃电弧并进行控制,自动完成焊丝送进和电弧移动的一种电弧焊方法。埋弧自动焊焊缝形成过程如图5-13所示。和手工电弧焊相比,埋弧自动焊以焊丝代替焊条并可连续送进;以颗粒状焊剂代替焊条药皮,但其中无造气剂而只是靠固态的焊剂及焊接中形成的熔渣对熔池进行保护。

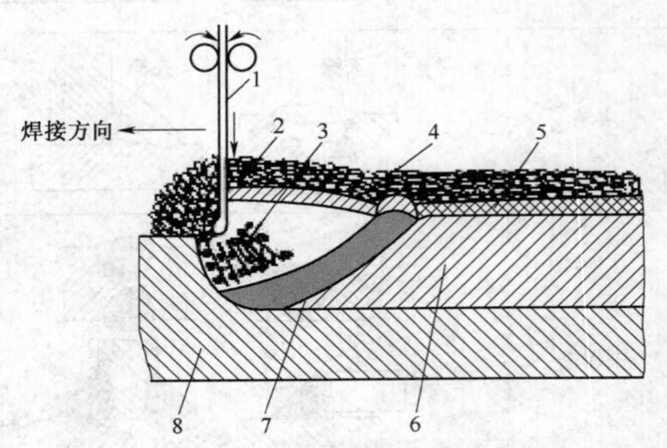

图5-13 埋弧自动焊焊缝形成过程

1—焊丝;2—焊剂;3—电弧;4—熔渣;5—渣壳;6—焊缝;7—熔池;8—焊件

埋弧自动焊机由焊接电源、控制箱和焊接小车三部分组成,如图5-14所示。焊机有多种型号,MZ—1000型是应用最广的一种。型号中的M表示埋弧焊机,Z表示自动焊机,1000表示额定焊接电流为1 000 A。和手工电弧焊相比,埋弧自动焊有以下特点:

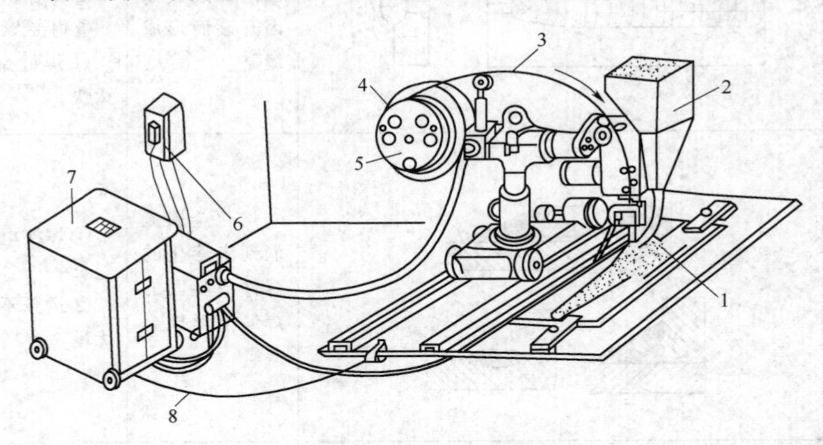

图5-14 埋弧自动焊焊缝形成过程

1—焊剂;2—焊剂漏斗;3—焊丝;4—焊丝盘;5—操纵盘;6—电源;7—控制箱;8—焊接电源

1)焊接质量好

由于电弧和金属熔池得到可靠保护,焊接过程稳定,焊接规范自动调节,所以焊接质量十分稳定,焊缝成形及力学性能优良。

2)生产率高

因埋弧焊使用光焊丝,不存在手工电弧焊的焊条发热问题,以及焊丝导电长度短,所以可使用大电流(可达1 000 A以上)焊接,又因其熔深大,所以中厚板焊接可以不开或少开坡口,故生产率高不说,还大量节省了开坡口工时、填充焊接材料与能耗。

3)劳动条件好

电弧光在焊剂层下不外露,焊接过程机械化、自动化,劳动条件大为改善。

4)设备复杂,适应性较差

只适于平焊位置的对接或角接平直长焊缝,或直径较大的环缝。埋弧自动焊适于中厚板(8~60 mm)的焊接,可以焊接低碳钢、低合金结构钢、不锈钢、耐热钢和紫铜等。广泛应用于容器、锅炉、造船及各种中、大型钢结构(如起重机、桥梁等)的制造中。

5.3.2 气体保护焊

使用焊丝作为电极和填充材料,用外加气体作为电弧介质及保护气体并由该气体对电弧及熔池进行保护的电弧焊称为气体保护焊。常用的保护气体有氩气、二氧化碳气等。

1. CO_2气体保护焊

CO_2气体保护焊(简称CO_2焊)是一种熔化极焊,它采用CO_2气体进行保护。其焊接设备与器材如图5-15所示。CO_2焊成本低(仅为手弧焊及埋弧焊的40%~50%);生产率高(比手工电弧焊高1~4倍);变形较小,抗裂性好,操作灵活,可全位置焊接。CO_2焊可用于低碳钢、低合金结构钢的焊接,广泛用于各类钢结构的制造。由于CO_2气体有一定的氧化性,焊接时会造成合金元素烧损,所以它不适用于有色金属和高合金钢的焊接。CO_2焊飞溅较大,焊缝成形稍差。

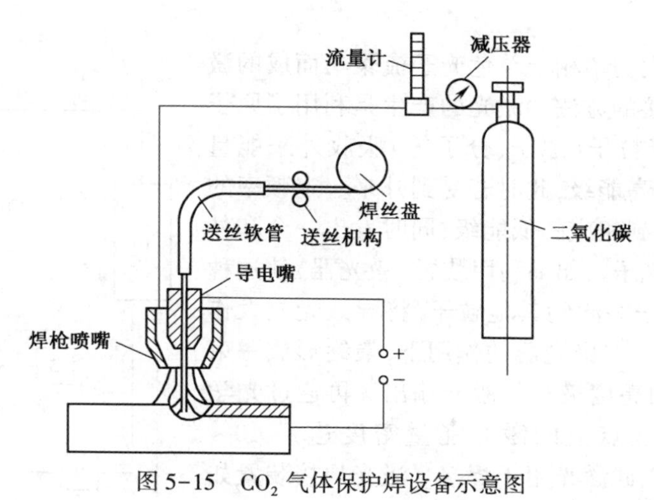

图5-15 CO_2气体保护焊设备示意图

2. 氩弧焊

氩弧焊是用氩气作保护气体的电弧焊。焊接时氩气由喷嘴连续喷出,有效地保护电弧和熔池。由于氩气是惰性气体,在焊接中与液态金属既不发生冶金、化学反应,也不溶入金属,所以电弧稳定,焊接质量高。另外,由于气流压缩使电弧热量集中,因而焊接速度快,熔深大,而焊接变形小。由于上述特点,氩弧焊一般用于有色金属(如铜、铝、钛及其合金)和不锈钢、耐热钢、高强度结构钢的焊接。因氩气较贵,所以氩弧焊主要用于重要结构的焊接。

氩弧焊按电极不同,分为钨极氩弧焊和熔化极氩弧焊,如图 5-16 所示。

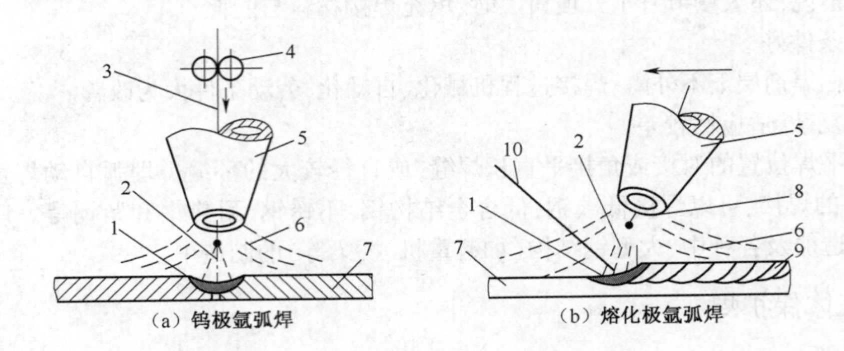

图 5-16 氩弧焊示意图

1—熔池;2—电弧;3—焊丝;4—送丝轮;5—喷嘴;6—氩气;
7—焊件;8—钨极;9—焊缝;10—填充焊丝

钨极氩弧焊用钨棒作电极。焊接时,钨极与工件间产生电弧且钨极不熔化,所以须另加焊丝作为填充金属。它适于焊接 6 mm 以下的薄板及管子或作为中厚板焊接(用其他焊接方法)时的打底焊。熔化极氩弧焊用焊丝作电极兼作填充金属,生产率高,适于中厚板的焊接。

5.3.3 激光焊

激光焊是利用大功率相干单色光子流聚集而成的激光束为热源进行焊接的方法。激光的产生是利用了原子受激辐射的原理,当粒子(原子、分子等)吸收外来能量时,从低能级跃升至高能级,此时若受到外来一定频率的光子的激励,又跃迁到相应的低能级,同时发出一个和外来光子完全相同的光子。如果利用装置(激光器)使这种受激辐射产生的光子去激励其他粒子,将导致光放大作用,产生更多的光子,在聚光器的作用下,最终形成一束单色的、方向一致和亮度极高的激光输出。再通过光学聚焦系统,可以使焦点上的激光能量密度达到 10 ~ 1 012 W/cm^2,然后以此激光用于焊接。激光焊接装置如图 5-17 所示。

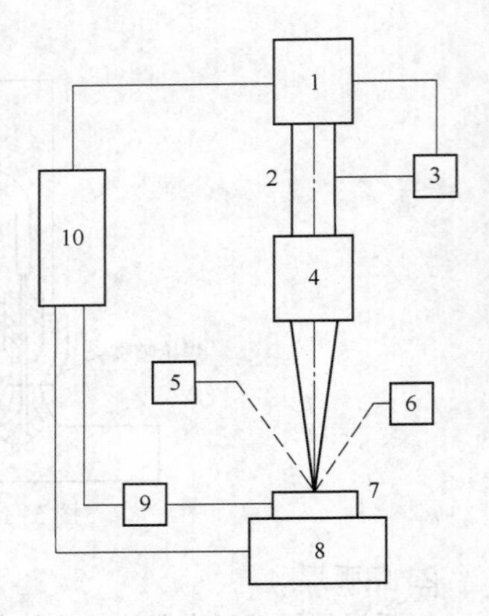

图 5-17 激光焊接装置示意图

1—激光发生器;2—激光光束;3—信号器;
4—光学系统;5—观测瞄准系统;
6—辅助能源;7—焊件;8—工作台;
9,10—控制系统

激光焊和电子束焊同属高能密束焊范畴,与一般焊接方法相比有以下优点:

(1)激光功率密度高,加热范围小(<1 mm),焊接速度高,焊接应力和变形小。

(2)可以焊接一般焊接方法难以焊接的材料,实现异种金属的焊接,甚至用于一些非金属材料的焊接。

(3)激光可以通过光学系统在空间传播相当长距离而衰减很小,能进行远距离施焊或对难接近部位焊接。

(4)相对电子束焊而言,激光焊不需要真空室,激光不受电磁场的影响。

激光焊的缺点是焊机价格较贵,激光的电光转换效率低,焊前零件加工和装配要求高,焊接厚度比电子束焊低。

激光焊应用在很多机械加工作业中,如电子器件的壳体和管线的焊接、仪器仪表零件的连接、金属薄板对接、集成电路中的金属箔焊接等。

5.3.4 钎焊

钎焊是用熔点低于母材的金属材料作钎料,将焊件和钎料加热到适当的温度,使焊件仍处于固态而钎料熔化后靠湿润及毛细管作用填充进接头间隙并与母材相互扩散实现连接的一种方法。

1. 钎焊的分类

按钎料熔点,钎焊分为软钎焊和硬钎焊两类。

1)软钎焊

软钎焊钎料熔点低于450 ℃,接头强度低(<70 MPa),常用于受力不大或工作温度较低的工件焊接,如用锡作钎料焊接的锡焊广泛用于仪表、电子线路等的焊接。

2)硬钎焊

硬钎焊钎料熔点高于450℃,接头强度较高(可达200~500 MPa),适用于受力较大、工作温度较高的钢、铜、铝合金的机械零部件焊接。

钎焊时,一般要使用焊剂,其作用是清除钎料及母材表面的氧化物并改善钎料润湿性,如硬钎焊时用硼砂,软钎焊时用松香、氯化锌溶液等。

钎焊按加热方式不同分为烙铁钎焊、火焰钎焊、电阻钎焊、感应钎焊及炉中钎焊等。

2. 钎焊的特点

钎焊因加热温度低,所以,接头处金属的组织和性能变化很小,焊件的应力和变形也小,工件尺寸形状容易保证。钎焊可以连接同种或异种金属,且生产率高,如碳钢、低合金钢、有色金属(如紫铜、青铜、黄铜、钛及钛合金)、碳素工具钢、高速钢、不锈钢、硬质合金等。广泛应用于仪器、仪表及电子、航空、航天、机电制造业等。

5.3.5 电阻焊

电阻焊是指焊件组合后,通过电极施加压力,利用电流通过焊件接头的接触面及邻近区域时产生的电阻热进行焊接的方法。

电阻焊的主要特点是生产效率高,焊接变形小,劳动条件好,操作方便,易于实现自动化。但电阻焊设备复杂,投资大,耗电量大,适用的接头形式与焊件厚度受到一定限制。电阻焊主要适用于成批大量生产,目前已在航空、航天、汽车工业、家用电器等领域得到广泛应用。

电阻焊通常分为点焊、缝焊和对焊三种,如图5-18所示。

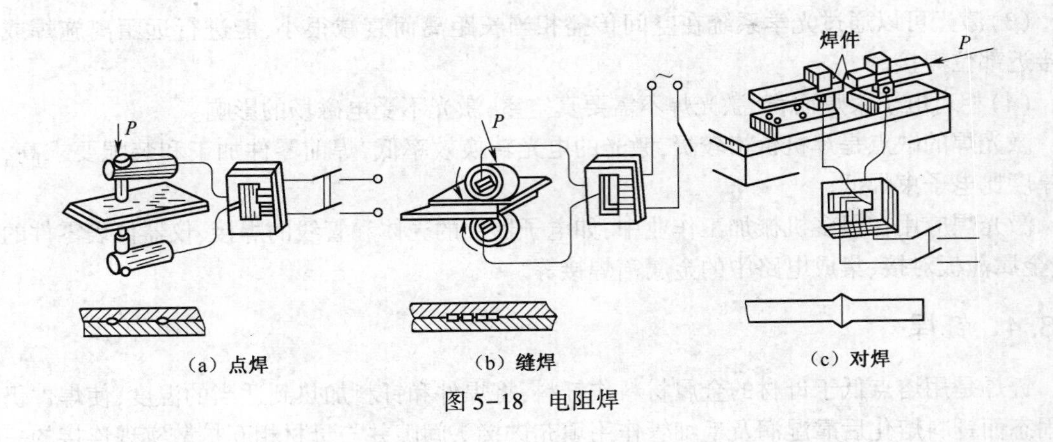

（a）点焊　（b）缝焊　（c）对焊

图 5-18　电阻焊

5.4　焊接技术训练实例

5.4.1　钢板对接平焊示例(见表 5-8)

材料:Q235-A 碳素结构钢板两块。

规格:200 mm×50 mm×5 mm。

要求:1. 焊一条 200 mm 的对接平焊缝。

　　2. 正确选择焊条直径和焊接电流。

表 5-8　钢板对接平焊步骤

步　骤	附　图	操作说明
1. 备料		划线,用剪切或气割的方法下料并校正
2. 选择及加工坡口		板厚为 5 mm,可不用加工坡口
3. 焊前清理	清理范围 20～30	清除焊缝周围的铁锈和油污
4. 装配、定位焊	间隙1～2 30 定位焊缝 30 10～15	将两板放平、对齐,留 1～2 mm 间隙,在图示位置进行定位焊固定后清渣

续表

步骤	附图	操作说明
5. 焊接	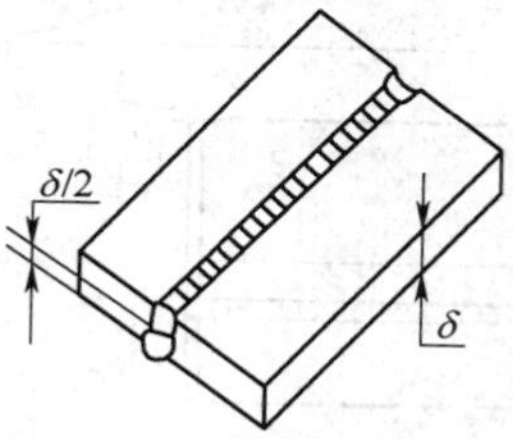 δ/2 δ	焊条型号:E4303 焊条直径:ϕ3. 2 mm 焊接电流:由焊条直径选用 120 A
6. 焊后清理		用钢丝刷、清渣锤等工具把熔渣和飞溅物等清理干净

5.4.2 电弧焊产品结构的焊接工艺过程示例

以压力管道为例,其产品结构,技术要求及焊接工艺,见表5-9。

表5-9 压力管道的焊接工艺

工序号	工序内容	附图	说明
1	产品及其技术要求	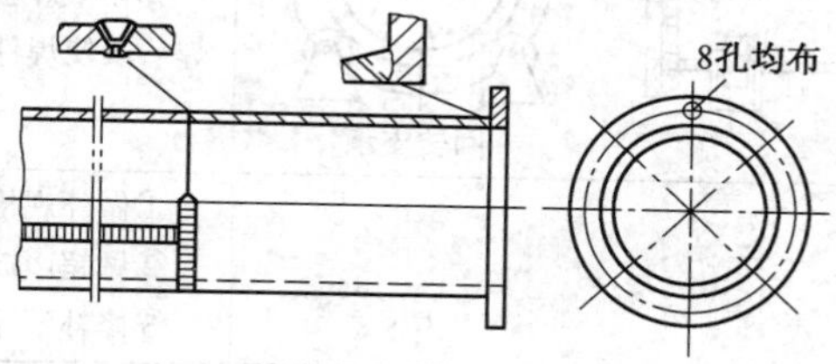 8孔均布	技术要求: ①外观检验无明显变形及缺陷 ②进行超声波探伤无内部裂纹及夹渣
2	备料	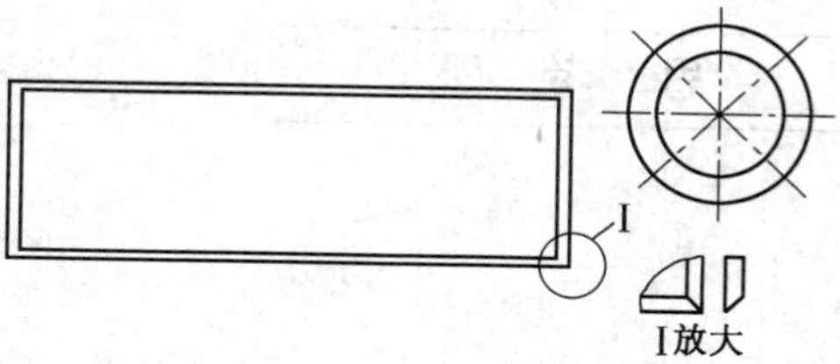 I I放大	①用剪床或气割切出两截圆筒的板料 ②用氧气切割切出法兰坯料 ③用刨边机或风铲刨出V形坡口 ④车床上加工法兰内外圆 ⑤在钻床上加工法兰上的螺钉孔
3	成形及清理	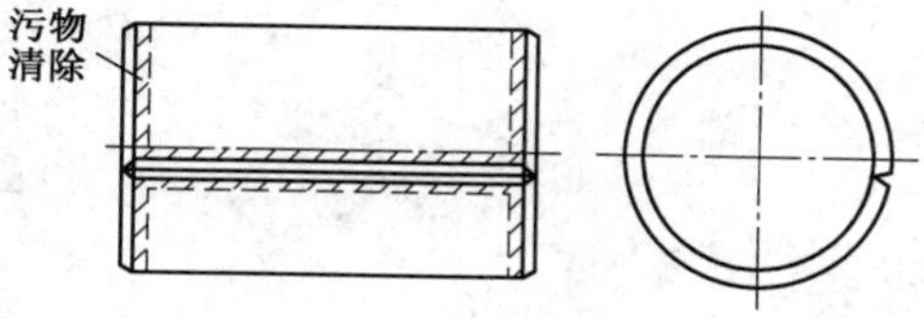 污物清除	①在卷板机上将板料卷成圆筒 ②清除圆筒及法兰上焊缝附近(20 mm以内)的污物铁锈
4	部件装配	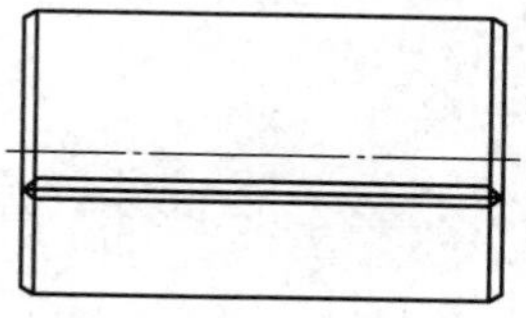	将卷好的圆筒接口处用定位焊固定

续表

工序号	工序内容	附图	说明
5	部件焊接		①选择焊接方法:用焊条电弧焊,开坡口,两面焊保证焊透 ②选择焊条直径:选 ϕ4 mm 焊条 ③选择焊接电流:由焊条直径选 200 A ④在平焊位置焊接
6	整体组装	>200	①先将焊好的圆筒在卷板机上整形一次,清除焊接引起的变形 ②将两截圆筒组装,点焊组装时应将圆筒上的焊缝至少错开 200 mm ③将点固定好的两截圆筒与法兰定位焊成一整体
7	整体焊接	施焊位置 回转支承	①将焊件置于滚动焊架上,使其能方便绕中心轴转动 ②在平焊位置焊接内外环焊缝(每焊一段使焊件转一定角度)
8	焊后检验		①做外观检验 ②做超声波探伤 ③修补消除发现的缺陷

思考题

1. 钎剂和钎料的作用是什么?
2. 焊接有何特点?
3. 简述药皮和焊芯的作用。

第6章　车 削 加 工

教学目的和要求：了解常用车床的分类、型号、组成、用途；了解常用车刀的材料、种类、应用范围；了解车床的运动、传动链、切削用量的概念及合理选择满足工艺要求的切削用量；熟悉车削加工安全操作规程；熟悉车刀、量具和主要附件的基本结构与使用方法；初步掌握车床的基本操作方法以及车削加工质量的控制。

6.1　普通车削加工概述

6.1.1　普通车削加工的原理

车削加工就是利用车床上工件的旋转运动和刀具的直线或曲线运动来改变毛坯的形状和尺寸，把装夹在机床主轴端面卡盘上的毛坯加工成合格零件的过程。车削是最基本、最常见的切削加工方式，在生产中占有十分重要的地位。车削加工的切削动力主要由工件旋转运动提供。车削适于加工回转表面，大部分具有回转表面的工件都可以用车削方法加工，如内外圆柱面、内外圆锥面、端面、沟槽、螺纹和回转成形面等。

在各类金属切削机床中，车床是应用最广泛的一类，约占机床总数的50%。车床既可用车刀对工件进行车削加工，又可用钻头、铰刀、丝锥和滚花刀进行钻孔、铰孔、攻螺纹和滚花等操作。

6.1.2　普通车床的组成及其作用

为充分了解普通车床的结构组成及其作用，现以CA6140型车床为例介绍车床的结构，如图6-1所示。

1）主轴箱

主轴箱又称床头箱，内有多组齿轮变速机构，变换箱外手柄的位置可使主轴得到各种不同的转速。主轴是空心结构，以便穿过长棒料进行安装；主轴右侧有外螺纹，用以安装卡盘和拨盘；主轴内有锥孔，用来安装顶尖。

2）卡盘

卡盘用来装夹工件，带动工件一起旋转。

3）刀架

刀架用来装夹车刀，并使其纵向、横向或斜向走刀。

4）尾座

尾座底面与床身导轨面接触，可调整并固定在床身导轨的任意位置上。用来安装顶尖支顶较长的工件；也可以装夹钻头、铰刀、丝锥、板牙等刀具，进行孔加工或攻、铰螺纹；调整尾座横向位置，可加工长锥体。

图 6-1 CA6140 型普通卧式车床外形图
1—主轴箱;2—卡盘;3—刀架;4—尾座;5—床身;6—长丝杆;
7—光杆;8—操纵杆;9—床腿;10—溜板箱;11—进给箱

5)床身

床身是车床的基础件,用来连接各主要部件并保证各部件在运动时有正确的相对位置。在床身上有供溜板箱和尾座移动用的导轨。

6)长丝杠

长丝杠用来车削螺纹。

7)光杠

光杠用来带动溜板箱,使车刀沿着要求方向作纵向或横向运动。

8)操纵杆

操纵杆用于安装操纵把手以控制主轴起动、变向和停止。

9)床腿

床腿支承床身并与地基连接。

10)溜板箱

溜板箱又称拖板箱,溜板箱是进给运动的操纵机构。它使光杠或丝杠的旋转运动,通过齿轮和齿条或丝杠和开合螺母,推动车刀作进给运动。溜板箱上有三层滑板,当接通光杠时,可使床鞍带动中滑板、小滑板及刀架沿床身导轨作纵向移动;中滑板可带动小滑板及刀架沿床鞍上的导轨作横向移动。故刀架可作纵向或横向直线进给运动。当接通丝杠并闭合开合螺母时可车削螺纹。溜板箱内设有互锁机构,使光杠、丝杠两者不能同时使用。

11)进给箱

进给箱又称走刀箱,它是固定在床头箱下部的床身前侧面进给运动的变速机构。变换进给箱外面的手柄位置,可将主轴传递下来的运动,转为进给箱输出的使光杠或丝杠获得不同的转速,以改变进给量的大小或车削不同螺距的螺纹。

6.1.3　车床的加工对象

车削加工主要用来加工零件上的回转表面，加工精度达 IT11～IT6，表面粗糙度 Ra 值达 12.5～0.8 μm。

车削加工应用范围很广泛，它可完成的主要工作如图 6-2 所示。

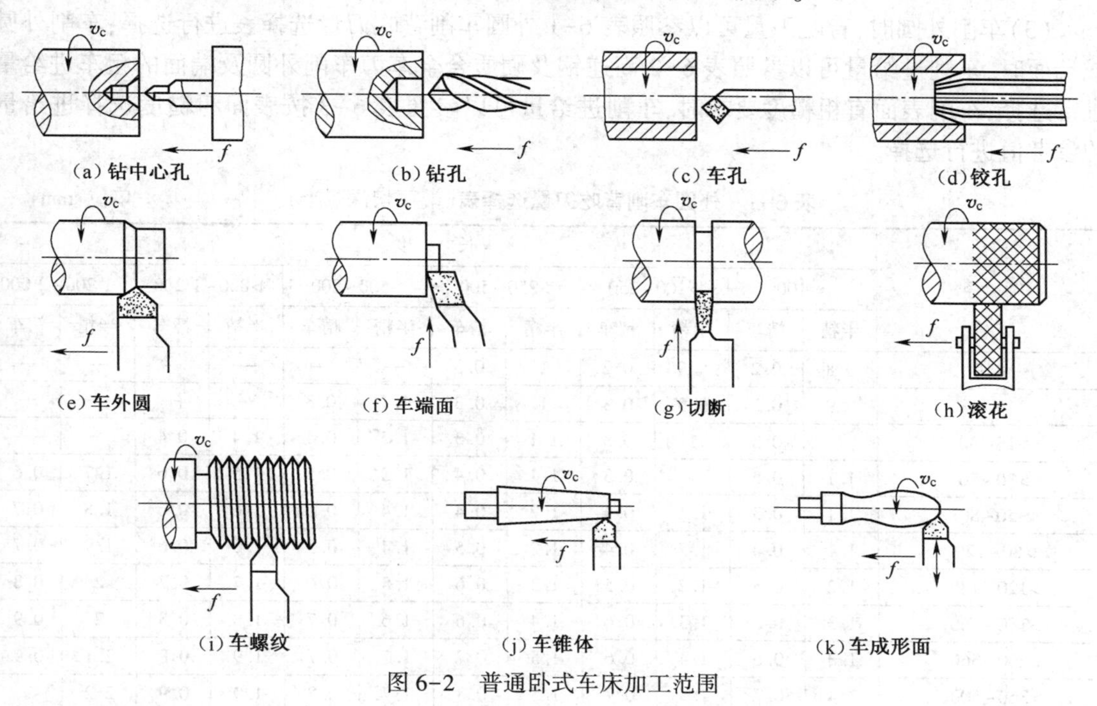

图 6-2　普通卧式车床加工范围

6.1.4　车削运动和车削用量

1. 车削运动

车削加工时，工件与刀具的相对运动叫车削运动。根据运动的性质和作用不同，车削运动可分为主运动和进给运动两类。车削时工件的旋转为主运动，车削时刀具的纵、横向移动为进给运动。

2. 车削表面

车削时，在工件表面一般会出现三个表面，即已加工表面、待加工表面和过渡表面，如图 6-3 所示。

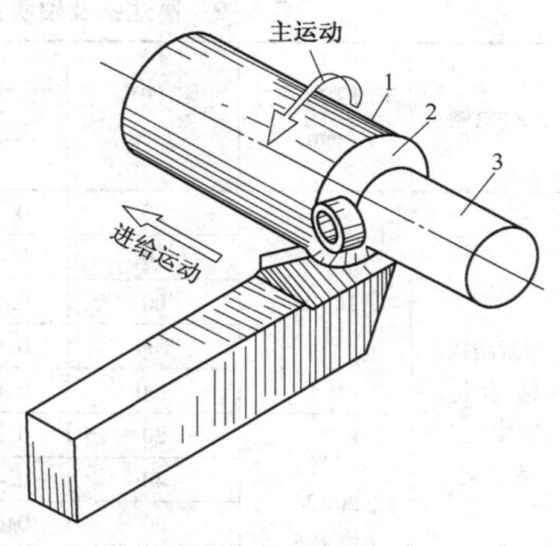

图 6-3　车削表面

1—待加工表面；2—过渡表面；3—已加工表面

3. 车削用量

车削时，车削用量是指车削速度、进给量和背吃刀量。它们对加工质量、生产率及加工成本有很大影响，合理选择切削用量是保证加工零件的质量、提高生产效率、降低生产成本的有效方法之一，车削时车削用量主要从如下方面选择：

（1）粗加工时，在机床刚度及功率允许的前提下，首先应选择大的背吃刀量 α_p，尽量在一次走刀过程中切去大部分多余金属，其次取较大的进给量 f，最后选择适当的切削速度 v_c。

（2）精加工时，应当保证工件的加工精度和表面粗糙度。此时加工余量小，一般应取小的背吃刀量 α_p 和进给量 f，以降低表面粗糙度值，然后再选择较高或较低的切削速度 v_c。

（3）车削外圆时，背吃刀量可以参照表 6-1 外圆车削背吃刀量选择表进行选择；车削外圆或端面时，车削进给量可以参照表 6-2 高速钢及硬质合金车刀车削外圆及端面的粗车进给量进行选择；车削表面有粗糙度要求时，车削进给量可以参照表 6-3 按表面粗糙度选择进给量的参考值进行选择。

表 6-1　外圆车削背吃刀量选择表（端面切深减半）　　单位：mm

轴　径	长　度											
	≤100		>100~250		>250~500		>500~800		>800~1 200		>1 200~2 000	
	半精	精车	半精	精车	半精	精车	半精	精车	半精	精车	半精	精车
≤10	0.8	0.2	0.9	0.2	1	0.3	—	—	—	—	—	—
>10~18	0.9	0.2	0.9	0.3	1	0.3	1.1	0.3	—	—	—	—
>18~30	1	0.3	1	0.3	1.1	0.3	1.3	0.4	1.4	0.4	—	—
>30~50	1.1	0.3	1	0.3	1.1	0.4	1.3	0.5	1.5	0.6	1.7	0.6
>50~80	1.1	0.3	1.1	0.4	1.2	0.4	1.4	0.5	1.6	0.6	1.8	0.7
>80~120	1.1	0.4	1.2	0.4	1.2	0.5	1.4	0.5	1.6	0.6	1.9	0.7
>120~180	1.2	0.5	1.2	0.5	1.3	0.6	1.5	0.6	1.7	0.7	2	0.8
>180~260	1.3	0.5	1.3	0.6	1.4	0.6	1.6	0.7	1.8	0.8	2	0.9
>260~360	1.3	0.6	1.4	0.6	1.5	0.7	1.7	0.7	1.9	0.8	2.1	0.9
>360~500	1.4	0.7	1.5	0.7	1.5	0.8	1.7	0.8	1.9	0.9	2.2	1

注：1. 粗加工，表面粗糙度为 *Ra*50~12.5 时，一次走刀应尽可能切除全部余量。

2. 粗车背吃刀量的最大值是受车床功率的大小决定的。中等功率机床可以达到 8~10 mm。

表 6-2　高速钢及硬质合金车刀车削外圆及端面的粗车进给量

工件材料	车刀刀杆尺寸（mm）	工件直径（mm）	切深（mm）				
			≤3	3~5	5~8	8~12	>12
			进给量 f(mm/r)				
碳素结构钢、合金结构钢、耐热钢	16×25	20	0.3~0.4	—	—	—	—
		40	0.4~0.5	0.3~0.4	—	—	—
		60	0.5~0.7	0.4~0.6	0.3~0.5	—	—
		100	0.6~0.9	0.5~0.7	0.5~0.6	0.4~0.5	—
		400	0.8~1.2	0.7~1	0.6~0.8	0.5~0.6	—
	20×30 25×25	20	0.3~0.4	—	—	—	—
		40	0.4~0.5	0.3~0.4	—	—	—
		60	0.6~0.7	0.5~0.7	0.4~0.6	—	—
		100	0.8~1	0.7~0.9	0.5~0.7	0.4~0.7	—
		400	1.2~1.4	1~1.2	0.8~1	0.6~0.9	0.4~0.6

续表

工件材料	车刀刀杆尺寸(mm)	工件直径(mm)	切深(mm)				
			≤3	3~5	5~8	8~12	>12
			进给量 f(mm/r)				
铸铁及铜合金	16×25	40	0.4~0.5	—	—	—	—
		60	0.6~0.8	0.5~0.8	0.4~0.6	—	—
		100	0.8~1.2	0.7~1	0.6~0.8	0.5~0.7	—
		400	1~1.4	1~1.2	0.8~1	0.6~0.8	—
铸铁及铜合金	20×30 25×25	40	0.4~0.5	—	—	—	—
		60	0.6~0.9	0.5~0.8	0.4~0.7	—	—
		100	0.9~1.3	0.8~1.2	0.7~1	0.5~0.8	—
		400	1.2~1.8	1.2~1.6	1~1.3	0.9~1.1	0.7~0.9

注:1. 断续切削、有冲击载荷时,乘以修正系数:k=0.75~0.85。

2. 加工耐热钢及其合金时,进给量应不大于1 mm/r。

3. 无外皮时,表内进给量应乘以系数:k=1.1。

4. 加工淬硬钢时,进给量应减小。硬度为HRC45-56时,乘以修正系数:k=0.8,硬度为HRC57-62,乘以修正系数:k=0.5。

表6-3 按表面粗糙度选择进给量的参考值

工件材料	粗糙度等级(μm)	切削速度(m/min)	刀尖圆弧半径(mm)		
			0.5	1	2
			进给量 f(mm/r)		
碳钢及合金碳钢	10~5	≤50	0.3~0.5	0.45~0.6	0.55~0.7
		>50	0.4~0.55	0.55~0.65	0.65~0.7
	5~2.5	≤50	0.18~0.25	0.25~0.3	0.3~0.4
		>50	0.25~0.3	0.3~0.35	0.35~0.5
	2.5~1.25	≤50	0.1	0.11~0.15	0.15~0.22
		50~100	0.11~0.16	0.16~0.25	0.25~0.35
		>100	0.16~0.2	0.2~0.25	0.25~0.35
铸铁及铜合金	10~5	不限	0.25~0.4	0.4~0.5	0.5~0.6
	5~2.5		0.15~0.25	0.25~0.4	0.4~0.6
	2.5~1.25		0.1~0.15	0.15~0.25	0.2~0.35

注:适用于半精车和精车的进给量的选择

6.2 车削刀具及车床附件

刀具材料是决定刀具切削性能的根本因素,对加工效率、加工质量、以及刀具耐用度影响很大。使用碳工具钢作为刀具材料时,切削速度只有10 m/min左右;20世纪初出现了高速钢刀具材料,切削速度提高到每分钟几十米;30 年代出现了硬质合金刀具材料,切削速度提高到每分钟一百多米至几百米;当前陶瓷刀具和超硬材料刀具的出现,使切削速度提高到每分钟一千米以上。被加工材料的发展也大大地推动了刀具材料的发展。

6.2.1 车削刀具的分类

1. 车刀的结构形式

车刀切削部分通常叫做刀头,装夹在刀架上的部分通常叫刀杆,刀头切削刃与轴线位置角度不同,常有如下几类刀具(图 6-4):直头 45°外圆车刀、弯头车刀、75°偏刀、90°外圆车刀、切断刀、内孔车刀(通孔)、内孔车刀(盲孔)、螺纹车刀。

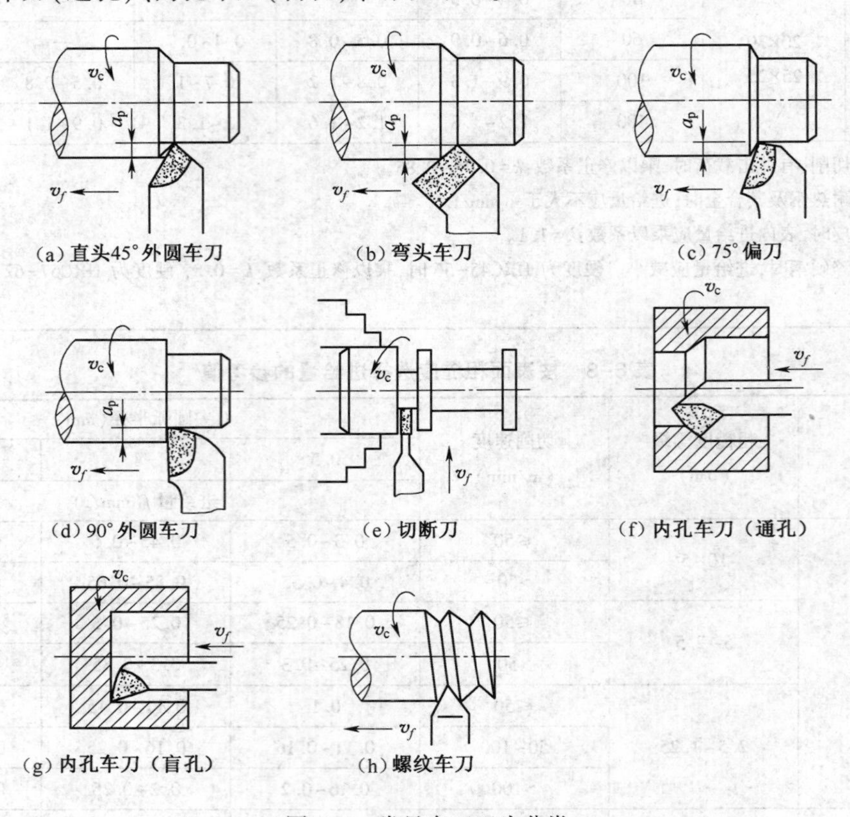

图 6-4 常见车刀刀头分类

2. 车刀的分类

1)按用途可分为

(1)外圆车刀:主偏角一般取 45°、75°和 90°,用于车削外圆表面和台阶;

(2)端面车刀:主偏角一般取 45°,用于车削端面和倒角,也可用来车外圆;

(3)切断、切槽刀:用于切断工件或车沟槽;

(4)镗孔刀:用于车削工件的内圆表面,如圆柱孔、圆锥孔等;

(5)成形刀:有凹、凸之分。用于车削圆角和圆槽或者各种特形面;

(6)内、外螺纹车刀:用于车削外螺纹和内螺纹。

2)按结构车刀可分为

(1)整体式车刀:刀头部分和刀杆部分均为同一种材料的整体式刀具。用作整体式车刀的刀具材料一般是高速钢。

(2)焊接式车刀:刀头部分和刀杆部分分属两种材料。即刀杆上镶焊硬质合金刀片,而后经刃磨所形成的车刀。

(3)机械夹紧式车刀:将硬质合金刀片用机械夹紧的方法固定在刀杆上的。刀头部分和刀杆部分分属两种材料。机械加紧式车刀的刀片形状为多边形,即多条切削刃,多个刀尖,用钝后只需将刀片转位即可使新的刀尖和刀刃进行切削而不须重新刃磨。

6.2.2 普通车削的附件

1. 三爪卡盘

三爪卡盘是由盘体、小锥齿轮、大锥齿轮和三个卡爪组成,如图6-5所示。三个卡爪上有与平面螺纹相应螺牙与之配合,三个卡爪在爪盘体中的导槽中呈120°均布。盘体的锥孔与车床主轴前端的外锥面配合,起对中作用,通过键来传递扭矩,最后用螺母将卡盘体锁紧在主轴上。

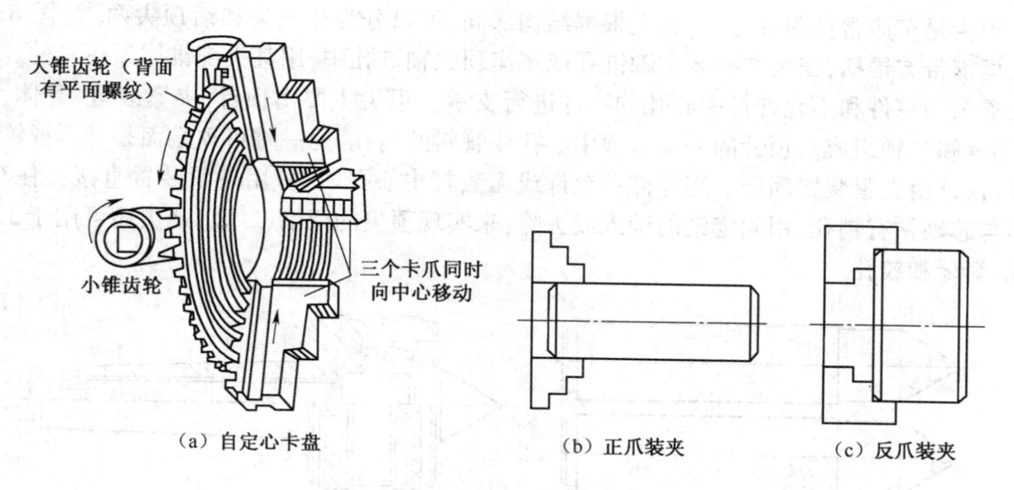

图6-5 三爪自定心卡盘装夹工件

当转动其中一个小锥齿轮时,即带动大锥齿轮转动,其上的平面螺纹又带动三个卡爪同时向中心或向外移动,从而实现自动定心。定心精度不高,为0.05~0.15 mm。三个卡爪有正爪和反爪之分,有的卡盘可将卡爪反装即成反爪,当换上反爪即可安装较大直径的工件。当直径较小时,工件置于三个长爪之间装夹,可将三个卡爪伸入工件内孔中利用长爪的径向张力装夹盘、套、环状零件,当工件直径较大,用顺爪不便装夹时,可将三个顺爪换成反爪进行装夹,当工件长度大于4倍直径时,应在工件右端用尾座顶尖支承。

2. 四爪单动卡盘

四爪单动卡盘(图6-6)全称是机床用手动四爪单动卡盘,是由一个盘体,四个丝杆,一付卡爪组成的。工作时是用四个丝杠分别带动四爪,因此常见的四爪单动卡盘没有自动定心的作用。但可以通过调整四爪位置,装夹各种矩形的、不规则的工件,每个卡爪都可单独运动。

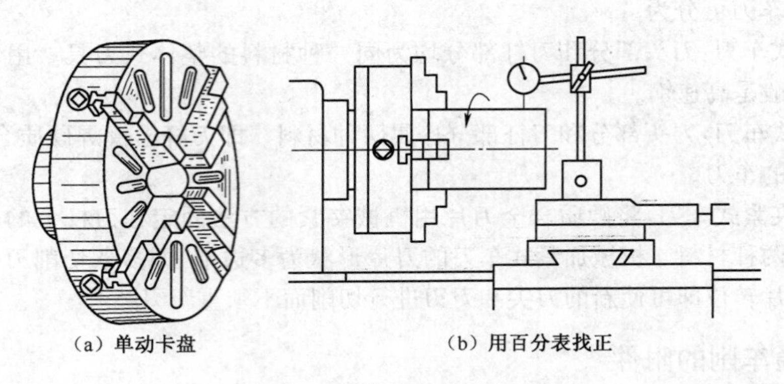

图 6-6 四爪单动卡盘装夹工件

工件装夹后(不可过紧),用划针对准工件外圆并留有一定的间隙,转动卡盘使工件旋转,观察划针在工件圆周上的间隙,调整最大间隙和最小间隙,使其达到间隙均匀一致,最后将工件夹紧。此种方法一般找正精度在 0.5~0.15 mm 以内。

3. 顶尖

顶尖是车床常见附件之一,顶尖根据结构部同,可以分为死顶尖和活顶尖两类(图 6-7)。顶尖尾部带有锥柄,安装在机床主轴锥孔或尾座顶尖轴锥孔中,用其头部锥体顶住工件。可对端面复杂的零件和不允许打中心孔的零件进行支承。顶尖主要由顶针、夹紧装置、壳体、固定销、轴承和芯轴组成。顶针的一端可顶中心孔或管料的内孔,另一端可顶端面是球形或锥形的零件,顶针由夹紧装置固定。当零件不允许或无法打中心孔时,可用夹紧装置直接夹住车削。壳体与芯轴钻有销孔,用固定销的销入或去除,来实现顶尖的死活二用。顶尖还可用于工件的钻孔、套牙和铰孔。

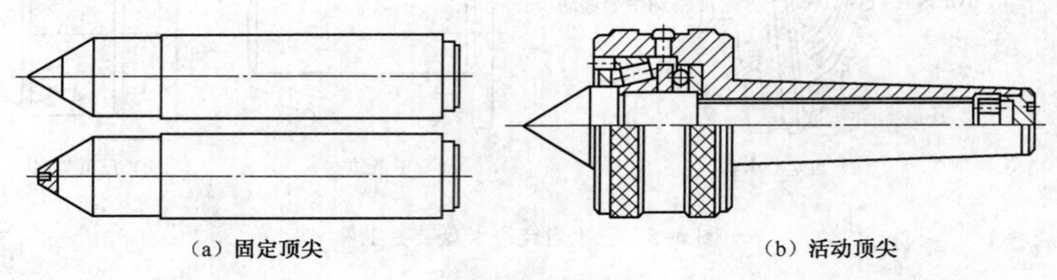

图 6-7 顶尖

4. 尾座

尾座用于安装后顶尖,以支持较长工件进行加工,或安装钻头、铰刀等刀具进行孔加工。偏移尾架可以车出长工件的锥体。尾架的结构由下列部分组成。

(1)套筒的左端有锥孔,用以安装顶尖或锥柄刀具。套筒在尾架体内的轴向位置可用手轮调节,并可用锁紧手柄固定。将套筒退至极右位置时,即可卸出顶尖或刀具。

(2)尾座体与底座相连,当松开固定螺钉,拧动螺杆可使尾架体在底板上作微量横向移动,以便使前后顶尖对准中心或偏移一定距离车削长锥面。

(3)底座直接安装于床身导轨上,用以支承尾座体。

6.3　普通车床操作

1. 普通车床操作规程

(1)操作前要穿紧身防护服,袖口扣紧,上衣下摆不能敞开,严禁戴手套,不得在开动的机床旁穿、脱换衣服或围布于身上,防止机器绞伤。长头发操作者必须戴好安全帽,辫子应放入帽内,不得穿裙子、拖鞋。要戴好防护镜,以防铁屑飞溅伤眼。

(2)车床开动前,必须按照安全操作的要求,正确穿戴好劳动保护用品,必须认真仔细检查机床各部件和防护装置是否完好,安全可靠,加油润滑机床,并作低速空载运行2~3 min,检查机床运转是否正常。

(3)装卸卡盘和大件时,要检查周围有无障碍物,垫好木板,以保护车床轨面,并要卡住、顶牢、架好,车偏重物时要按轻重搞好平衡,工件及工具的装夹要紧固,以防工件或工具从夹具中飞出,卡盘扳手、套筒扳手要拿下。

(4)机床运转时,严禁戴手套操作;严禁用手触摸机床的旋转部分;严禁在车床运转中隔着车床传送物件。装卸工件,安装刀具,加油以及打扫切屑均应停车进行。清除铁屑应用刷子或钩子,禁止用手清理。

(5)机床运转时,不准测量工件,不准用手去刹转动的卡盘;用砂纸时,应放在锉刀上,严禁戴手套用砂纸操作,磨破的砂纸不准使用,不准使用无柄锉刀,不得用正反车电闸作刹车,应经中间刹车过程。

(6)加工工件按机床技术要求选择切削用量,以免机床过载造成意外事故。

(7)加工切削停车时应将刀退出。切削长轴类须使用中心架,防止工件弯曲变形伤人;伸入床头的棒料长度不超过床头立轴之外,并慢车加工,伸出时应注意防护。

(8)高速切削时,应有防护罩,工件、工具的固定要牢固,当铁屑飞溅严重时,应在机床周围安装挡板使之与操作区隔离。

(9)机床运转时,操作者不能离开机床,发观机床运转不正常时,应立即停车,当突然停电时,要立即关闭机床,并将刀具退出工作部位。

(10)工作时必须侧身站在操作位置,禁止身体正面对着转动的工件。

(11)工作结束时,应切断机床电源或总电源,将刀具和工件从工作部位退出,清理安放好所使用的工、夹、量具,并清扫机床。

2. 普通车床的操作步骤

1)打开空气开关,接通机床总电源

根据普通车床的总体布线,选择需要操作机床的空气开关,将开关置于打开状态;将车床左边红色旋钮的总电源开关顺时针方向旋转约25°,接通机床总电源。

2)检查机床面板

接通机床总电源以后,检查机床面板相关旋钮的位置(如转速旋钮、自动走刀速度控制旋钮和切向旋钮等),若旋钮位置不满足车削加工要求,调整相应的旋钮以达到车削转速、切削进给速度等要求。

3）装夹工件

普通车床装夹工件时，一定要保证夹紧工件（有效的做法是将三抓卡盘上三个装夹位置都通夹一遍），伸出段长度达到相应要求。夹紧后，立即取下卡盘扳手，以防意外事故的发生。

4）装夹刀具

根据车削的需要及顺序，选择车削用刀具，并将刀具装夹在刀架上。装夹时，车刀的刀尖要与工件中心等高（为了有利于切削，一般取刀尖略高于中心）。

5）启动主轴

当需要正转切削时，将机床的启动手柄向上提起一个挡位，主轴正转，控制刀架移动进行切削；当需要反转切削时，将机床的启动手柄向下压一个挡位，主轴反转，控制刀架移动进行切削；启动手柄处于中间位置时，主轴停止转动。

6）正式切削

按照零件的工艺步骤进行切削加工。

7）切削结束

切削结束后，取下加工完毕的零件，并断开机床电源。

8）打扫卫生

将溜板箱移至机床尾部，按要求润滑机床，断开总电源。

6.4 普通车削加工工艺

6.4.1 轴类零件车削工艺

为了进行科学的管理，在生产过程中，常把合理的工艺过程中的各项内容，编写成文件来指导生产。这类规定产品或零件制造工艺过程和操作方法的工艺文件叫工艺规程。一个零件可以用几种不同的加工方法制造，但在一定条件下只有某一种方法是较合理的。如图6-8所

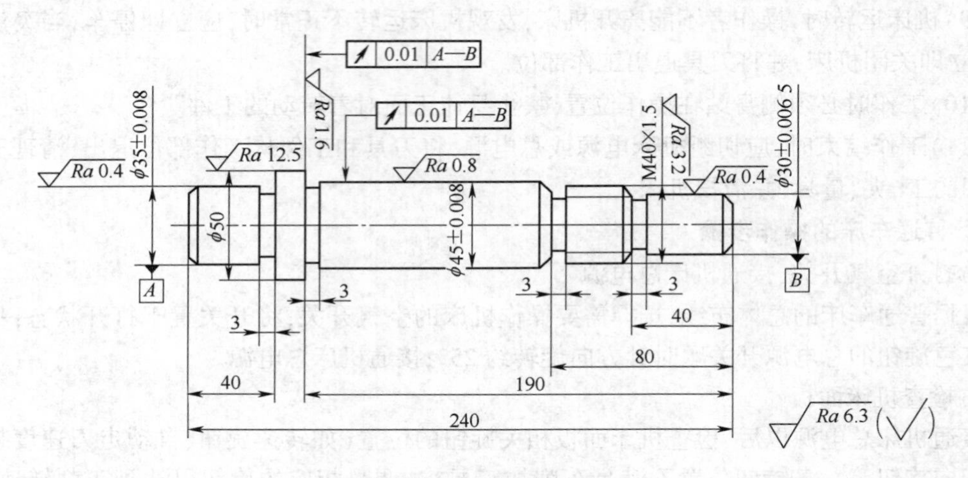

图6-8 传动轴

示的传动轴，该传动轴由四段外圆、四段退刀和越程槽及一段螺纹组成，中间段外圆和轴肩右侧面对两端轴项有圆跳动精度要求。由于该轴各处直径相差不大，故可采用 $\phi55$ mm 的圆钢坯料。为获得良好的综合力学性能，需要在粗车后进行热处理，然后半精车和磨削。

根据传动轴的精度要求和力学性能要求，可确定加工顺序为：粗车—调质—半精车—磨削由于粗车时加工余量多，切削力较大，且粗车时各加工面的位置精度要求低，故采用一夹一顶安装工件；半精车时，为保证各加工面的位置精度，以及与磨削采用统一的定位基准，减少重复定位误差，使磨削余量均匀，保证磨削加工质量，故采用两顶尖安装工件。

传动轴的加工工艺过程见表 6-4。

表 6-4 传动轴加工工艺

序号	工种	加工简图	加工内容	刀具或工具	安装方法
1	下料		下料 $\phi55$ mm×245 mm		
2	车	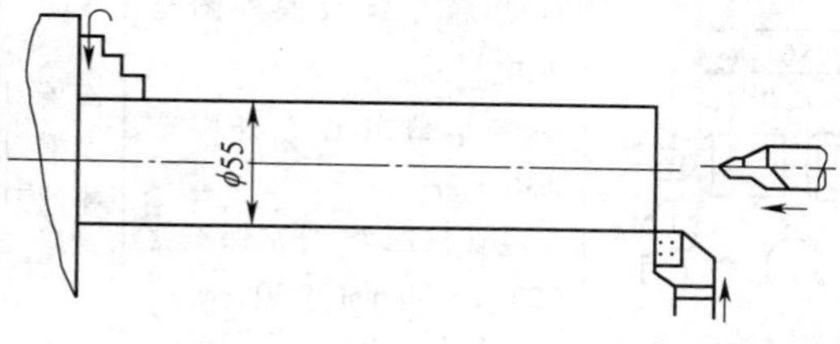 $\phi55$	夹持 $\phi55$ mm 外圆 ①车 B 端面 ②钻 B 端中心孔 $\phi2.5$ mm	中心钻 右偏刀	三爪 自定心 卡盘
3	车	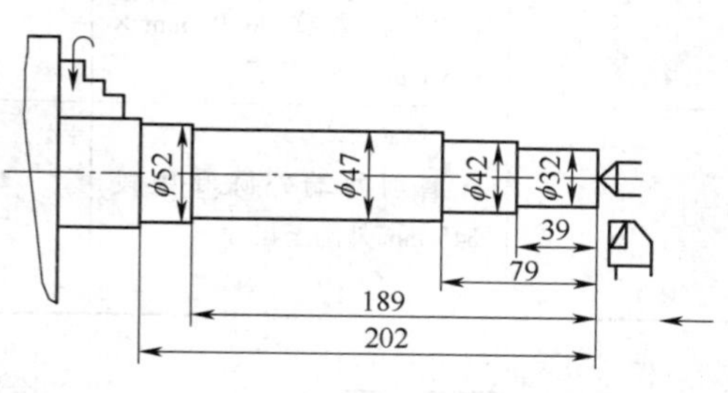 $\phi52$ $\phi47$ $\phi42$ $\phi32$ 39 79 189 202	夹持 $\phi55$ mm 外圆，用尾座顶尖顶住 B 端中心孔 ①粗车坯料外圆 $\phi52$ mm×202 mm ②粗车中段外圆、螺纹外圆和 B 端外圆分别至 $\phi47$ mm、$\phi42$ mm 和 $\phi32$ mm，各段长度留余量 1 mm	右偏刀	三爪 自定心 卡盘 顶尖
4	车	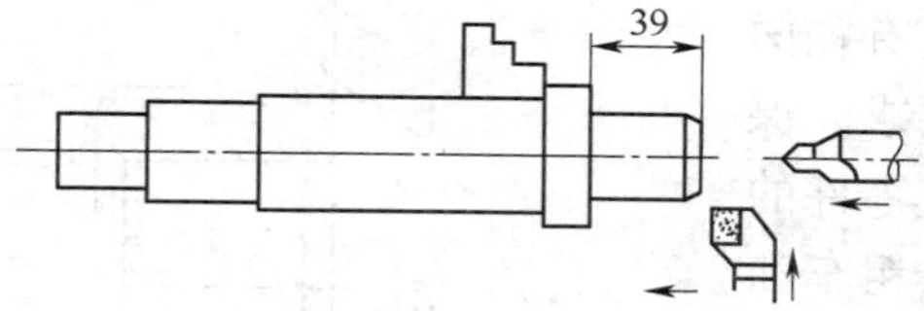 39	工件掉头夹持 $\phi47$ mm 外圆 ①车 A 端面，保证总长 240 mm ②钻 A 端中心孔 $\phi2.5$ mm ③粗车 A 端外圆至 $\phi37$ mm，长度留余量 1 mm	中心钻 右偏刀	三爪 自定心 卡盘
5	热处理		调质硬度 220~250HBS	钳子	
6	车		修研中心孔	四棱 顶尖	三爪 卡盘

续表

序号	工种	加 工 简 图	加工内容	刀具或工具	安装方法
7	车		用卡箍卡 B 端 ①精车 ϕ50 mm 外圆至尺寸 ②半精车 A 端外圆至 ϕ35.5 mm ③邻近 A 端切槽，保证长度 40 mm ④A 端倒角	右偏刀 切槽刀	双顶尖
8	车		工件掉头，用卡箍卡 B 端 ①精车中段外圆至 ϕ45.5 mm ②精车螺纹段外圆至 $\phi40_{-0.2}^{-0.1}$ mm ③半精车 B 端外圆至 ϕ30.5 mm ④切槽三个，分别保长度 190 mm、80 mm 和 40 mm ⑤倒角三个 ⑥车螺纹 M40 mm × 1.5 mm	右偏刀 切槽刀 螺纹刀	双顶尖
9	磨		磨削两端外圆和中段 ϕ45 mm 外圆至尺寸	砂轮	双顶尖

6.4.2 盘套类零件车削工艺

盘套类零件主要由孔、外圆与端面组成。除尺寸精度、表面粗糙度有要求外，其外圆对孔有径向圆跳动的要求，端面对孔有端面圆跳动的要求。保证径向圆跳动和端面圆跳动是制定盘套类零件的工艺要重点考虑的问题。在工艺上一般分粗车和精车。精车时，尽可能把有位置精度要求的外圆、孔、端面在一次安装中全部加工完。若有位置精度要求的表面不可能在一次安装中完成时，通常先把孔作出，然后以孔定位上心轴加工外圆或端面（有条件也可在平面磨床上磨削端面）。其安装方法和特点参看用心轴安装工件部分。图 6-9 所示为盘套类齿轮坯的图，其加工顺序见表 6-5。

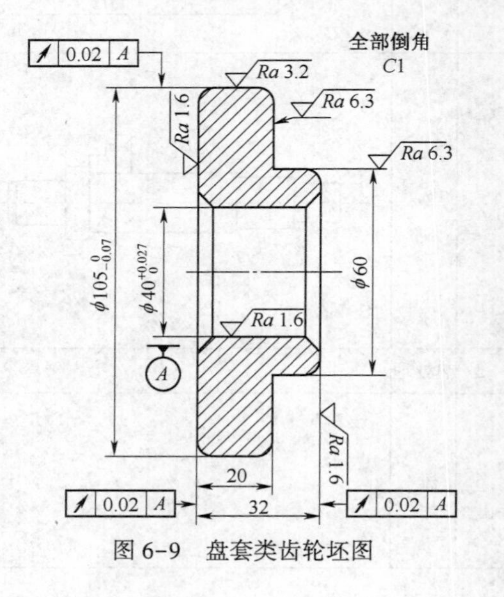

图 6-9　盘套类齿轮坯图

表6-5 盘套类齿轮加工工艺

加工顺序	工种	加工简图	加工内容	刀具或工具	安装方法
1			下料 $\phi110$ mm×36 mm		
2	车	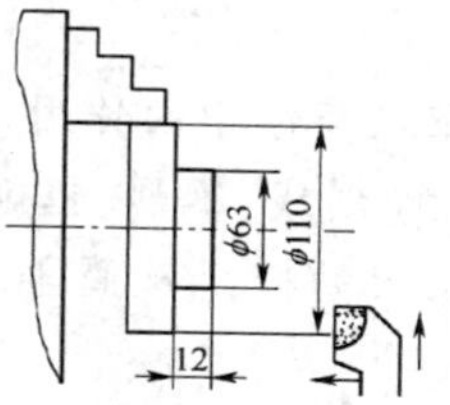 $\phi63$ $\phi110$ 12	夹持 $\phi110$ mm 外圆，伸出长度略大于 12 mm ①车端面见平 ②车外圆 $\phi63$ mm×12 mm	右偏刀	三爪
3	车	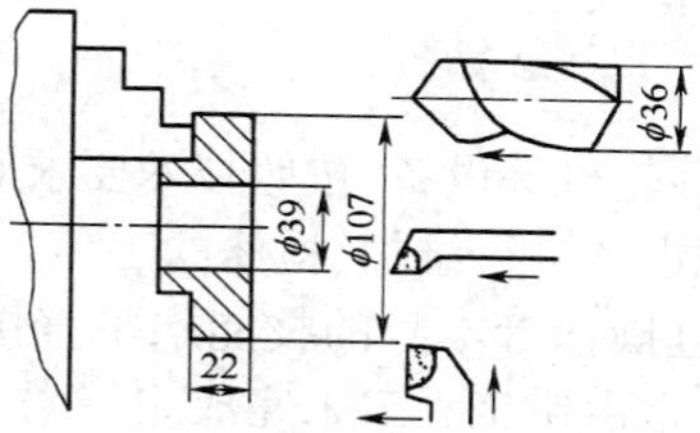 $\phi36$ $\phi39$ $\phi107$ 22	工件掉头，夹持 $\phi63$ mm 外圆 ①车端面至大外圆长 22 mm ②粗车大外圆至 $\phi107$ mm ③钻通孔 $\phi36$ mm ④车削内孔至 $\phi39$ mm 粗精镗孔 $\phi40$ mm 至尺寸 精车端面、保证总长 33 mm 精车外圆 $\phi105$ mm 至尺寸 倒内角 $C1$、外角 $C2$	右偏刀 麻花钻 内孔车刀	三爪
4	车	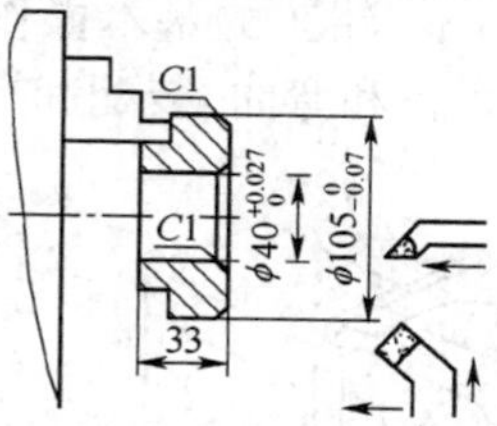 $C1$ $C1$ $\phi40^{+0.027}_{0}$ $\phi105^{0}_{-0.07}$ 33	工件安装不变 ①精车端面至工件总长 33 mm 车小端面、总长 32.3 mm ②精车内孔至 $40^{+0.027}_{0}$ mm，外圆至 $\phi105^{0}_{-0.07}$ mm ③倒内外角 $C1$	弯头刀 内孔车刀	三爪
5	车	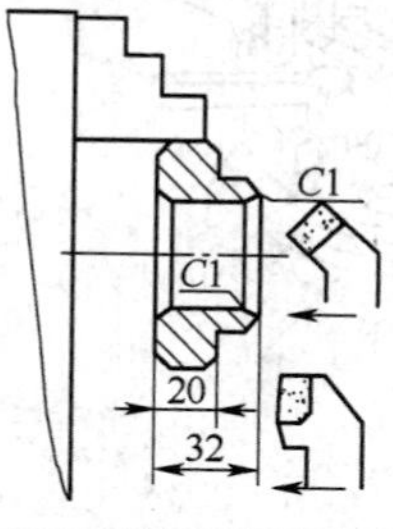 $C1$ $C1$ 20 32	工件掉头，夹持 $\phi105$ mm 外圆（用铜片包裹） ①车削台阶面，保证工件大外圆 20 mm ②车削端面，保证工件总长 32.3 mm ③精车小外圆至 $\phi60$ mm ④倒内、外角 $C1$	右偏刀 弯头刀	三爪
6	磨		以大端面为基准，磨削小端面，保证总长 32 mm	砂轮	电磁吸盘

思考题

1. 车刀刀具材料需要具备哪些性能？
2. 车削用量有哪些？
3. 普通车床加工对象有哪些？
4. 什么是切削用量三要素？

第7章　钳　工

教学目的和要求：了解钳工在零件加工、机械装配及维修中的作用、特点和应用，能正确使用钳工常见的工、量具，初步掌握钳工的基本操作要领（划线、錾削、锯削、锉削、钻孔、攻螺纹、套螺纹），并能按照图纸独立加工简单的零件，熟悉装配的概念及简单部件的拆装方法，完成简单部件的拆装工作。

7.1　钳工概述

钳工是利用台虎钳、各种手持工具和钻床、砂轮机等设备，按照技术要求对工件进行加工、修整，对部件、机器进行装配、调试和对各类机械设备进行维护、检修的工种。其特点是手工操作，工具简单、灵活、适应面广、技术要求高，而且操作者本身的技能水平直接影响工作质量。机械加工方法难以完成或无法完成的某些工作，常由钳工手工来完成。

钳工操作主要是在钳工台和虎钳上进行。如图7-1所示，虎钳是夹持工件的主要工具，其规格大小用钳口的宽度表示，常用的为100~150 mm。钳工的基本操作有划线、錾削、锯削、锉削、刮削、研磨、钻孔、扩孔、铰孔、攻螺纹、套螺纹、矫正和弯曲、装配和拆卸等。

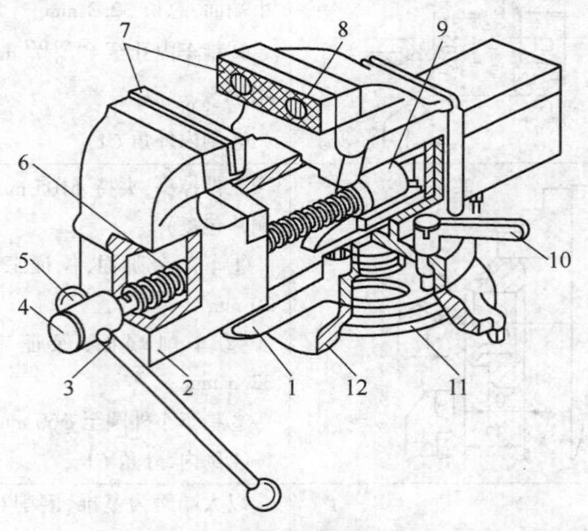

图7-1　回转式虎钳构造

1—固定部分；2—活动部分；3—弹簧；4—螺杆；5—手柄；6—挡圈；
7—钳口；8—螺钉；9—螺母；10—转盘锁紧手柄；11—夹紧盘；12—转盘座

钳工的工作范围主要有：

（1）用钳工工具进行修配及小批量零件的加工。

（2）精密工具、夹具、量具的制造及精度较高的样板、模具的制作。

（3）机械设备的装配和调试。

（4）机器设备（或产品）使用中的维护和检修。

7.2　划线、錾削、锯削和锉削

划线、錾削、锯削及锉削是钳工中主要的工序，是机器维修装配时不可缺少的钳工基本操作。

7.2.1　划线

根据图样要求在毛坯或半成品上划出加工图形、加工界限或加工时找正用的辅助线称为划线。

划线分平面划线和立体划线两种，如图7-2所示。平面划线是在零件的一个平面或几个互相平行的平面上划线。立体划线是在工件的几个互相垂直或倾斜平面上划线。

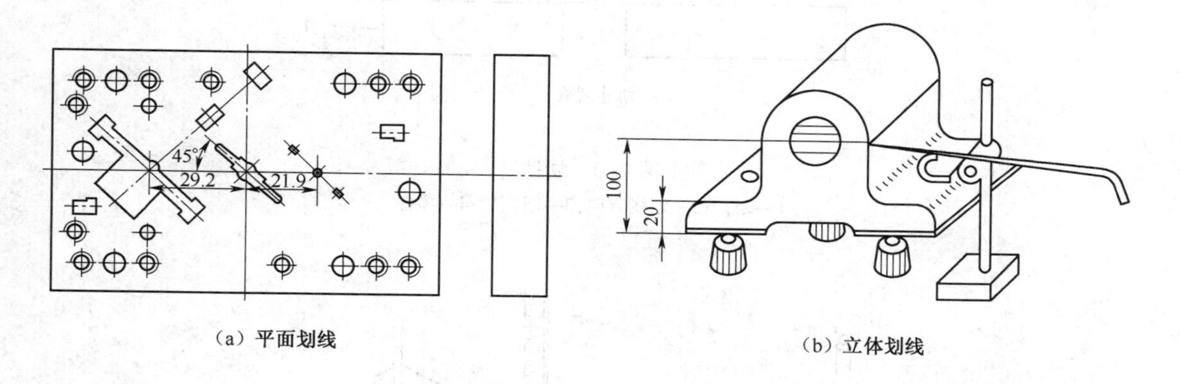

（a）平面划线　（b）立体划线

图7-2　划线的种类

划线的目的：

（1）划出清晰的尺寸界线以及尺寸与基准间的相互关系，既便于零件在机床上找正、定位，又使机械加工有明确的标志。

（2）检查毛坯的形状与尺寸，及时发现和剔除不合格的毛坯。

（3）通过对加工余量的合理调整分配（即划线“借料”的方法），使零件加工符合要求。

1. 划线工具

1）划线平台

划线平台又称划线平板，用铸铁制成，它的上平面经过精刨或刮削，是划线的基准平面。

2）划针、划线盘与划规

划针是在零件上直接划出线条的工具。如图7-3所示，划针由工具钢淬硬后将尖端磨锐或焊上硬质合金尖头。弯头划针可用于直线划针划不到的地方和找正零件。使用划针划线时必须使针尖紧贴钢直尺或样板。

划线盘如图7-4所示，它的直针尖端焊上硬质合金，用来划与针盘平行的直线。另一端弯头针尖用来找正零件用。

常用划规如图7-5所示，它适合在毛坯或半成品上划圆。

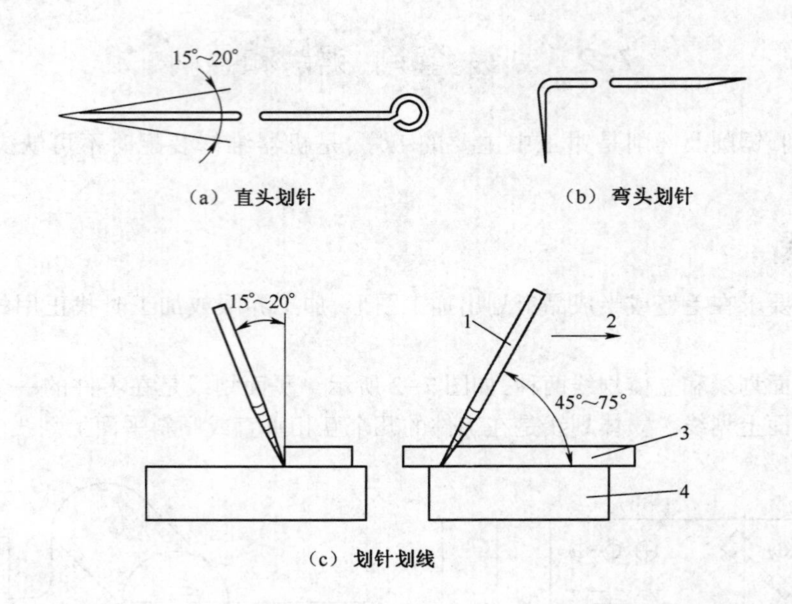

图 7-3 划针
1—划针;2—划线方向;3—钢直尺;4—零件

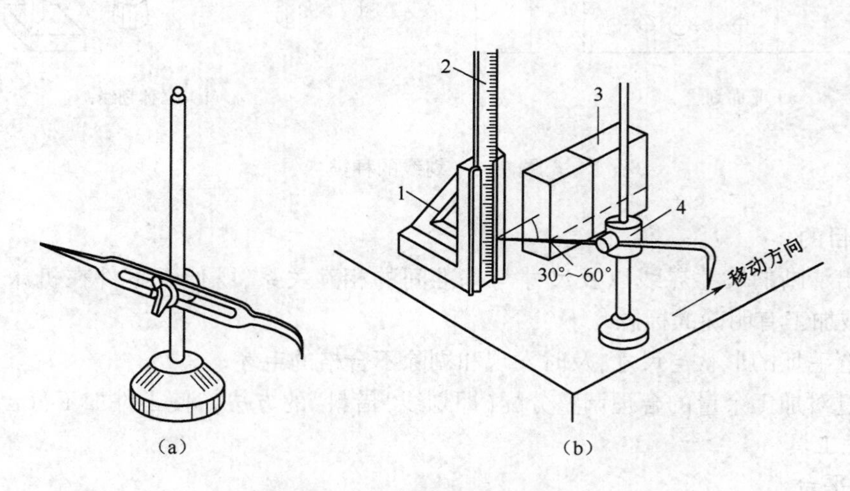

图 7-4 划线盘及其使用
1—尺座;2—钢直尺;3—工件;4—划线盘

此外常用于划线的工具还有量高尺、高度游标尺、直角尺等。

3) 支承用的工具和样冲

(1)方箱,如图 7-6 所示,是用灰铸铁制成的空心长方体或立方体。它的 6 个面均经过精加工,相对的平面互相平行,相邻的平面互相垂直。方箱用于支承划线的零件。

(2)V 形铁,如图 7-7 所示,主要用于安放轴、套筒等圆形零件。一般 V 形铁都是两块一副,即平面与 V 形槽是在一次安装中加工的。V 形槽夹角为 90°或 120°。

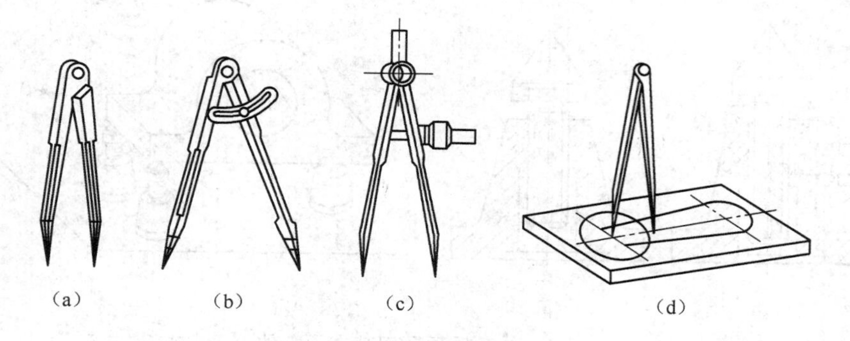

图7-5　划规及其使用

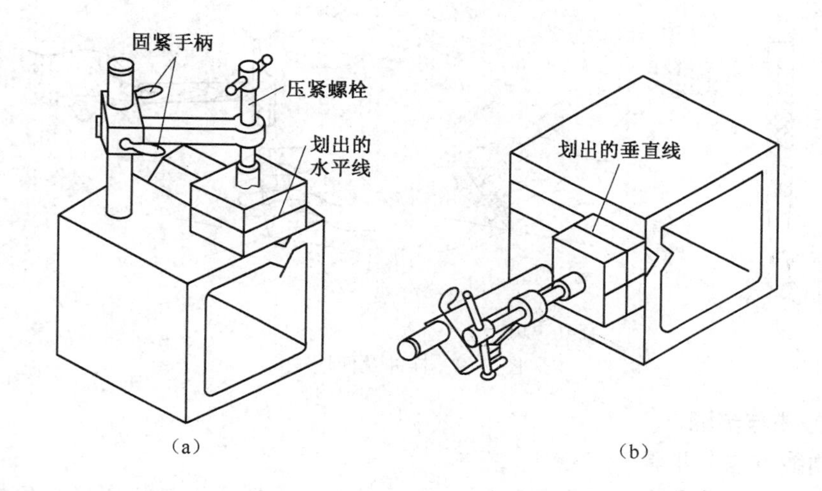

图7-6　方箱

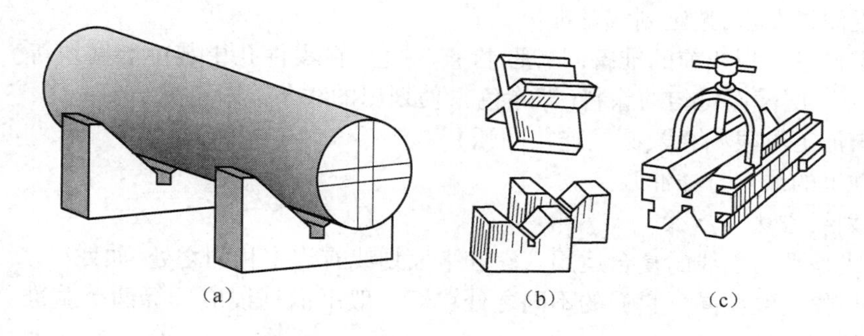

图7-7　V形铁

(3)千斤顶,如图7-8所示,常用于支承毛坯或形状复杂的大零件划线。使用时,三个一组顶起零件,调整顶杆的高度便能方便地找正零件。

(4)样冲,如图7-9所示,用工具钢制成并经淬硬。样冲用于划好的线条上打出小而均匀的样冲眼,以免零件上已划好的线在搬运、装夹过程中因碰、擦而模糊不清,影响加工。

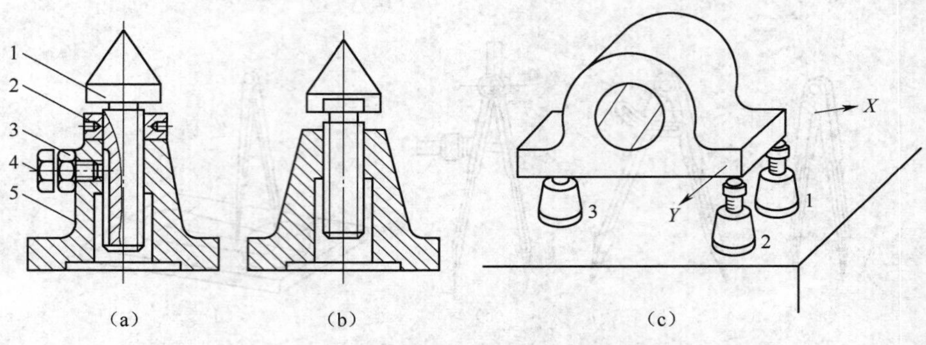

图 7-8　千斤顶及用其支承工件

1—顶尖;2—螺母;3—锁紧螺母;4—螺钉;5—基体

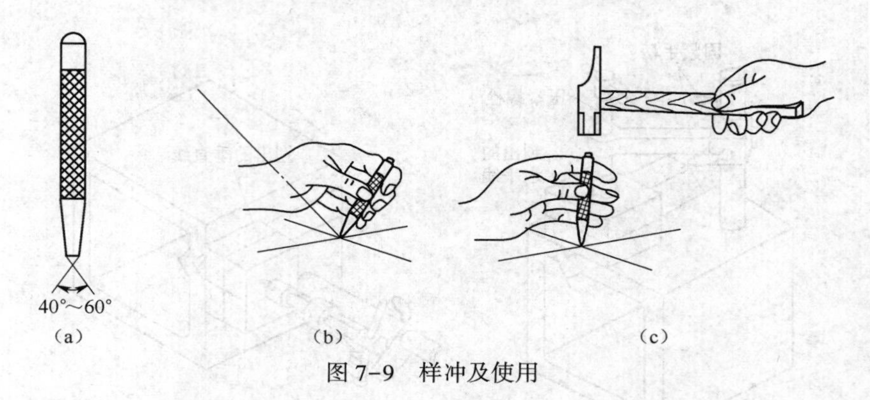

图 7-9　样冲及使用

2. 划线方法与步骤

1)平面划线方法与步骤

平面划线的实质是平面几何作图问题。平面划线是用划线工具将图样按实物大小 1∶1 的比例划到零件上去。

(1)根据图样要求,选定划线基准。

(2)对零件进行划线前的准备(清理、检查、涂色,在零件孔中装中心塞块等)。在零件上划线部位涂上一层薄而均匀的涂料(即涂色),使划出的线条清晰可见。

(3)划出加工界限(直线、圆及连接圆弧)。

(4)在划出的线上打样冲眼。

2)立体划线方法与步骤

立体划线是平面划线的复合运用。它和平面划线有许多相同之处,如划线基准一经确定,其后的划线步骤大致相同。它们的不同之处在于一般平面划线应选择两个基准,而立体划线要选择三个基准。

7.2.2　錾削

1. 錾削工具及其使用

1)錾子及其使用

常用的錾子有平錾、槽錾和油槽錾,如图 7-10 所示。平錾用于錾平面和錾金属,它的刃宽一般为 10~15 mm；槽錾用于錾槽，它的刃宽约为 5 mm；油槽錾用于錾油槽，它的錾刃磨成与油槽形状相符的圆弧形。

握錾子应轻松自如，主要用中指夹紧。錾头伸出约 20~25 mm，錾子的三种握法如图 7-11 所示。

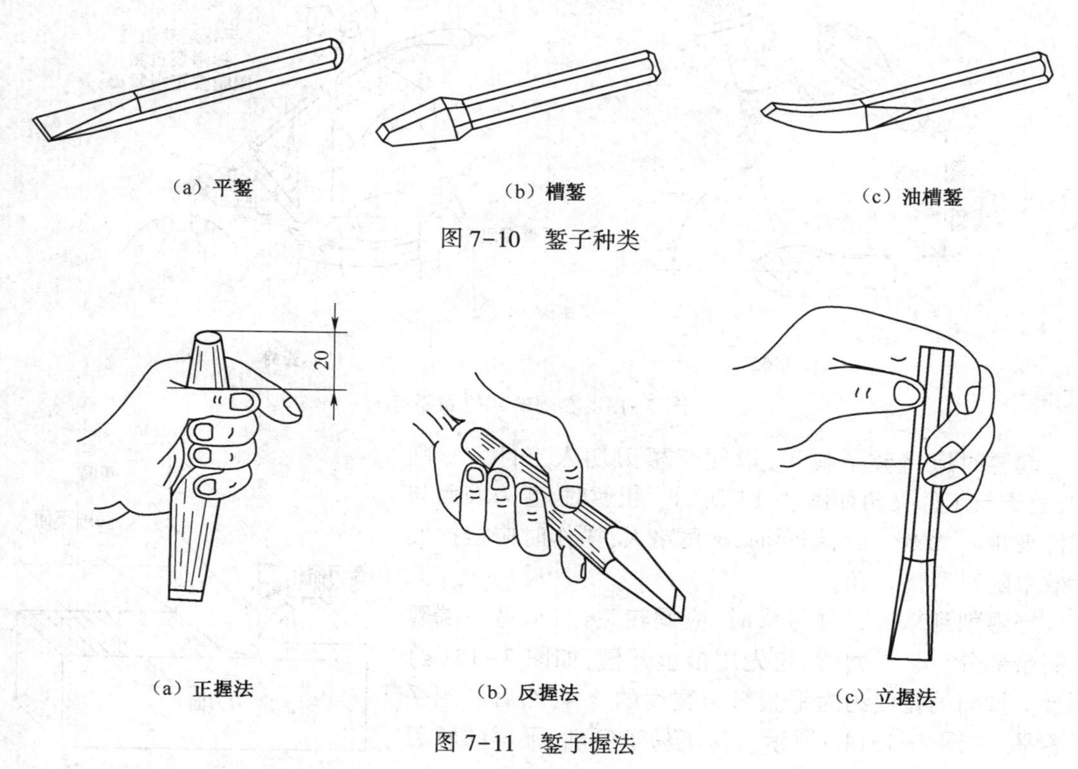

图 7-10　錾子种类

图 7-11　錾子握法

2）手锤及其握法

手锤大小用锤头的重量来表示，常用的约 0.5 kg，手锤全长约 300 mm。握手锤主要靠拇指和食指，其余各指仅在锤击时才握紧，柄端伸出 15~30 mm，如图 7-12 所示。

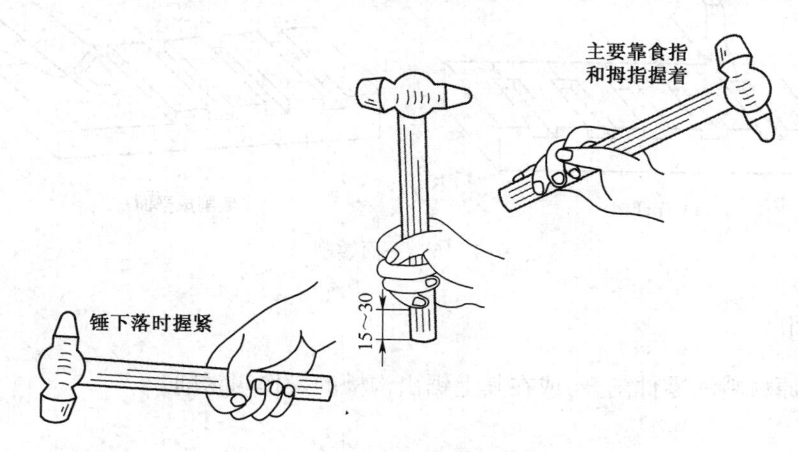

图 7-12　手锤及其握法

2. 錾削操作

錾削时姿势应便于用力，不易疲倦，挥锤要自然，眼睛应注视錾刃，如图 7-13 所示。

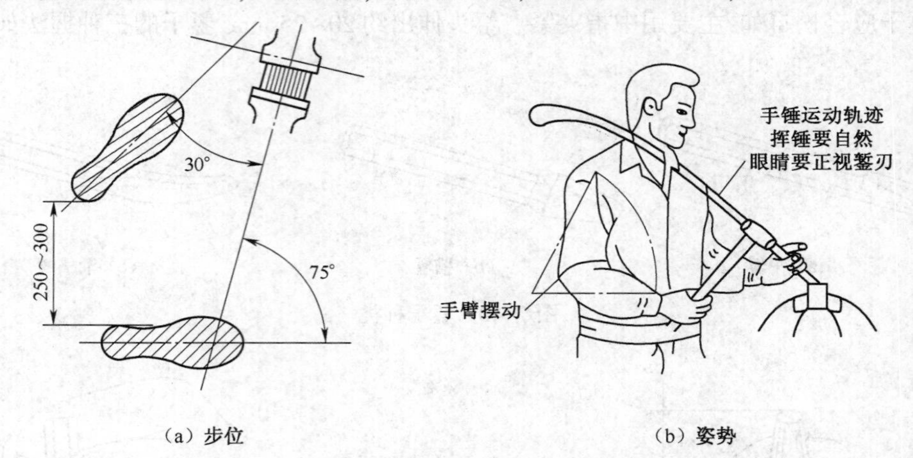

（a）步位　　（b）姿势

图 7-13　錾削的部位和姿势

起錾时应将錾子握平，以便于錾刃切入工件。錾削时，錾子与工件夹角如图 7-14 所示。粗錾时，錾刃表面与工件夹角 α 为 3°～5°；细錾时，α 角略大，操作时应根据实际效果随时调整 α 角。

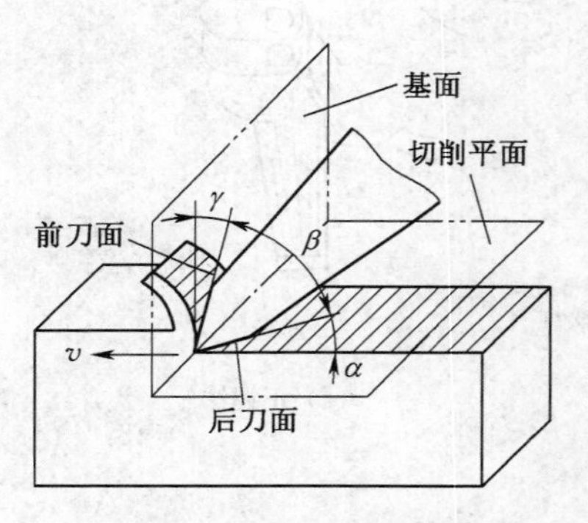

图 7-14　錾子与工件夹角

当錾削到靠近工件尽头时，应调转工件，从另一端錾掉剩余部分。錾平面时，应先用槽錾开槽，如图 7-15(a)所示。槽间的宽度约为平錾錾刃宽度的 3/4，然后再用平錾錾平，如图 7-15(b)所示。为了易于錾削，平錾的錾刃应与前进方向成 45°角。

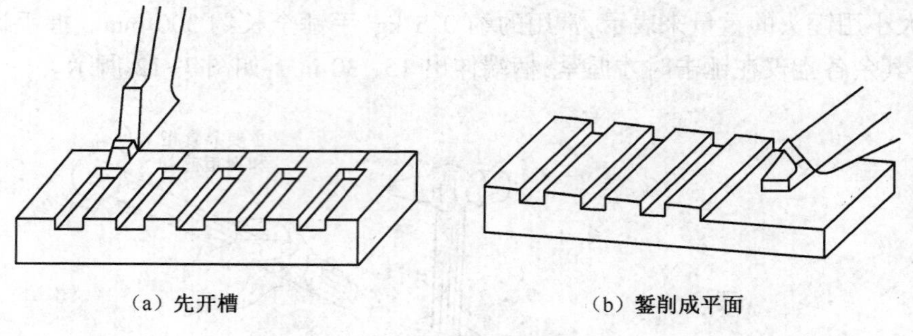

（a）先开槽　　（b）錾削成平面

图 7-15　平面錾削

7.2.3　锯削

用手锯把原材料和零件割开，或在其上锯出沟槽的操作叫锯削。

1. 手锯

手锯由锯弓和锯条组成。

1）锯弓

锯弓有固定式和可调式两种，如图 7-16 所示。

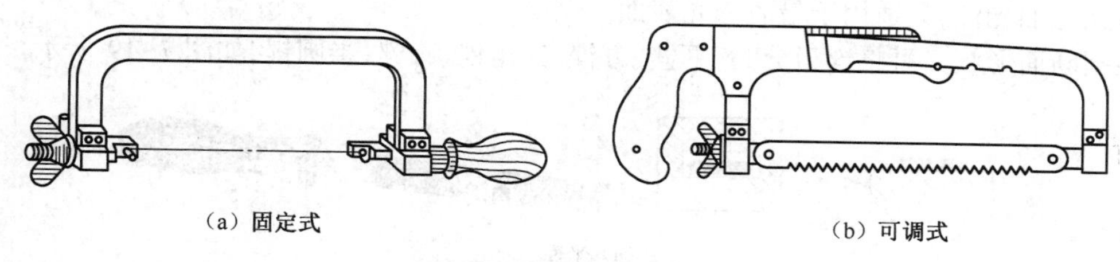

图 7-16　手锯

2）锯条

锯条一般用工具钢或合金钢制成，并经淬火和低温回火处理。锯条按锯齿齿距分为粗齿、中齿、细齿三种。粗齿锯条适用锯削软材料和截面较大的零件。细齿锯条适用于锯削硬材料和薄壁零件。锯齿在制造时按一定的规律错开排列形成锯路。

2. 锯削操作要领

1）锯条安装

安装锯条时，锯齿方向必须朝前，锯条绷紧程度要适当。

2）握锯及锯削操作

一般握锯方法是右手握稳锯柄，左手轻扶弓架前端。

锯削时站立位置如图 7-17 所示。锯削时推力和压力由右手控制，左手压力不要过大，主要应配合右手扶正锯弓，锯弓向前推出时加压力，回程时不加压力，在零件上轻轻滑过。锯削往复运动速度应控制在 40 次/min 左右。

锯削时最好使锯条全部长度参加切削，一般锯弓的往返长度不应小于锯条长度的 2/3。

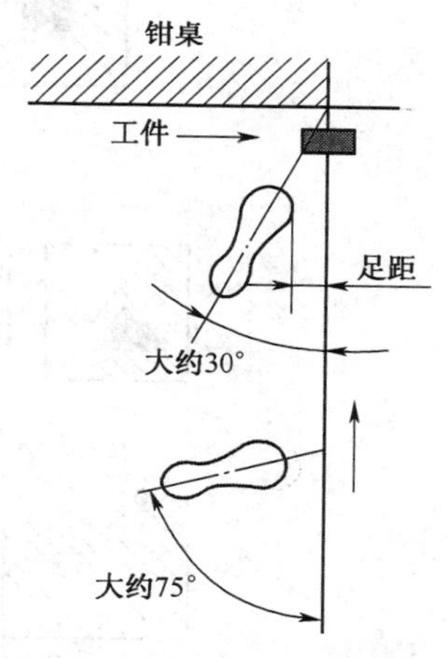

图 7-17　锯削时站立位置

7.2.4　锉削

用锉刀从零件表面锉掉多余的金属，使零件达到图样要求的尺寸、形状和表面粗糙度的操作叫锉削。锉削是钳工最基本的操作，是工件表面加工方法之一。

1. 锉刀

锉刀是锉削的主要工具，锉刀用高碳钢（T12、T13）制成，并经热处理淬硬至 62HRC～67HRC。锉刀的构造及各部分名称如图 7-18 所示。

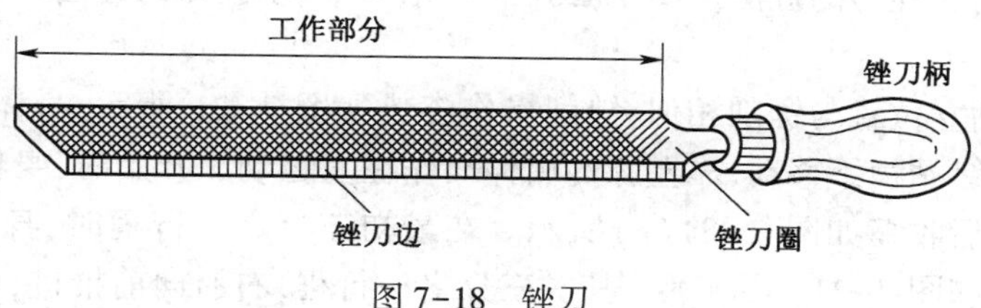

图 7-18　锉刀

锉刀按每 10 mm 锉面上齿数的多少,分为粗锉刀、细锉刀和光锉刀三种。粗锉刀的齿间容屑槽较大,不易堵塞,适用于粗加工或锉削铜和铝等软金属;细锉刀多用于锉削钢材和铸铁;光锉刀又称油光锉,只适用于最后修光表面。

根据断面形状又可将锉刀分为:平锉、方锉、三角锉、圆锉、半圆锉,如图 7-19 所示。

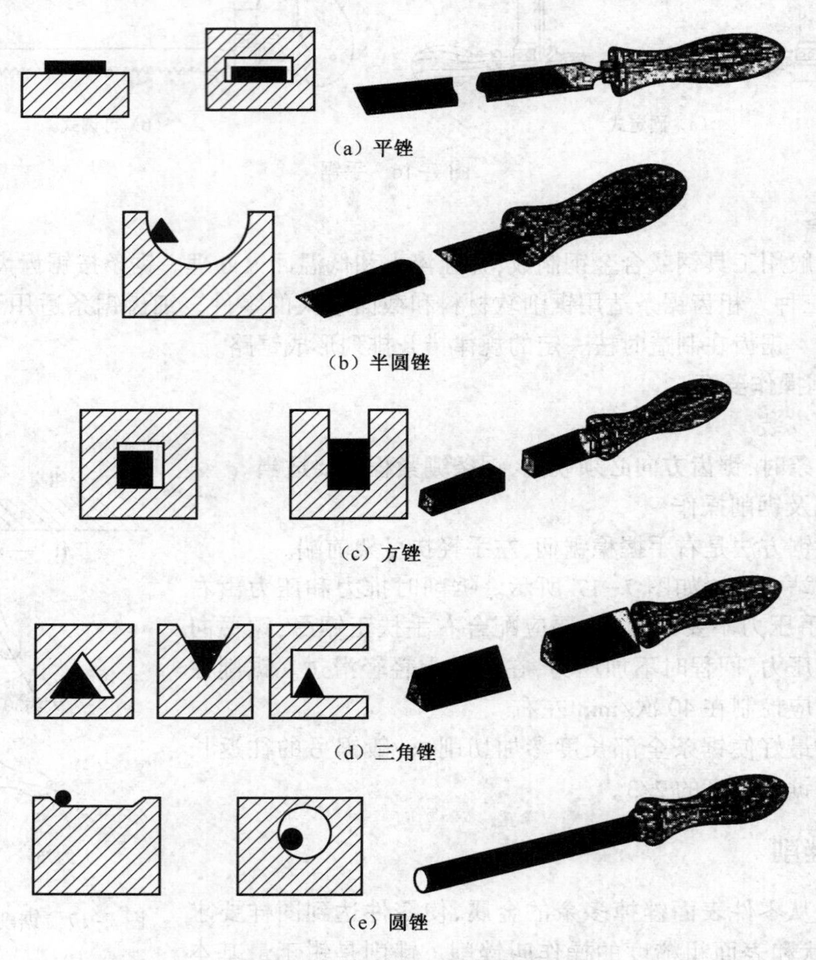

图 7-19 锉刀断面形状及使用

2. 锉削操作要领

1)握锉

锉刀的种类较多,规格、大小不一,使用场合也不同,故锉刀握法也应随之改变。如图 7-20(a)所示为大锉刀的握法。图 7-20(b)所示为中、小锉刀的握法。

2)锉削姿势

锉削时人的站立位置与锯削相似,锉削操作姿势如图 7-21 所示,身体重量放在左脚,右膝要伸直,双脚始终站稳不移动,靠左膝的屈伸而作往复运动。开始时,身体向前倾斜 10° 左右,右肘尽可能向后收缩如图 7-21(a)所示。在最初三分之一行程时,身体逐渐前倾至 15° 左右,左膝稍弯曲如图 7-21(b)所示。其次三分之一行程,右肘向前推进,同时身体也逐渐前倾到19°左右，如图7-21(c)所示。最后三分之一行程，用右手腕将锉刀推进，身体随锉刀向前推的同时自然后退到15°左右的位置上，如图7-21(d)所示。锉削行程结束后，把锉刀略提起一些，身体姿势恢复到起始位置。

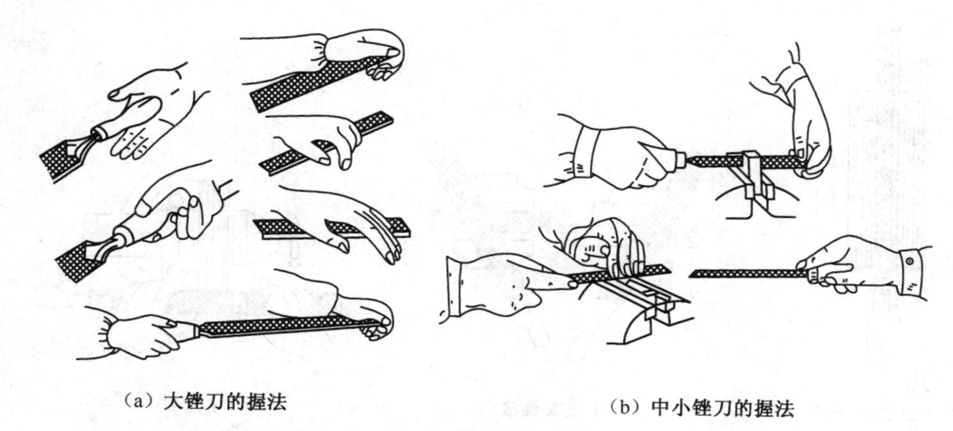

(a) 大锉刀的握法　　(b) 中小锉刀的握法

图7-20　锉刀的握法

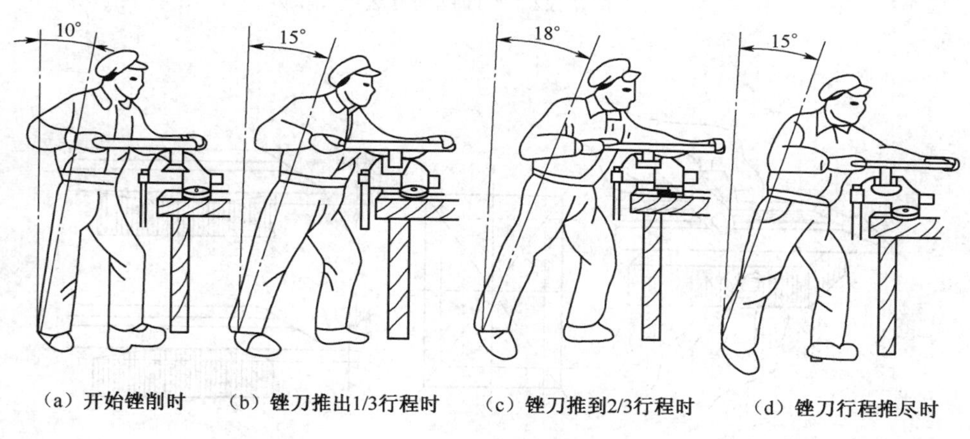

(a) 开始锉削时　(b) 锉刀推出1/3行程时　(c) 锉刀推到2/3行程时　(d) 锉刀行程推尽时

图7-21　锉削姿势

3. 锉削方法

1)平面锉削

锉削平面的方法有3种。顺向锉法如图7-22(a)所示。交叉锉法如图7-22(b)所示。推锉法如图7-22(c)所示。锉削平面时，锉刀要按一定方向进行锉削，并在锉削回程时稍作平移，这样逐步将整个面锉平。

2)检验工具及其使用

检验工具有刀口形直尺、90°角尺、游标角度尺等。刀口形直尺、90°角尺可检验零件的直线度、平面度及垂直度。下面介绍用刀口形直尺检验零件平面度的方法。

(1)将刀口形直尺垂直紧靠在零件表面，并在纵向、横向和对角线方向逐次检查，如图7-23所示。

(2)检验时，如果刀口形直尺与零件平面透光微弱而均匀，则该零件平面度合格；如果透光强弱不一，则说明该零件平面凹凸不平。在刀口形直尺与零件紧靠处用塞尺插入，根据塞尺的厚度即可确定平面度的误差，如图 7-24 所示。

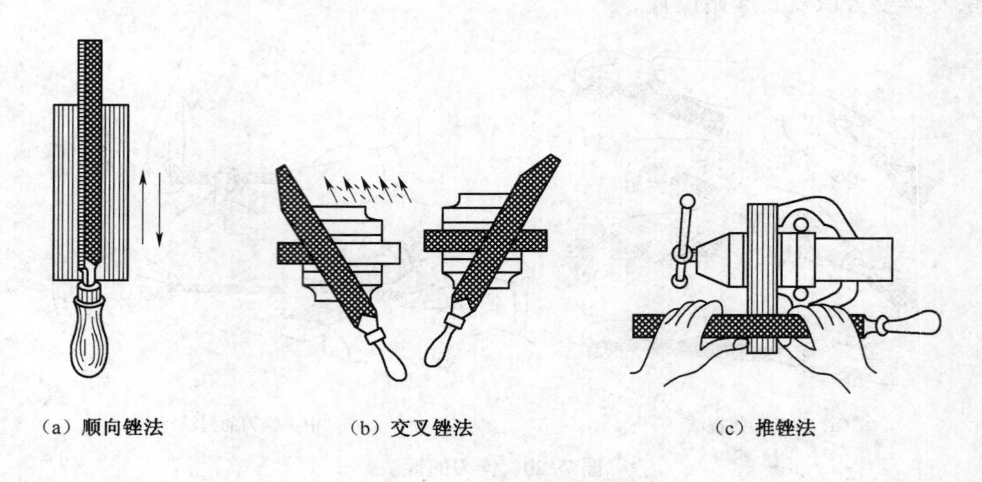

图 7-22　平面锉削方法

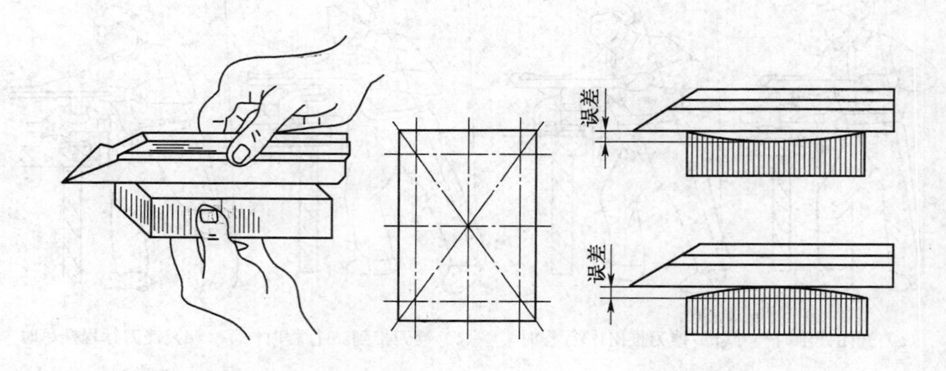

图 7-23　用刀口形直尺检验平面度

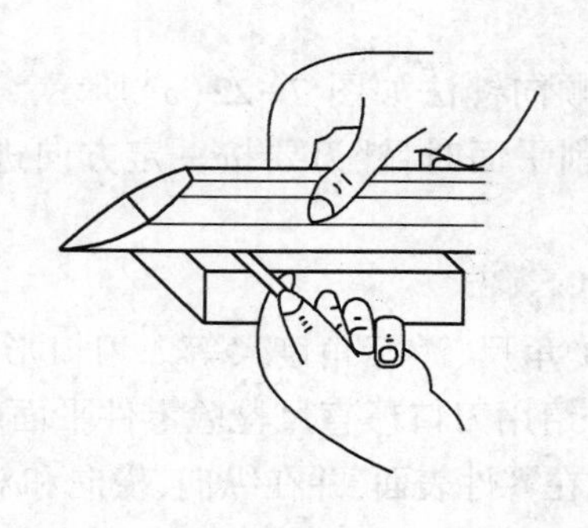

图 7-24　用塞尺测量平面度误差值

7.3　钻孔、扩孔和铰孔

钳工加工孔的方法一般指钻孔、扩孔和铰孔。

7.3.1　钻孔

用钻头在实心零件上加工孔叫钻孔。

1. 钳工常用钻床

1) 台式钻床(图 7-25)

台式钻床是一种小型机床,安放在钳工台上使用。其钻孔直径一般在 12 mm 以下,主要用于加工小型工件上的各种孔,钳工中用得最多。

2) 立式钻床

立式钻床一般用来钻中型工件上的孔,其规格用最大钻孔直径表示,常用的有 25 mm、35 mm、50 mm 等几种。

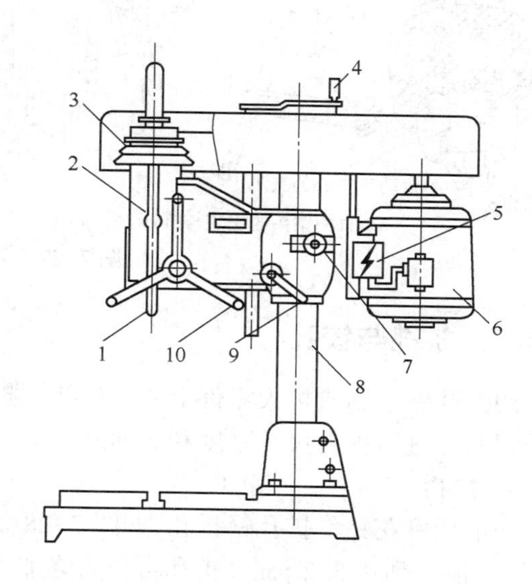

图 7-25　台式钻床

1—主轴;2—头架;3—塔轮;4—摇把;5—转换开关;6—电动机;7—螺钉;8—立柱;9—手柄;10—进给手柄

2. 麻花钻

麻花钻是钻孔的主要刀具,如图 7-26 所示。麻花钻用高速钢制成,工作部分经热处理淬硬至 62HRC ~ 65HRC。麻花钻由钻柄、颈部和工作部分组成。直径小于 12 mm 时一般为直柄钻头,大于 12 mm 时一般为锥柄钻头。麻花钻有两条对称的螺旋槽,用来形成切削刃,且作输送切削液和排屑之用。

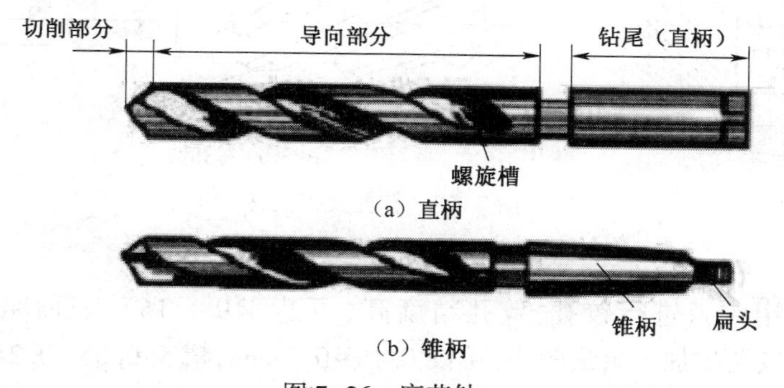

图 7-26　麻花钻

3. 钻头的装夹

钻头的装夹方法,按其柄部的形状不同而异。直柄钻头用钻夹头安装,如图 7-27(a) 所示。锥柄钻头可以直接装入钻床主轴锥孔内,较小的钻头可用过渡套筒安装,如图 7-27(b) 所示。钻夹头(或过渡套筒)的拆卸方法是将楔铁插入钻床主轴侧边的扁孔内,左手握住钻夹头右手用锤子敲击楔铁卸下钻夹头,如图 7-27(b)所示。

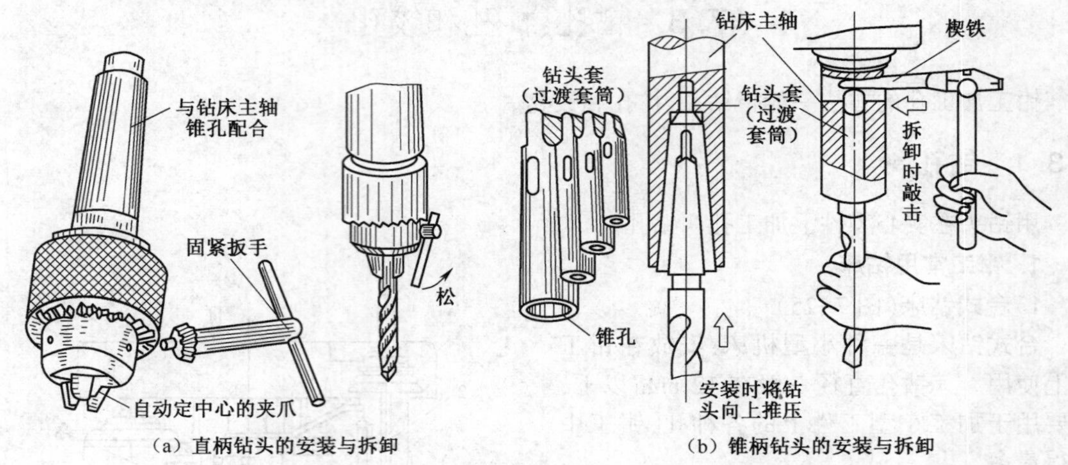

(a) 直柄钻头的安装与拆卸　　(b) 锥柄钻头的安装与拆卸

图 7-27　安装拆卸钻头

7.3.2　扩孔与铰孔

用扩孔钻或钻头扩大零件上原有的孔叫扩孔,如图 7-28(a)所示。孔径经钻孔、扩孔后,用铰刀对孔进行提高尺寸精度和表面质量的加工叫铰孔。

1. 扩孔

一般用麻花钻作扩孔钻扩孔,如图 7-28(b)所示。扩孔尺寸公差等级可达到 IT9,表面粗糙度 Ra 值可到达 3.2 μm。扩孔可作为终加工,也可作为铰孔前的预加工。

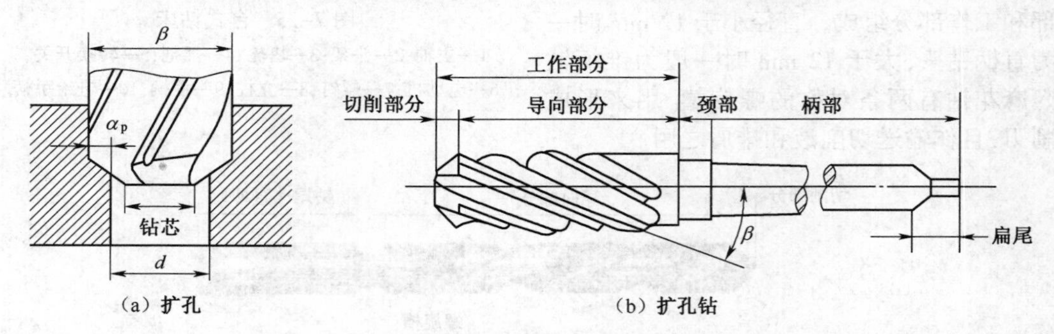

(a) 扩孔　　(b) 扩孔钻

图 7-28　扩孔及扩孔钻

2. 铰孔

钳工常用手用铰刀进行铰孔,铰孔精度高(可达 IT9~IT6),表面粗糙度小(Ra 值为 0.4~1.6 μm)。铰孔的加工余量较小,粗铰 0.15~0.5 mm,精铰 0.05~0.25 mm。

1)铰刀

铰刀是孔的精加工刀具。铰刀分为机铰刀和手铰刀两种,机铰刀为锥柄,手铰刀为直柄,图 7-29 所示为手铰刀。

2)手铰孔方法

将铰刀插入孔内,两手握铰杠手柄,顺时针转动并稍加压力,使铰刀慢慢向孔内进给,注意两手用力要平衡，使铰刀铰削时始终保持与零件垂直。铰刀退出时，也应边顺时针转动边向外拔出。

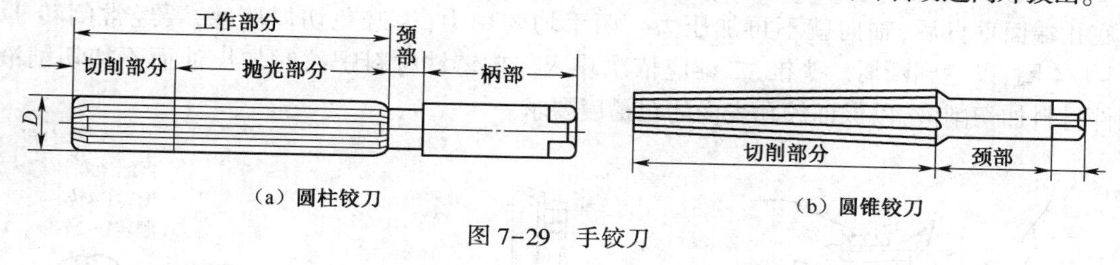

图 7-29 手铰刀

7.4 攻螺纹和套螺纹

常用的三角螺纹零件，除采用机械加工外，还可以用钳工攻螺纹和套螺纹的方法获得。

7.4.1 攻螺纹

攻螺纹是用丝锥加工出内螺纹。

1. 丝锥和绞杠

丝锥的结构如图 7-30 所示。其工作部分是一段开槽的外螺纹，丝锥的工作部分包括切削部分和校准部分。绞杠是扳转丝锥的工具，如图 7-31 所示。常用的是可调节式，以便夹持各种不同尺寸的丝锥。

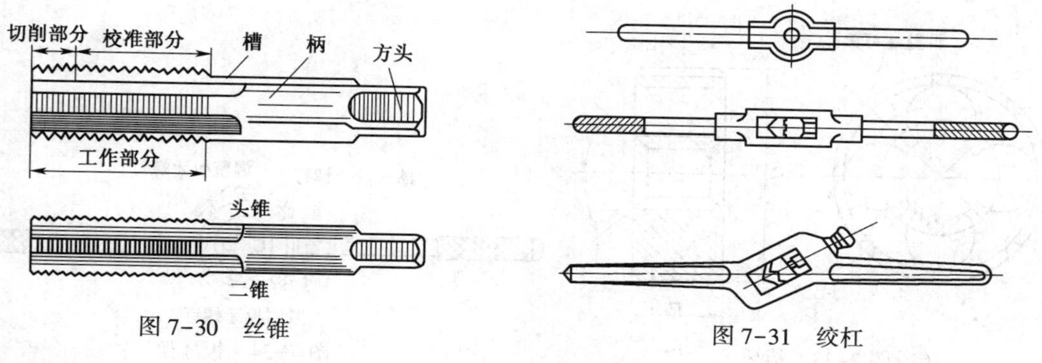

图 7-30 丝锥

图 7-31 绞杠

2. 攻螺纹方法

(1)攻螺纹前的孔径 d(钻头直径)略大于螺纹小径。其选用丝锥尺寸可查表，也可按经验公式计算(普通螺纹)。

加工钢料及塑性金属时： $d=D-p$

加工铸铁及脆性金属时： $d=D-1.1p$

式中 D——螺纹基本尺寸；

p——螺距。

若孔为盲孔，由于丝锥不能攻到底，所以钻孔深度要大于螺纹长度，其尺寸按下式计算：

$$孔的深度=螺纹长度+0.7D$$

(2)手工攻螺纹的方法，如图 7-32 所示。双手转动铰手，并轴向加压力，当丝锥切入零件

1~2 牙时,用 90°角尺检查丝锥是否歪斜,如丝锥歪斜,要纠正后再往下攻。当丝锥位置与螺纹底孔端面垂直后,轴向就不再加压力。两手均匀用力,为避免切屑堵塞,要经常倒转 1/2 圈~1/4 圈,以达到断屑。头锥、二锥应依次攻入。攻铸铁材料螺纹时加煤油而不加切削液,钢件材料加切削液,以保证铰孔表面的粗糙度要求。

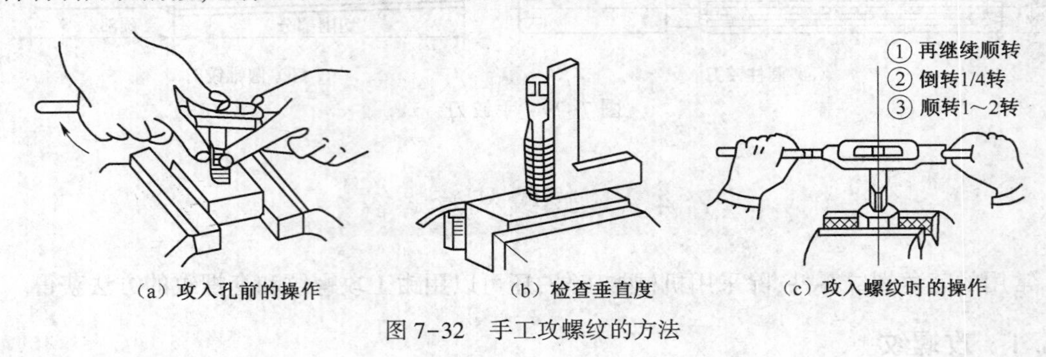

图 7-32 手工攻螺纹的方法

7.4.2 套螺纹

套螺纹是用板牙在圆杆上加工出外螺纹。

1. 套螺纹的工具

套螺纹用的工具是板牙和板牙架。板牙有固定的和开缝的两种。图 7-33 所示为开缝式板牙,其螺纹孔的大小可作微量的调节。套螺纹用的板牙架如图 7-34 所示。

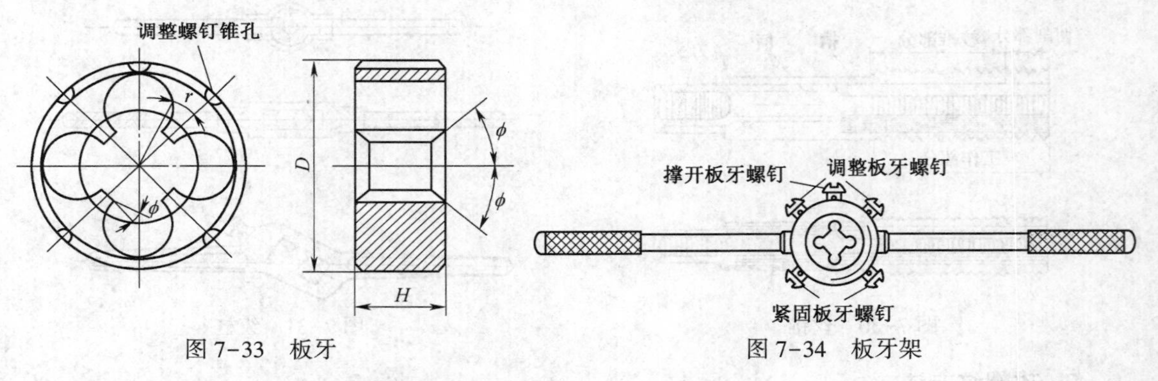

图 7-33 板牙　　图 7-34 板牙架

2. 套螺纹方法

(1)套螺纹前零件直径的确定确定螺杆的直径可直接查表,也可按零件直径 $d=D-0.13p$ 的经验公式计算。

(2)套螺纹的操作方法如图 7-35 所示,将板牙套在圆杆头部倒角处,并保持板牙与圆杆垂直,右手握住铰杠的中间部分,加适当压力,左手将铰杠的手柄顺时针方向转动,在板牙切入圆杆 2~3 牙时,应检查板牙是否歪斜,发现

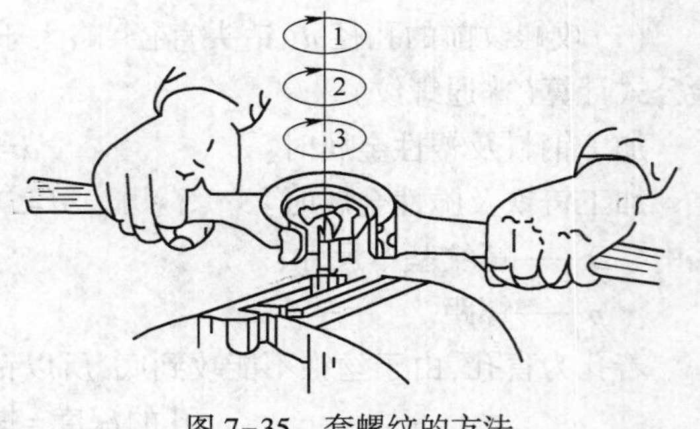

图 7-35 套螺纹的方法

歪斜，应纠正后再套，当板牙位置正确后，再往下套就不加压力。套螺纹和攻螺纹一样，应经常倒转以切断切屑。套螺纹应加切削液，以保证螺纹的表面粗糙度要求。

7.5 装 配

装配是机器制造中的最后一道工序，它是保证机器达到各项技术要求的关键。装配是钳工一项非常重要的工作。

7.5.1 装配概述

按照规定的技术要求，将零件组装成机器，并经过调整、试验，使之成为合格产品的工艺过程称为装配。

1. 装配的类型与装配过程

1)装配类型

装配类型一般可分为组件装配、部件装配和总装配。组件装配是将两个以上的零件连接组合成为组件的过程；部件装配是将组件、零件连接组合成独立机构(部件)的过程；总装配是将部件、组件和零件连接组合成为整台机器的过程。

2)装配过程

机器的装配过程一般由三个阶段组成：一是装配前的准备阶段，二是装配阶段(部件装配和总装配)，三是调整、检验和试车阶段。装配过程一般是先下后上，先内后外，先难后易，先装配保证机器精度的部分，后装配一般部分。

2. 零、部件连接类型

组成机器的零、部件的连接形式很多，基本上可归纳成两类：固定连接和活动连接。每一类的连接中，按照零件结合后能否拆卸又分为可拆连接和不可拆连接，见表7-1。

表7-1 机器零、部件连接形式

固定连接		活动连接	
可拆连接	不可拆连接	可拆连接	不可拆连接
螺纹、键、销等	铆接、焊接、压合、胶合等	轴与轴承、丝杠与螺母、柱塞与套筒等	活动连接的铆合头

3. 装配前的准备工作

装配前必须认真做好以下几点准备工作：

(1)研究和熟悉产品图样，了解产品结构以及零件作用和相互连接关系，掌握其技术要求。

(2)确定装配方法、程序和所需的工具。

(3)备齐零件，进行清洗、涂防护润滑油。

7.5.2 典型连接件的装配方法

装配的形式很多，下面着重介绍螺纹连接、滚动轴承、齿轮等几种典型连接件的装配方法。

1. 螺纹连接

如图 7-36 所示，螺纹连接常用零件有螺栓、螺钉、螺母、双头螺柱及各种专用螺纹等。螺纹连接是现代机械制造中用得最广泛的一种连接形式。它具有紧固可靠、装拆简便、调整和更换方便、宜于多次拆装等优点。

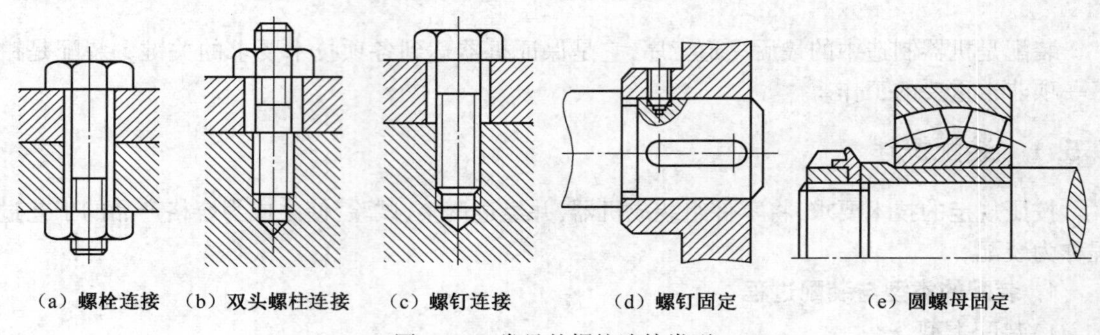

（a）螺栓连接　（b）双头螺柱连接　（c）螺钉连接　（d）螺钉固定　（e）圆螺母固定

图 7-36　常见的螺纹连接类型

对于一般的螺纹连接可用普通扳手拧紧。而对于有规定预紧力要求的螺纹连接，为了保证规定的预紧力，常用测力扳手或其他限力扳手以控制扭矩，如图 7-37 所示。

在紧固成组螺钉、螺母时，为使固紧件的配合面上受力均匀，应按一定的顺序来拧紧。如图 7-38 所示为两种拧紧顺序的实例。按图中数字顺序拧紧，可避免被连接件的偏斜、翘曲和受力不均。而且每个螺钉或螺母不能一次就完全拧紧，应按顺序分 2~3 次才全部拧紧。

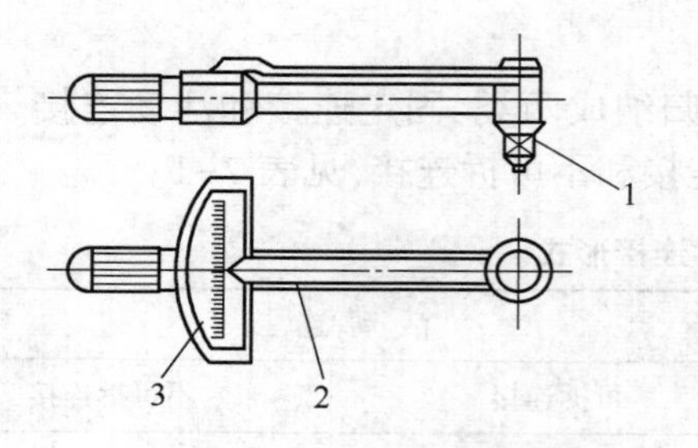

图 7-37　测力扳手

1—扳手头；2—指示针；3—读数板

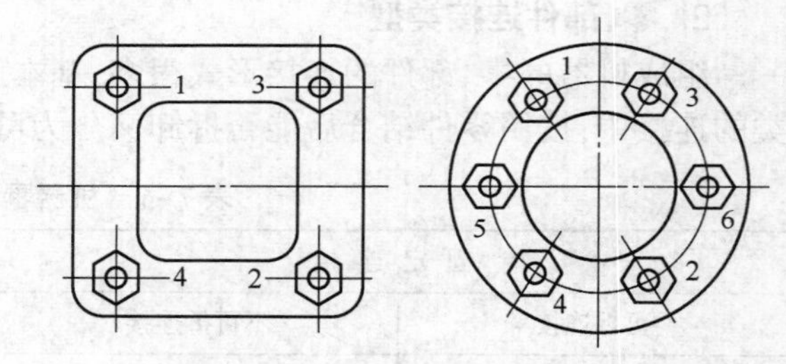

图 7-38　拧紧成组螺母顺序

2. 滚动轴承的装配

滚动轴承的配合多数为较小的过盈配合，常用手锤或压力机采用压入法装配，为了使轴承圈受力均匀，采用垫套加压。轴承压到轴颈上时应施力于内圈端面如图 7-39(a)所示；轴承压到座孔中时，要施力于外环端面上，如图 7-39(b)所示；若同时压到轴颈和座孔中时，整套应能同时对轴承内、外端面施力，如图 7-39(c)所示。

轴承安装后要检查滚珠是否被咬住，是否有合理的间隙。

3. 齿轮的装配

齿轮装配的主要技术要求是保证齿轮传递运动的准确性、平稳性、轮齿表面接触斑点和齿侧间隙合乎要求等。轮齿表面接触斑点可用涂色法检验。先在主动轮的工作齿面上涂上红丹，相啮合的齿轮在轻微制动下运转,然后看从动轮啮合齿面上接触斑点的位置和大小,如图7-40所示。

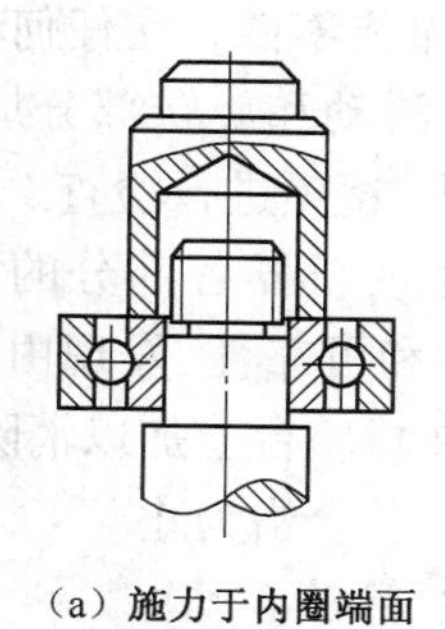
(a) 施力于内圈端面

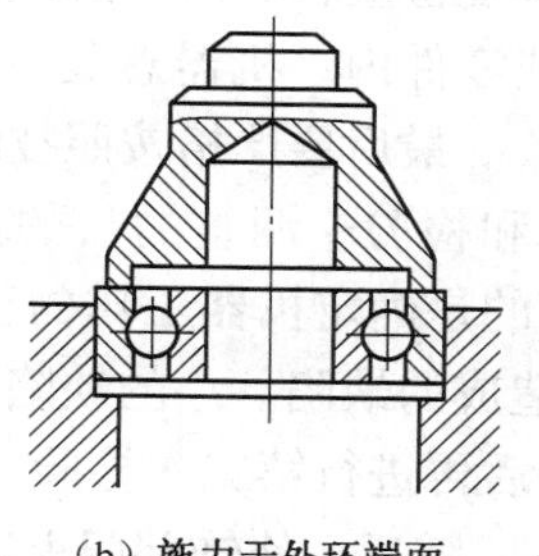
(b) 施力于外环端面

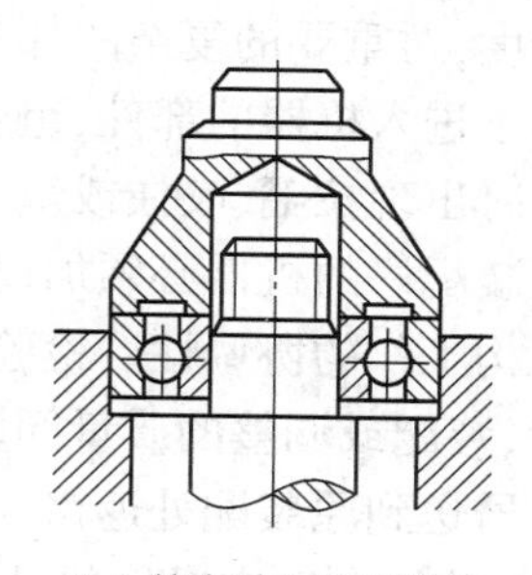
(c) 施力于内外环端面

图7-39 滚动轴承的装配

齿侧间隙一般可用塞尺插入齿侧间隙中检查。塞尺是由一套厚薄不同的钢片组成,每片的厚度都标在它的表面上。

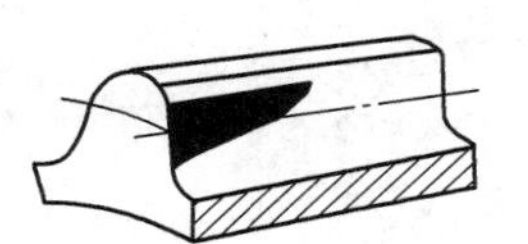

图7-40 用涂色法检验啮合情况

7.5.3 部件装配和总装配

完成整台机器装配,必须经过部件装配和总装配过程。

1. 部件装配

部件装配的过程包括以下四个阶段:

(1)装配前按图样检查零件的加工情况,根据需要进行补充加工。

(2)组合件的装配和零件相互试配。在这阶段内可用选配法或修配法来消除各种配合缺陷。组合件装好后不再分开,以便一起装入部件内。互相试配的零件,当缺陷消除后,仍要加以分开(因为它们不是属于同一个组合件),但分开后必须做好标记,以便重新装配时不会调错。

(3)部件的装配及调整。即按一定的次序将所有的组合件及零件互相连接起来,同时对某些零件通过调整正确地加以定位。通过这一阶段,对部件所提出的技术要求都应达到。

(4)部件的检验,应根据部件的专门用途作工作检验。如水泵要检验每分钟出水量及水头高度;齿轮箱要进行空载检验及负荷检验;有密封性要求的部件要进行水压(或气压)检验:高速转动部件还要进行动平衡检验等。只有通过检验确定合格的部件,才可以进入总装配。

2. 总装配

总装配就是把预先装好的部件、组合件、其他零件,以及从市场采购来的配套装置或功能部件装配成机器。总装配过程及注意事项如下:

(1)总装前,必须了解所装机器的用途、构造、工作原理以及与此有关的技术要求。接着确定它的装配程序和必须检查的项目,最后对总装好的机器进行检查、调整、试验、直至机器合格。

(2)总装配执行装配工艺规程所规定的操作步骤,采用工艺规程所规定的装配工具。应按从里到外,从下到上,以不影响下道装配为原则的次序进行。操作中不能损伤零件的精度和表面粗糙度,对重要的复杂的部分要反复检查,以免搞错或多装、漏装零件。在任何情况下应保证污物不进入机器的部件、组合件或零件内。机器总装后,要在滑动和旋转部分加润滑油,以防运转时出现拉毛、咬住或烧损现象。最后要严格按照技术要求,逐项进行检查。

(3) 装配好的机器必须加以调整和检验。调整的目的在于查明机器各部分的相互作用及各个机构工作的协调性。检验的目的是确定机器工作的正确性和可靠性,发现由于零件制造的质量、装配或调整的质量问题所造成的缺陷。小的缺陷可以在检验台上加以消除;大的缺陷应将机器送到原装配处返修。修理后再进行第二次检验,直至检验合格为止。

(4)检验结束后应对机器进行清洗,随后送修饰部门上防锈漆、涂漆。

7.6 钳工训练实例

7.6.1 六角螺母的制作

图 7-41 所示为六角螺母的图样,材料是 45 钢,其制作步骤见表 7-2。

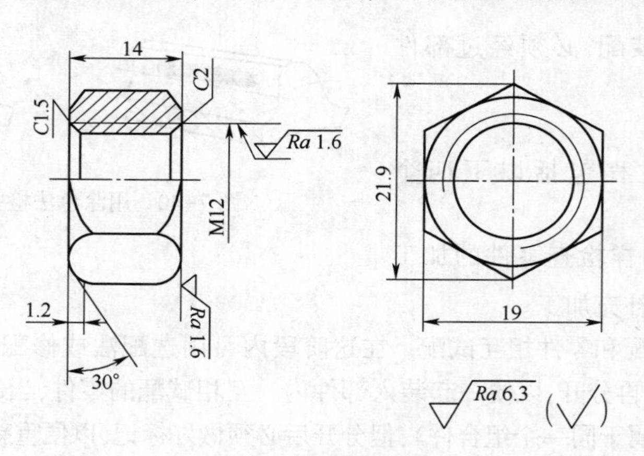

图 7-41 六角螺母

表 7-2 六角螺母的制作步骤

序号	工序名称	加工简图	加工内容	工具、量具
1	备料		下料:$\phi30$ mm 棒料,高度 16 mm	钢直尺
2	锉削	14 $\phi30$	锉两平面 锉平两端面,高度 $H=14$ mm,要求平面平直,两面平行	锉刀、钢直尺

续表

序号	工序名称	加工简图	加工内容	工具、量具
3	划线	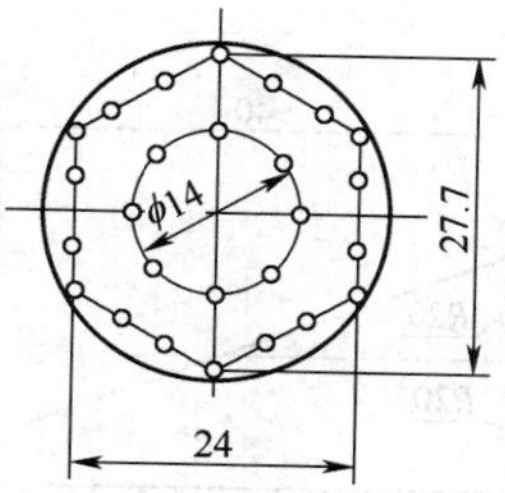 φ14　27.7　24	划线 定中心，划中心线，并按尺寸划出六角形边线和钻孔孔径线，打样冲眼	划针、划规、样冲、小锤子、钢直尺
4	锉削	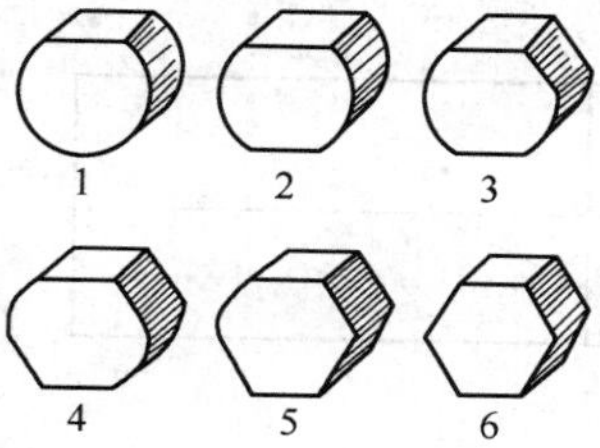 1　2　3　4　5　6	锉六个棱面 先锉平一面，再锉与之相对平行的棱面，然后锉其余四个面。在锉某一面时，一方面参照所划的线，同时用120°样板检查相邻两平面的交角，并用90°角尺检查六个棱面与端面的垂直度。用游标卡尺测量尺寸，检验平面的平面度。直线度和两对面的平行度。平面要求平直，六角要均匀对称，相对平面要求平行	锉刀、钢直尺、90°角尺、120°样板、游标卡尺
5	锉削	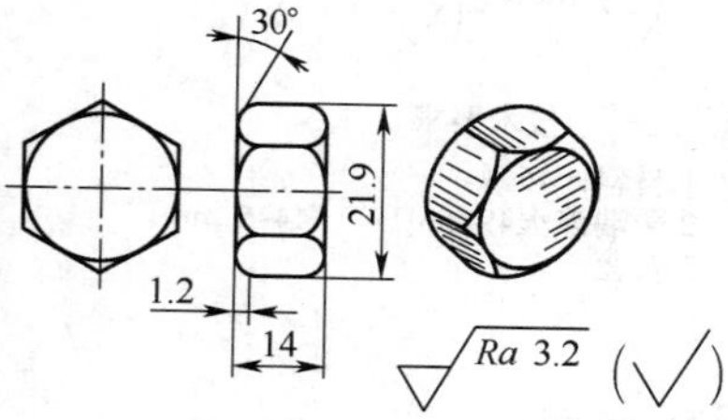 30°　21.9　1.2　14　Ra 3.2 (√)	锉曲面(倒角) 按加工界限倒好两端圆弧角	锉刀
6	钻孔	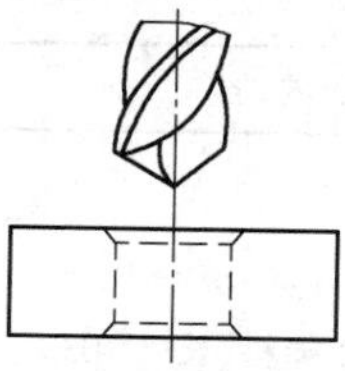	钻孔 计算钻孔直径。钻孔，并用大于底径直径的钻头进行孔口倒角，用游标卡尺检查孔径	钻头、游标卡尺
7	攻螺纹	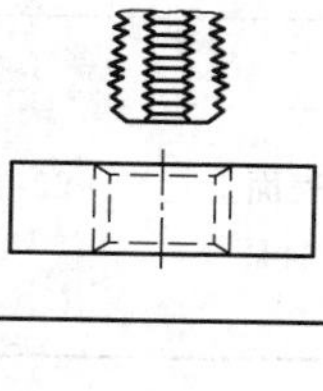	攻螺纹 用丝锥攻螺纹	丝锥、铰杠

7.6.2 小手锤的制作

按照图纸要求(图 7-42),完成小手锤的制作。制作小手锤的操作步骤见表 7-3。

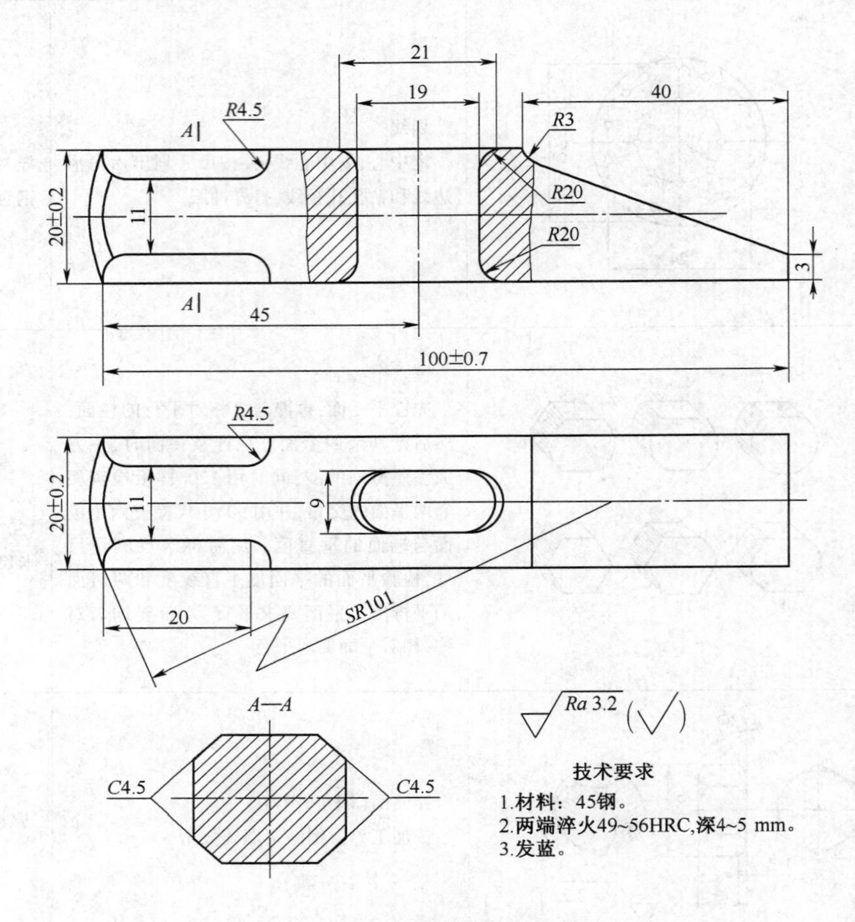

图 7-42　小手锤(材料:45 钢)

表 7-3　制作小手锤操作步骤　　单位:mm

序号	加工简图	加工内容	工具、量具
1. 备料	φ32 103	下料 材料:45 钢、ϕ32 棒料、长度 103	钢尺
2. 划线	22 22	划线 在 ϕ32 两端圆柱表面上划 22×22 的加工界限,并打上样冲眼	划线盘,直角尺,划针,手锤,样冲,高度游标尺

续表

序号	加 工 简 图	加 工 内 容	工具、量具
3. 錾削	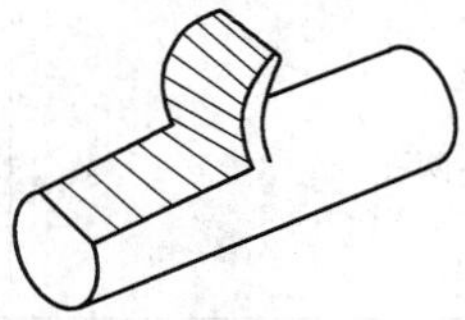	錾削一个平面 要求錾削宽度不小于 20,平面度、直线度误差 1.5	錾子,手锤钢尺
4. 锯割	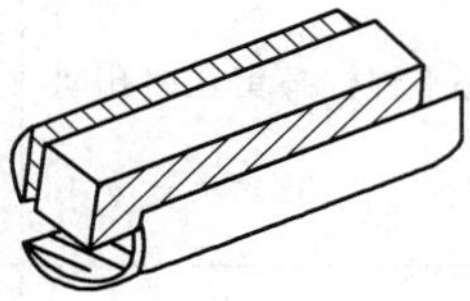	锯割三个面 要求锯痕整齐,尺寸不小于 20.5,各面平直,对边平行,邻边垂直	锯弓,锯条
5. 锉削	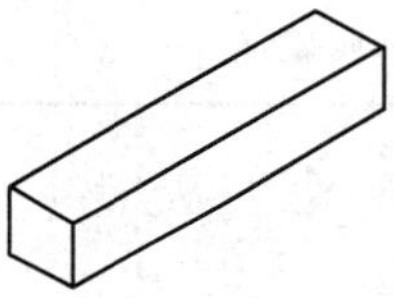	锉削六个面 要求各面平直,对边平行,邻边垂直,断面成正方形,尺寸 $20^{+0.2}_{0}$	粗、中齿平锉刀,游标卡尺,直角尺
6. 划线	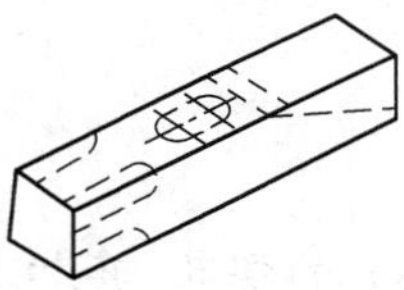	划线 按工件尺寸全部划出加工界限,并打样冲眼	划线盘,划针,划规,钢尺,样冲,手锤,高度游标尺
7. 锉削	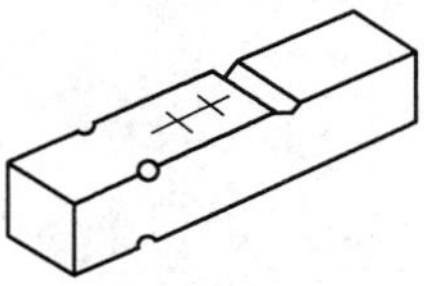	锉削五个圆弧 圆弧半径符合图纸要求	圆锉
8. 锯割	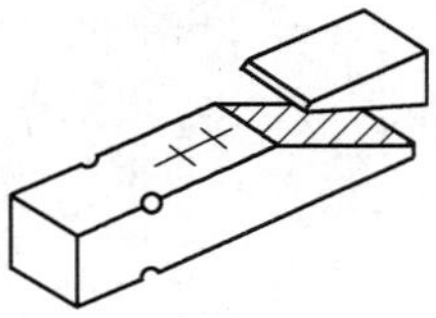	锯割斜面 要求锯痕整齐	锯弓,锯条
9. 锉削	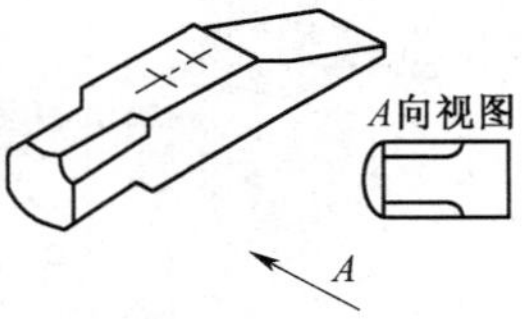 A向视图 A	锉削四个圆弧面和一个球面 要求符合图纸要求	粗、中齿平锉刀

续表

序号	加工简图	加工内容	工具、量具
10. 钻孔		钻孔 用 ϕ9 钻头钻两孔	ϕ9 钻头
11. 锉削		锉通孔 用小方锉或小平锉锉掉留在两孔间的多余金属	小方锉或小平锉
12. 修光		修光 用细齿平锉刀和砂布修光各平面，用圆锉和砂布修光各圆弧面	细齿平锉刀，圆锉，砂布

思考题

1. 钳工的主要工作包括哪些？

2. 怎样正确采用顺向锉法、交叉锉法和推锉法？

3. 钻孔、扩孔与铰孔各有什么区别？

4. 在材料分别为 45 钢、铸铁的两个零件上加工 M10×1 的螺孔，其加工底孔应选多大直径的钻头，为什么？

5. 装配工艺包括哪些内容？

第8章　铣 削 加 工

教学目的和要求：了解铣削加工的工艺特点及加工范围，了解铣削设备、附件、刀具、工具的性能及用途和使用方法，了解齿形加工方法，掌握铣床的操作技能，并能操作铣床按照图纸要求进行简单零件的铣削加工，培养学生的实践动手能力与工艺分析能力。

8.1　铣 削 概 述

铣削加工是在铣床上利用铣刀的旋转（主运动）和零件的移动（进给运动）对零件进行切削加工的工艺过程，是一种生产率较高的平面、沟槽和成形面的加工方法。它是机械制造业中重要的加工方法。

铣削加工的加工范围广泛，可加工平面、台阶、斜面、沟槽、成形面、齿轮以及切断等，铣削加工的精度可达IT9~IT7，表面粗糙度 Ra 值为6.3~1.6 μm。图8-1所示为铣削加工常见的加工方式。由图可知，不论哪一种铣削方式，为完成铣削过程必须要有以下运动：

（1）铣刀的旋转——主运动（v_c）；

（2）工件随工作台缓慢的直线移动——进给运动（v_f）。

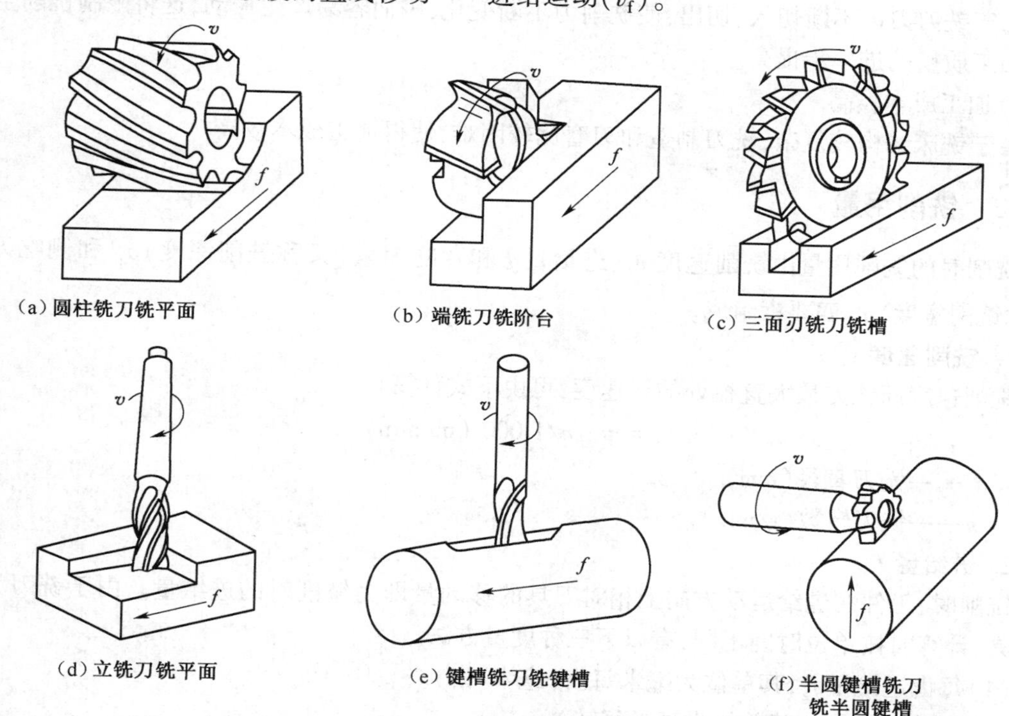

图8-1　常见的铣削方式

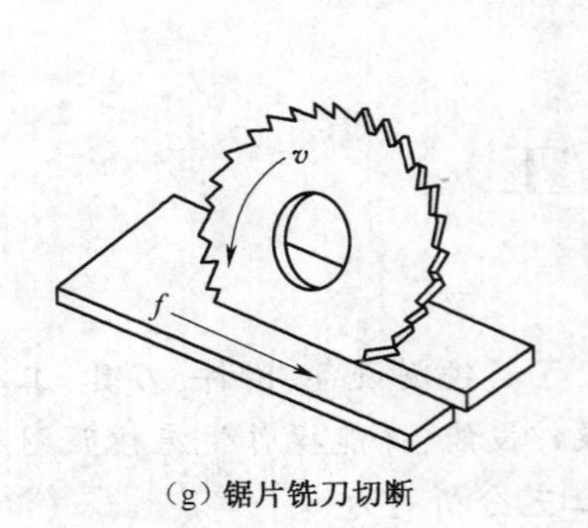

(g) 锯片铣刀切断

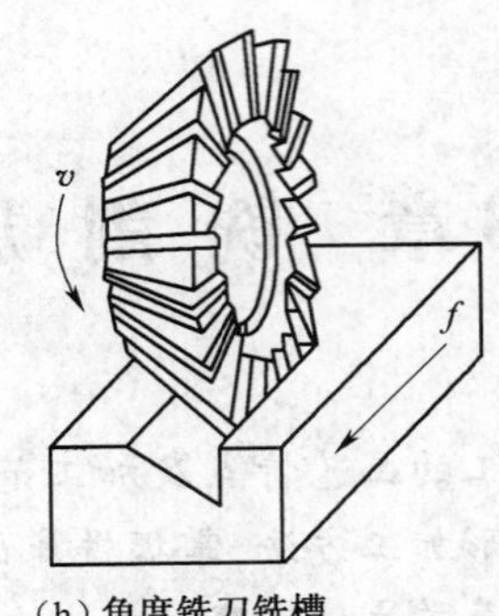

(h) 角度铣刀铣槽

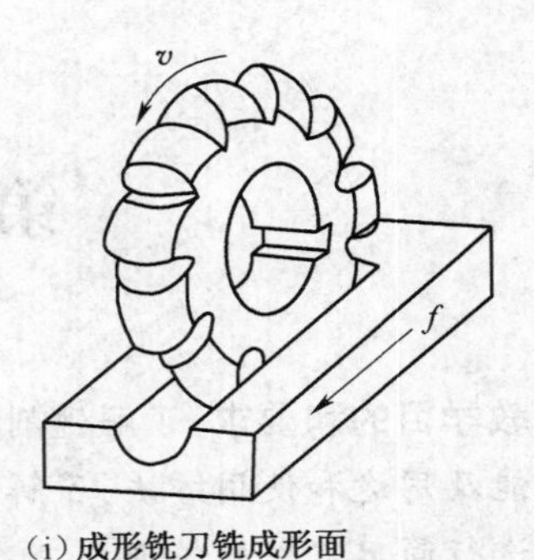

(i) 成形铣刀铣成形面

图 8-1 常见的铣削方式(续)

8.1.1 铣削加工的特点

1)生产率高

铣刀是典型的多齿刀具,铣削时刀具同时参加工作的切削刃较多,可利用硬质合金镶片刀具,采用较大的切削用量,且切削运动是连续的,因此,与刨削相比,铣削生产效率较高。

2)刀齿散热条件较好

铣削时,每个刀齿是间歇地进行切削,切削刃的散热条件好,但切入、切出时热的变化及力的冲击,将加速刀具的磨损,甚至可能引起硬质合金刀片的碎裂。

3)容易产生振动

由于铣刀刀齿不断切入、切出,使铣削力不断变化,因而容易产生振动,这将限制铣削生产率和加工质量的进一步提高。

4)加工成本较高

由于铣床结构较复杂,铣刀制造和刃磨比较困难,使得加工成本较高。

8.1.2 铣削用量

铣削时的铣削用量由铣削速度 v_c、进给量 f 和背吃刀量(又称铣削深度) a_p 和侧吃刀量(又称铣削宽度) a_e 四要素组成。

1. 铣削速度 v_c

铣削速度即铣刀最大直径处的线速度,可由下式计算

$$v_c = \pi d_o n/1\,000 \ (\text{m/min})$$

式中 d_o——铣刀直径(mm);

n——铣刀转数(r/min)。

2. 进给量 f

铣削时,工件在进给运动方向上相对刀具的移动量即为铣削时的进给量。由于铣刀为多刃刀具,计算时按单位时间不同,有以下三种度量方法。

(1)每齿进给量 f_z,其单位为毫米每齿(毫米/齿)。

(2)每转进给量 f,其单位为毫米每转(mm/r)。

(3)每分钟进给量 v_f。又称进给速度,其单位为毫米每分钟(mm/min)。

上述三者的关系为

$$v_f = nf = nzf_z (\text{mm/min})$$

一般铣床标牌上所指的进给量为 v_f。

3. 背吃刀量(铣削深度)a_p

如图 8-2 所示,背吃刀量为平行于铣刀轴线方向测量的切削层尺寸,单位为毫米(mm)。因周铣与面铣时相对于工件的方位不同,故 a_p 在图中的标示也有所不同。

4. 侧吃刀量(铣削宽度)a_e

它是垂直于铣刀轴线方向测量的切削层尺寸,单位为毫米(mm),如图 8-2 所示。

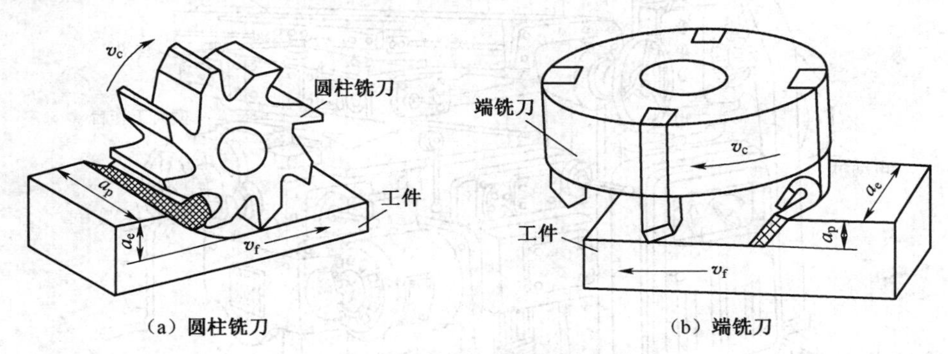

图 8-2　铣削运动和铣削要素

8.2　铣床及其附件

铣床的种类很多,最常见的是卧式(万能)铣床和立式铣床。两者的区别在于前者主轴为水平设置,后者主轴为竖直设置。

8.2.1　卧式万能铣床

卧式万能铣床是铣床中应用最多的一种。其主要特征是主轴轴线与工作台台面平行,即主轴轴线处于横卧位置,因此称卧铣。图 8-3 所示为卧式万能铣床外形图,卧式万能升降台铣床的组成部分主要由床身、悬梁、主轴、纵向工作台、转盘、横向工作台和升降台等组成。

铣床各部件及功用:

1)床身

床身支承并连接各部件,顶面水平导轨支承横梁,前侧导轨供升降台移动之用,内部装有电动机、主轴变速机构和主轴等。

2)悬梁

悬梁(横梁)用于安装吊架,以便支承刀杆外端,增强刀杆的刚性。横梁可沿床身的水平导轨移动,以适应不同长度的刀轴。

3)主轴

主轴是空心轴,前端有 7∶24 的精密锥孔与刀杆的锥柄相配合,其作用是安装铣刀刀杆并带动铣刀旋转。

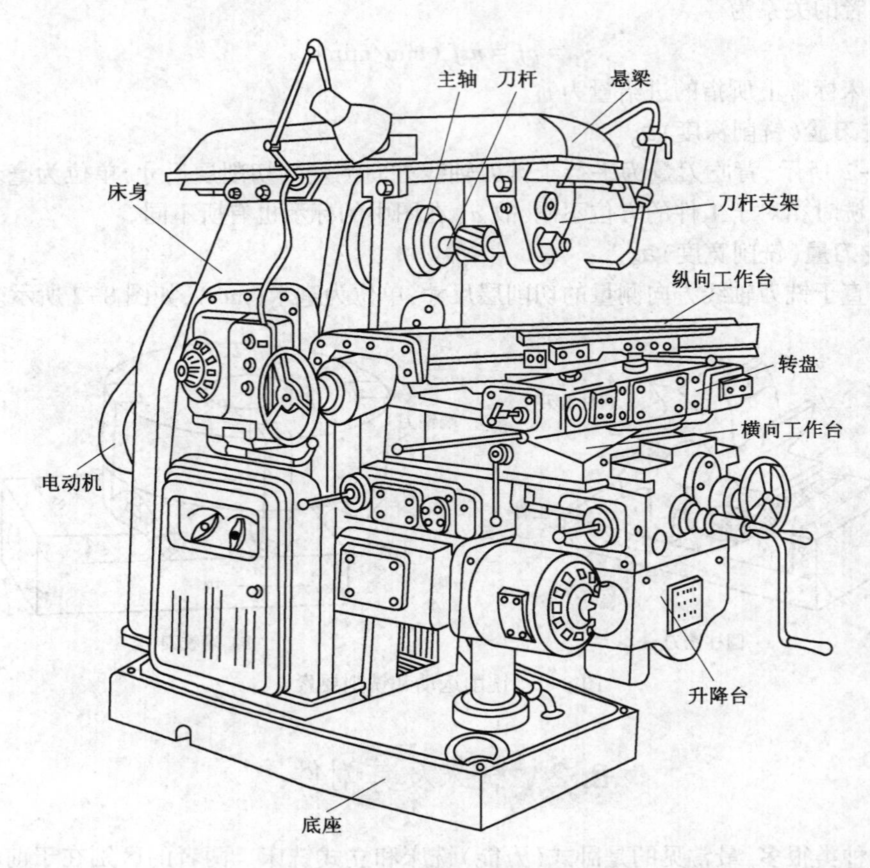

图 8-3　卧式万能升降台铣床示意图

4）纵向工作台

纵向工作台用于装夹夹具和零件，可在转台的导轨上由丝杠带动做纵向移动，以带动台面上的零件做纵向进给。

5）横向工作台

横向工作台位于升降台上面的水平导轨上，可带动纵向工作台一起做横向进给。

6）转台

转台位于纵、横工作台之间，它的作用是将纵向工作台在水平面内扳转一个角度（正、反均为 0°~45°），以便铣削螺旋槽等。

7）升降台

升降台可使整个工作台沿床身的垂直导轨上下移动，以调整工作台面到铣刀的距离，并做垂直进给。升降台内部装置着供进给运动用的电动机及变速机构。

8.2.2　立式铣床

图 8-4 所示为立式铣床外形图。立式铣床与卧式铣床的主要区别是立式铣床主轴与工

作台面垂直,此外,它没有横梁、吊架和转台。有时根据加工的需要,可以将主轴(立铣头)左、右倾斜一定的角度。铣削时铣刀安装在主轴上,由主轴带动做旋转运动,工作台带动零件做纵向、横向、垂向移动。

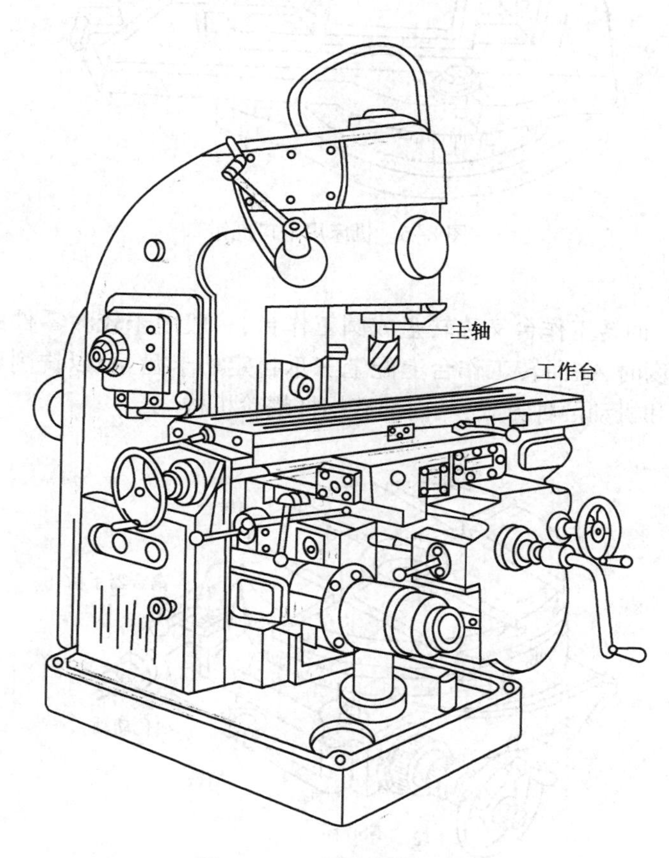

图 8-4　立式铣床示意图

8.2.3　铣床附件

铣床的主要附件有机床用平口虎钳、回转工作台、分度头和万能铣头等。其中前 3 种附件用于安装零件,万能铣头用于安装刀具。当零件较大或形状特殊时,可以用压板、螺栓、垫铁和挡铁把零件直接固定在工作台上进行铣削。当生产批量较大时,可采用专用夹具或组合夹具安装零件,这样既能提高生产效率,又能保证零件的加工质量。

1. 机床用平口虎钳

机床用平口虎钳是一种通用夹具,也是铣床常用的附件之一,它安装使用方便,应用广泛。用于安装尺寸较小和形状简单的支架、盘套、板块、轴类零件。

它有固定钳口和活动钳口,通过丝杠、螺母传动调整钳口间距离,以安装不同宽度的零件。铣削时,将平口虎钳固定在工作台上,再把零件安装在平口虎钳上,应使铣削力方向趋向固定钳口方向,如图 8-5 所示。

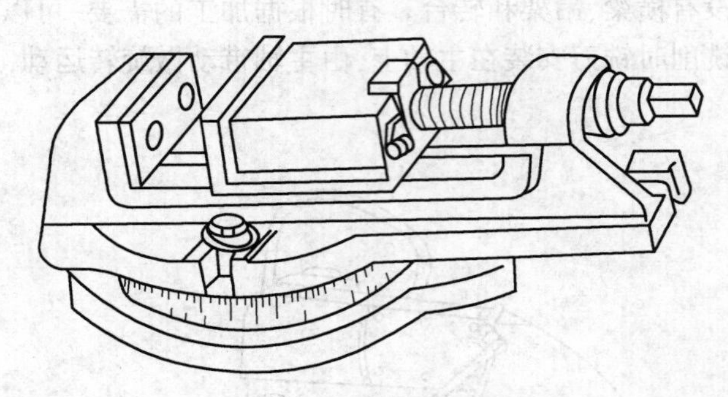

图 8-5　机床用平口虎钳

2. 回转工作台

如图 8-6 所示，回转工作台又称转盘或圆工作台，一般用于较大零件的分度工作和非整圆弧面的加工。分度时，在回转工作台上配上三爪自定心卡盘，可以铣削四方、六方等零件。回转工作台有手动和机动两种方式，其内部有蜗杆蜗轮机构。

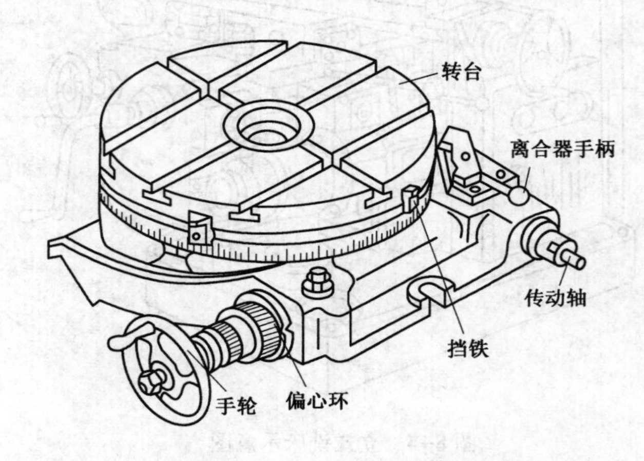

图 8-6　回转工作台

3. 分度头

分度头主要用来安装需要进行分度的零件，利用分度头可铣削多边形、齿轮、花键、刻线、螺旋面及球面等。分度头的种类很多，有简单分度头、万能分度头、光学分度头、自动分度头等，其中用得最多的是万能分度头。万能分度头结构如图 8-7 所示，万能分度头的基座上装有回转体，分度头主轴可随回转体在垂直平面内转动 $-6° \sim 90°$，主轴前端锥孔用于装顶尖，外部定位锥体用于装三爪自定心卡盘。分度时可转动分度手柄，通过蜗杆和蜗轮带动分度头主轴旋转进行分度，图 8-8 所示为其传动示意图。

分度头中蜗杆和蜗轮的传动比为

$$i = \text{蜗杆的头数}/\text{蜗轮的齿数} = 1/40$$

即当手柄通过一对直齿轮（传动比为 1∶1）带动蜗杆转动一周时，蜗轮只能带动主轴转过 1/40 周。

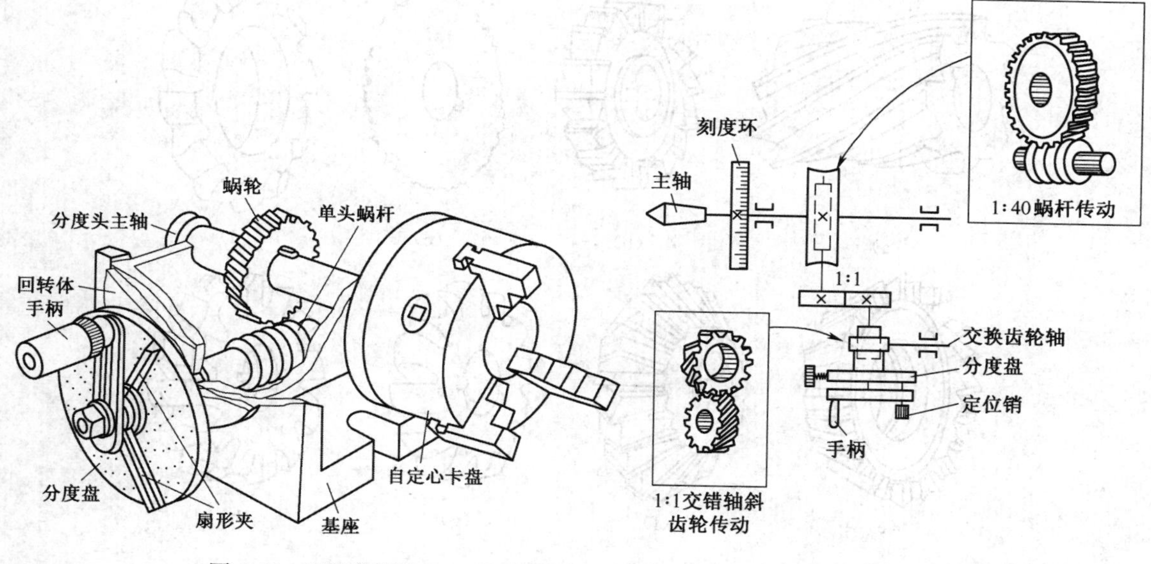

图 8-7 万能分度头

图 8-8 分度头传动示意图

4. 万能铣头

图 8-9 所示为万能铣头,在卧式铣床上装上万能铣头,不仅能完成各种立铣的工作,而且还可根据铣削的需要,把铣头主轴扳转成任意角度。其底座4用四个螺栓固定在铣床的垂直导轨上。铣床主轴的运动通过铣头内的两对齿数相同的锥齿轮传到铣头主轴上,因此铣头主轴的转数级数与铣床的转数级数相同。壳体3可绕铣床主轴轴线偏转任意角度,壳体3还能相对铣头主轴壳体2偏转任意角度。因此,铣头主轴就能带动铣刀1在空间偏转成所需要的任意角度,从而扩大了卧式铣床的加工范围。

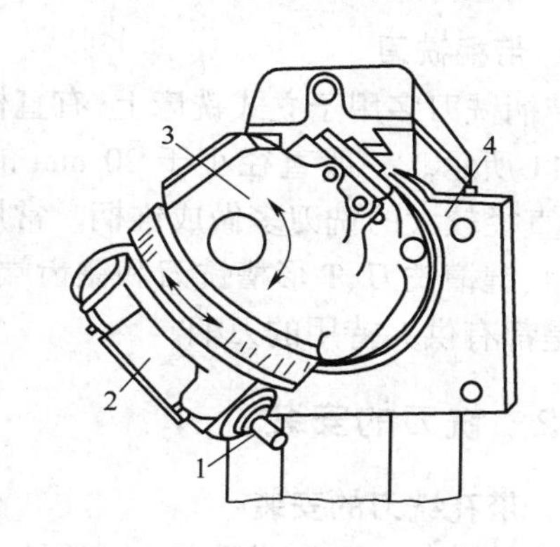

图 8-9 万能铣头

1—铣刀;2—铣头主轴壳体;3—壳体;4—底座

8.3 铣刀及其安装

铣刀实质上是一种多刃刀具,其刀齿分布在圆柱铣刀的外圆柱表面或端铣刀的端面上。

8.3.1 铣刀的分类

铣刀的种类很多,按其安装方法可分为带孔铣刀和带柄铣刀两大类。

1. 带孔铣刀

带孔铣刀适用于卧式铣床加工,能加工各种表面,应用范围较广,如图 8-10 所示。常用的带孔铣刀有圆柱铣刀、圆盘铣刀、角度铣刀、成形铣刀等。

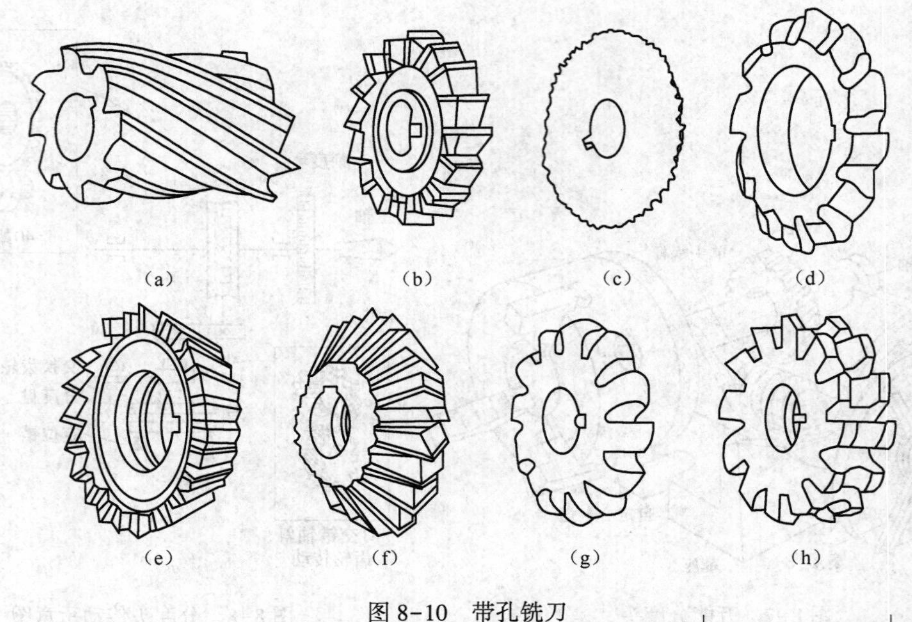

图 8-10 带孔铣刀

2. 带柄铣刀

带柄铣刀多用于立式铣床上，有直柄和锥柄之分如图 8-11 所示。一般直径小于 20 mm 的较小铣刀做成直柄；直径较大的铣刀多做成锥柄。常用的带柄铣刀有立铣刀、键槽铣刀、T 形槽铣刀和镶齿端铣刀等，其共同特点是都有供夹持用的刀柄。

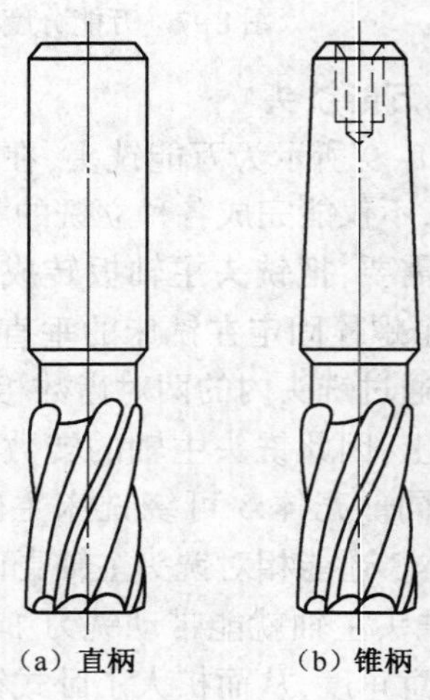

图 8-11 带柄铣刀

8.3.2 铣刀的安装

1. 带孔铣刀的安装

如图 8-12 所示，带孔铣刀多用铣刀杆安装，先将铣刀杆锥体一端插入主轴锥孔，用拉杆拉紧，刀具的轴向位置由套筒来定位，刀杆另一端用吊架支承。

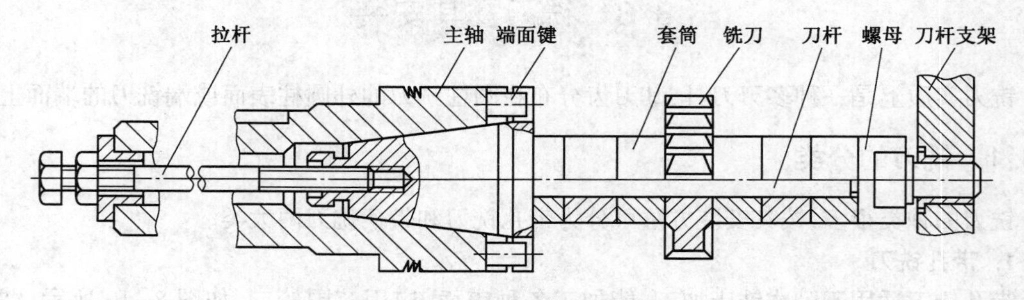

图 8-12 带孔铣刀的安装

2. 带柄铣刀的安装

1)锥柄铣刀的安装

当铣刀锥柄尺寸与主轴锥孔相同时,可直接装入锥孔,并用拉杆拉紧;如果铣刀锥柄尺寸与主轴孔内锥尺寸不同时,则根据铣刀锥柄的大小,选择合适的过渡锥套。将配合表面擦净,然后用拉杆把铣刀及过渡锥套一起拉紧在主轴上,如图 8-13(a)所示。

2)直柄铣刀的安装

直柄铣刀常用弹簧夹来安装,如图 8-13(b)所示。安装时,收紧螺母,使弹簧套做径向收缩而将铣刀的柱柄加紧。

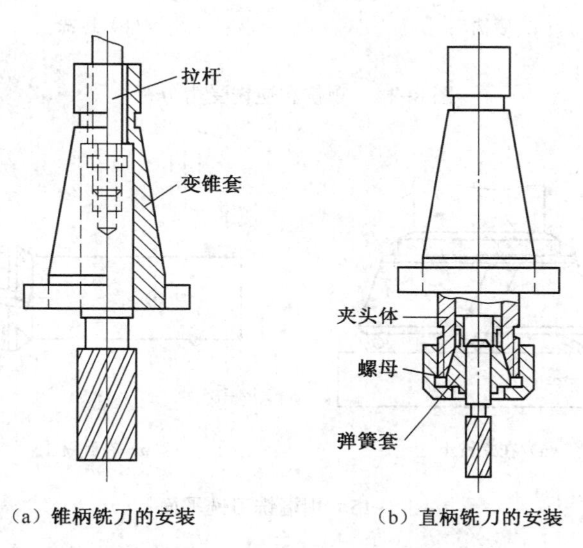

图 8-13 带柄铣刀的安装

8.4 主要铣削工作

铣削工作范围很广,常见的有铣平面、铣沟槽、铣成形面、钻孔、镗孔以及铣螺旋槽等。

8.4.1 铣平面

铣平面是铣削工艺中最基本的工序内容,它是保证后续工序质量的基础工序,因此,它是十分重要的一道工序。

1. 铣水平面

铣平面可用周铣法或端铣法,周铣是指在卧式铣床上用圆柱形铣刀的圆周刀齿铣削平面,有顺铣和逆铣之分,如图 8-14 所示。如果采用顺铣方式铣削,则要求铣床工作台进给丝杠的螺母副有间隙调整装置,否则应采用逆铣。此外,对有硬皮的工件,考虑到刀具的寿命,宜采用逆铣。端铣是指用分布在铣刀端面上的刀齿进行铣削的方法,如图 8-15 所示。

用圆柱铣刀铣削平面的生产效率、加工表面粗糙度以及运用高速铣削等方面都不如端铣刀。因此,实际生产中广泛采用端铣刀铣平面。铣削平面的步骤如下:

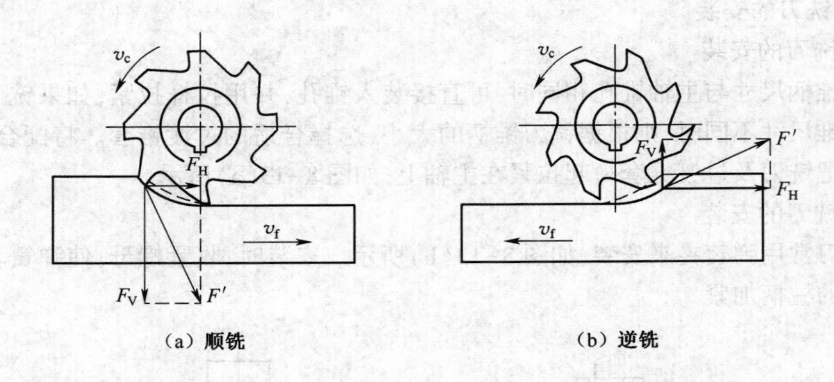

图 8-14 顺铣和逆铣受力分析

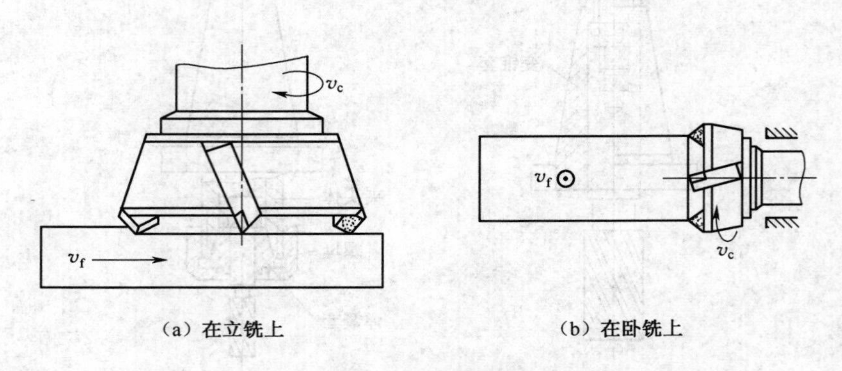

图 8-15 用端铣刀铣平面

1) 对刀

开车使铣刀旋转,升高工作台,使零件和铣刀稍微接触,停车,将垂直丝杆刻度盘对准零线(或记下刻度盘读数),降下工作台,摇动纵向手柄,退出工件。

2) 调整侧吃刀量

利用刻度盘将工作台升高到所需的铣削位置,紧固升降台和横向进给手柄。

3) 铣削

先手动使工作台纵向进给,当铣刀稍微切入工件后,改为自动进给,铣毕,停车,降下工作台。

4) 测量

退出工作台,测量工件尺寸,并观察其表面粗糙度。

重复上述铣削步骤,直至达到规定要求。

2. 铣斜面

工件上的斜面常用下面的方法进行铣削。

1) 使用斜垫铁铣斜面

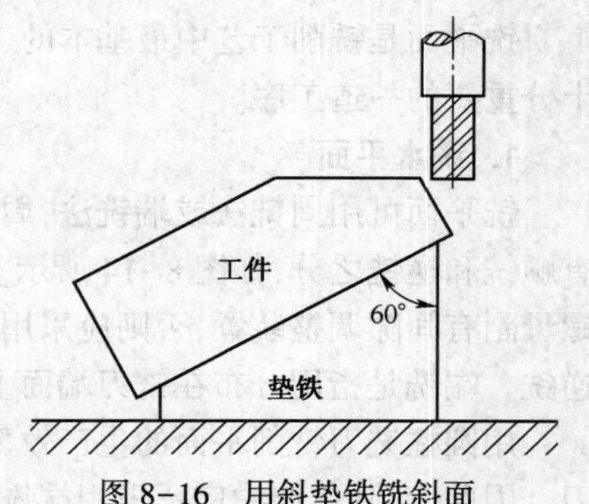

图 8-16 用斜垫铁铣斜面

如图 8-16 所示,在工件的基准面下垫一块斜垫铁,改变斜垫铁的角度,即可加工出不同角度的工件斜面。

2)利用分度头铣斜面

如图 8-17 所示,用万能分度头将工件转到所需位置,即可铣出斜面。

3)用万能立铣头铣斜面

如图 8-18 所示,通过转动立铣头使刀具相对工件倾斜所需角度铣出斜面。

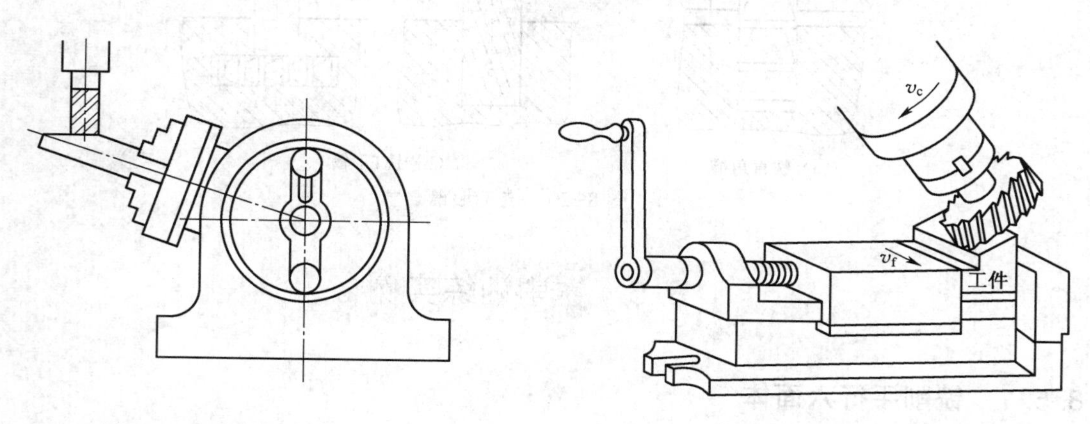

图 8-17　用分度头铣斜面　　图 8-18　用万能立铣头铣斜面

3. 铣沟槽

在铣床上利用不同的铣刀可以加工直角槽、V 形槽、T 形槽、燕尾槽、轴上键槽和成形面等。这里主要介绍封闭式键槽和 T 形槽的铣削方法。

封闭式键槽通常使用键槽铣刀铣削,如图 8-19(a)所示,可用抱钳式装夹工件,也可用 V 形块装夹工件。铣削封闭式键槽的长度是由工作台纵向进给手柄上的刻度来控制,宽度则由铣刀直径来控制。铣封闭式键槽的操作过程如图 8-19(b)所示,即先将工件垂直进给移向铣刀,采用一定吃刀量将工件纵向进给切至键槽的全长,再垂直进给,经多次反复直到完成键槽的加工。

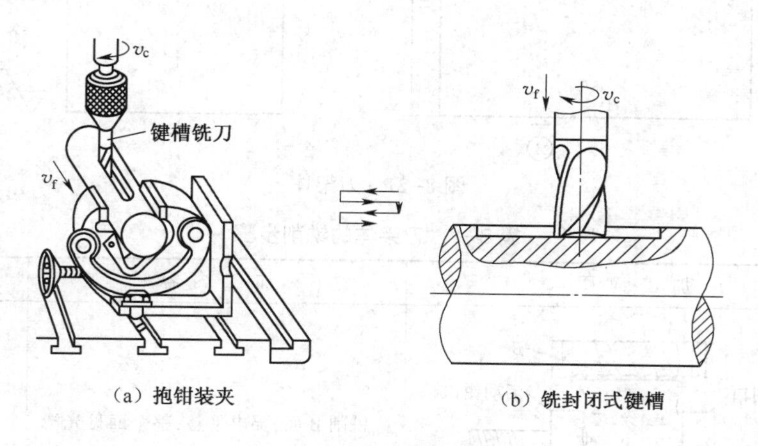

(a) 抱钳装夹　　(b) 铣封闭式键槽

图 8-19　铣封闭式键槽

要铣 T 形槽,必须首先用三面刃铣刀或立铣刀铣出直角槽,然后再用 T 形槽铣刀铣出 T 形槽,最后用角度铣刀倒角,如图 8-20 所示。

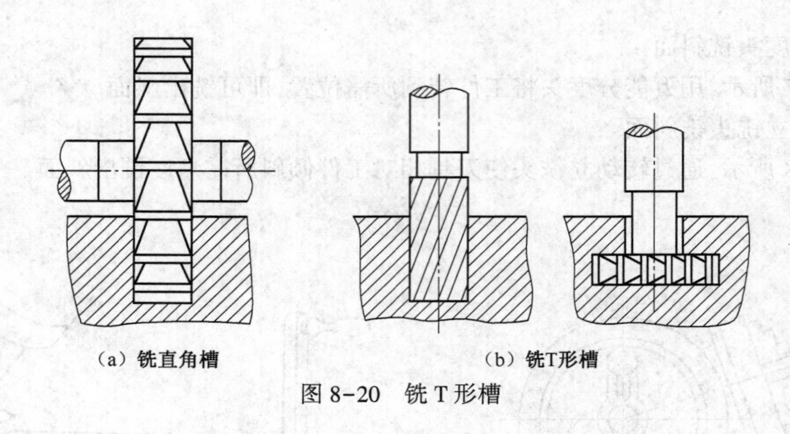

图 8-20 铣 T 形槽

8.5 铣削训练实例

8.5.1 铣削平行六面体

图 8-21 所示的零件刀架体是典型的六面体工件,它有面与面之间的平行、垂直等要求。为满足这些要求,必须选好加工基准,使夹具定位准确,其铣削步骤见表 8-1。

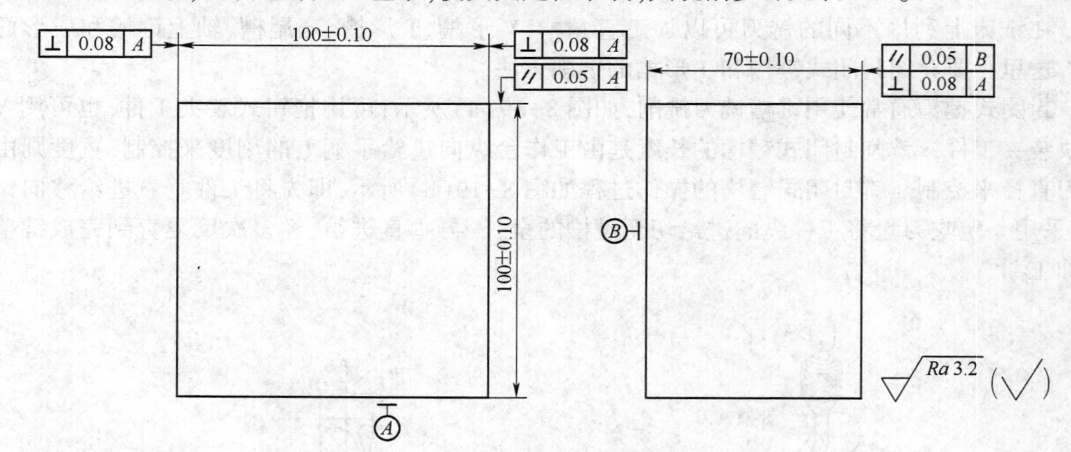

图 8-21 刀架体

表 8-1 刀架体的铣削步骤

序号	加工简图	加工内容	铣刀的选用
1	B 固定钳口 活动钳口 1 2 3 4 平行填铁	铣削 B 面,要求平整,整个面见光滑就行	圆柱铣刀

续表

序号	加工简图	加工内容	铣刀的选用
2		用 B 面做基准，铣削相邻的四个垂直面，注意尺寸及相邻面的垂直、平行关系	圆柱铣刀
3		铣削与 B 面相对的面。注意尺寸及相邻面的垂直、平行关系	圆柱铣刀
4	用锉刀修平毛刺，检验尺寸及相邻面的垂直、平行关系		

8.5.2　铣削 V 形块

V 形铁形状如图 8-22 所示，在铣床上可完成全部加工过程。其加工步骤见表 8-2。

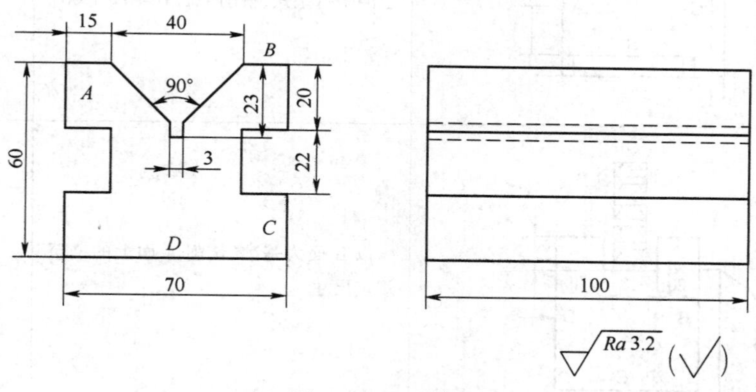

图 8-22　V 形块

表 8-2　V 形块铣削操作步骤　　单位：mm

序号	加工简图	加工内容	刀具
1		以 A 面为基准，铣削平面 B，至尺寸 62	圆柱铣刀

续表

序号	加工简图	加工内容	刀具
2	C B D A 72	以已加工的B面为基准，紧靠固定钳口，铣削平面C至尺寸72	圆柱铣刀
3	A B D C 70	以B面为基准，铣削平面A，至尺寸70	圆柱铣刀
4	D C A B 60	以B面为基准，紧靠台虎钳导轨面上的平行垫铁，铣削平面D至尺寸60	圆柱铣刀
5	A 15 20 22 B D C	以B面为基准，铣削A面上的槽至规定尺寸	三面刃铣刀
6	C 15 20 22 B D A	以B面为基准，铣削C面上的槽至规定尺寸	三面刃铣刀

续表

序号	加工简图	加工内容	刀具
7	100	铣削两端面,保证尺寸100	两把三面刃铣刀
8	23 3	铣直槽,槽宽为3,槽深为23	锯片铣刀
9	40	铣V形槽至尺寸40	90°双角铣刀

思 考 题

1. 铣床的主运动是什么？进给运动是什么？
2. 试叙述铣床的主要附件的名称和用途。
3. 利用卧式铣床和立式铣床都能加工平面,试比较其优缺点和各自适用场合。
4. 试叙述分度头的工作原理。一工件需做31等份时,请说明分度方法。

第9章　磨　　削

教学目的和要求：了解磨削的工艺特点及加工范围，了解常见磨床的种类及用途，掌握万能外圆磨床的操作方法，并能操作万能外圆磨床按图纸要求进行简单零件的磨削加工。

9.1　磨削概述

磨削加工是机械零件精加工的主要方法之一。磨削时可采用砂轮、油石、磨头、砂带等作磨具，而最常用的磨具是用磨料和黏结剂做成的砂轮。磨削的加工范围很广，不仅可以加工内外圆柱面、内外圆锥面和平面，还可加工螺纹、花键轴、曲轴、齿轮、叶片等特殊的成形表面。图9-1所示为常见的磨削方法。

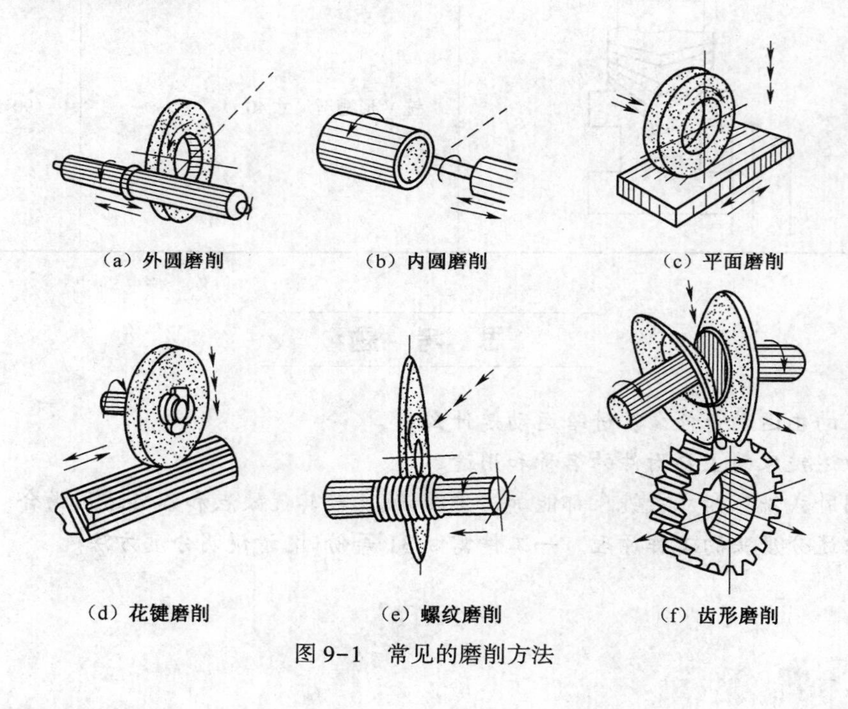

(a) 外圆磨削　(b) 内圆磨削　(c) 平面磨削

(d) 花键磨削　(e) 螺纹磨削　(f) 齿形磨削

图9-1　常见的磨削方法

9.1.1　磨削的特点

从本质上来说，磨削加工是一种切削加工，但和通常的车削、铣削、刨削等相比却有以下的特点：

1)磨削属多刃、微刃切削

磨削用的砂轮是由许多细小坚硬的磨粒用结合剂黏结在一起经焙烧而成的疏松多孔体，

如图9-2所示。这些锋利的磨粒就像铣刀的切削刃，在砂轮高速旋转的条件下，切入零件表面，故磨削是一种多刃、微刃切削过程。

2）加工精度高

磨削属于微刃切削，切削厚度极薄，每一磨粒切削厚度可小到数微米，故可获得很高的加工精度和低的表面粗糙度。通常磨削能达到的经济精度为IT7~IT5，表面粗糙度 Ra 一般为0.8~0.2 μm，高精度磨削时，尺寸精度可超过IT5，表面粗糙度 Ra 值不大于0.012 μm。

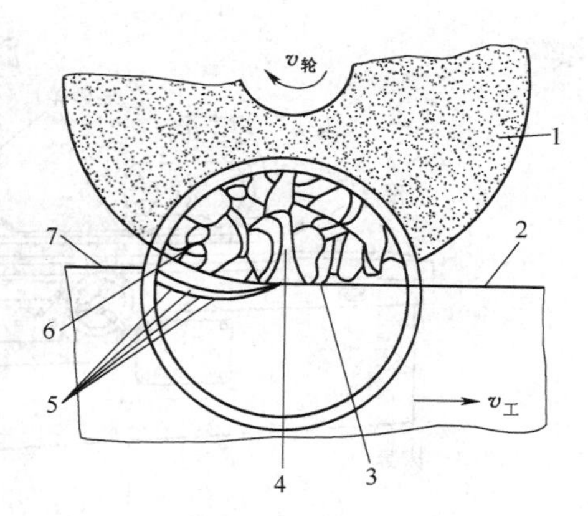

图9-2　砂轮的组成

1—砂轮；2—已加工表面；3—磨粒；4—结合剂；5—过渡表面；6—空隙；7—待加工表面

3）磨削速度大

一般砂轮的圆周速度达2 000~3 000 m/min，目前的高速磨削砂轮线速度已达到60~250 m/s。故磨削时温度很高，磨削区的瞬时高温可达800~1 000 ℃。因此，为减少摩擦和迅速散热，降低磨削温度，及时冲走屑末，以保证零件表面质量，磨削时需使用大量切削液。

4）加工材料广泛

由于磨料硬度极高，故磨削不仅可加工一般金属材料，如碳钢、铸铁等，还可加工一般刀具难以加工的高硬度材料，如淬火钢、各种切削刀具材料及硬质合金等。

磨削加工是机械制造中重要的加工工艺，已广泛用于各种表面的精密加工。特别是随着精密铸造、精密锻造等现代成形工艺的发展以及磨削技术自身的不断进步，越来越多的零件可以用铸坯、锻坯直接磨削就能达到精度要求。因此，磨削在机械制造业中的应用日益广泛。

9.2　磨床及砂轮

9.2.1　磨床

1. 磨床的分类

磨床根据用途的不同分为外圆磨床、内圆磨床、平面磨床、齿轮磨床、螺纹磨床、导轨磨床、无心磨床、工具磨床等，最常用的是外圆磨床和平面磨床。本教材以较常见的M1432B型万能外圆磨床（见图9-3）为例进行介绍。

2. 磨床主要组成部分及功用

1）床身

用于支承和连接磨床各个部件，为提高机床刚度，磨床床身一般为箱型结构，内部装有液压传动装置，上部装有工作台和砂轮导架，床身上的纵向导轨供工作台移动用，横向导轨供砂轮架移动用。

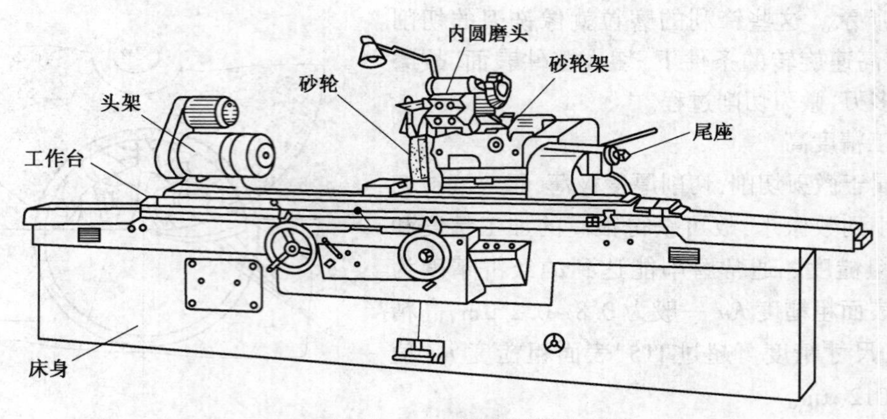

图 9-3　M1432B 型万能外圆磨床

2) 工作台

工作台由液压驱动沿着床身的纵向导轨直线往复运动,使工件实现纵向进给。工作台可进行手动和自动进给。在工作台前侧面的 T 形槽内,装有两个转向挡块,用于操纵工作台自动换向,工作台有上、下两层,上层可在水平面内偏转一个不大的角度(±8°),以便磨削圆锥面。

3) 砂轮架

砂轮架用于安装砂轮,由单独的电机通过皮带传动带动砂轮高速旋转,砂轮架可在床身后部的导轨上作横向移动,移动方式有自动周期进给、快速引进和退出、手动三种,前两种是由液压传动实现的。砂轮架还可绕垂直轴旋转某一角度。

4) 内圆磨头

内圆磨头用于磨削内圆表面。其主轴可安装内圆磨削砂轮,由另一电动机带动。内圆磨头可绕支架旋转,使用时翻下,不用时翻向砂轮架上方。

5) 头架

头架安装在上工作台上,头架上有主轴,主轴端部可安装顶尖、拨盘或卡盘,以便装夹零件并带动其旋转。头架内的双速电动机和变速机构可使零件获得不同的转速。头架在水平面内可偏转一定角度。

6) 尾架

尾架的套筒内有顶尖,用来支承工件的另一端。尾架在工作台上的位置可根据零件的不同长度调整,当调整到所需的位置时将其紧固。尾架可在工作台上纵向移动,扳动尾座上的手柄时,套筒可伸出或缩进,以便装卸零件。

9.2.2　砂轮

砂轮是磨削的切削工具。磨粒、结合剂和空隙是构成砂轮的三要素。

1. 砂轮的特性及其选择

表示砂轮的特性主要包括磨料、粒度、硬度、结合剂、组织、形状和尺寸等。磨料直接担负着切削工作,必须硬度高、耐热性好,还必须有锋利的棱边和一定的强度。常用磨料有刚玉类、碳化硅类和超硬磨料。常用的几种刚玉类、碳化硅类磨料的代号、特点及适用范围见表 9-1。

表 9-1 常用磨料特点及其用途

磨料名称	代号	特 点	用 途
棕刚玉	A	硬度高,韧性好,价格较低	适合于磨削各种碳钢、合金钢和可锻铸铁等
白刚玉	WA	比棕刚玉硬度高,韧性低价格较高	适合于加工淬火钢、高速钢和高碳钢
黑色碳化硅	C	硬度高,性脆而锋利,导热性好	用于磨削铸铁、青铜等脆性材料及硬质合金刀具
绿色碳化硅	GC	硬度比黑色碳化硅更高,导热性好	主要用于加工硬质合金、宝石、陶瓷和玻璃等

粒度是指磨料颗粒的大小。粒度号越大,磨料越细,颗粒越小。可用筛选法或显微镜测量法来区别。粗磨或磨软金属时用粗磨料;精磨或磨硬金属时用细磨料。

硬度是指砂轮上磨料在外力作用下脱落的难易程度。磨料易脱落,表明砂轮硬度低,反之则表明砂轮硬度高。砂轮的硬度与磨料的硬度无关。磨硬金属时,用软砂轮;磨软金属时,用硬砂轮。

常用结合剂有陶瓷结合剂(代号 V)、树脂结合剂(代号 B)、橡胶结合剂(代号 R)等。其中陶瓷结合剂做成的砂轮耐蚀性和耐热性很高,应用广泛。组织是指砂轮中磨料、结合剂、空隙三者体积的比例关系。组织号是由磨料所占的百分比来确定的。

根据机床结构与磨削加工的需要,砂轮制成各种形状和尺寸,详见表 9-2。为方便选用,在砂轮的非工作表面上印有特性代号,如代号 PA60KV6P300×40×75,表示砂轮的磨料为铬刚玉(PA),粒度为 60#,硬度为中软(K),结合剂为陶瓷(V),组织号为 6 号,形状为平形砂轮(P),尺寸外径为 300 mm,厚度为 40 mm,内径为 75 mm。

表 9-2 常用砂轮的名称、代号、形状及用途

名称	平行砂轮	双斜边砂轮	双面凹砂轮	筒形砂轮	杯形砂轮	切割砂轮	碗形砂轮	碟形砂轮
代号	P	PSX1	PSA	N	B	PB	BW	D1
形状	1	4	7	2	6	41	11	12
形状图								
用途	用于外圆磨、内圆磨、平面磨、无心磨、工具磨、砂轮机等	主要用于磨削齿轮面和单线螺纹	可用于外圆磨削和刃磨刀具,也可用于无心磨	主要用于立式平面磨床	主要用于刃磨刀具,也可用于外圆磨	用于切断和开槽等	常用于刃磨刀具,也可用于导轨磨削	适用于磨削铣刀、铰刀、拉刀等

2. 砂轮的安装与平衡

砂轮因在高速下工作,安装时应首先检查外观没有裂纹后,再用木锤轻敲,如果声音嘶哑,则禁止使用,否则砂轮破裂后会飞出伤人。砂轮的安装方法如图 9-4 所示。

为使砂轮工作平稳,一般直径大于 125 mm 的砂轮都要进行平衡试验,如图 9-5 所示。将

砂轮装在心轴上，再将心轴放在平衡架上平衡轨道的刃口上。若不平衡，较重部分总是转到下面。这可移动法兰盘端面环槽内的平衡铁进行调整。经反复平衡试验，直到砂轮可在刃口上任意位置都能静止，即说明砂轮各部分的质量分布均匀。这种方法称为静平衡。

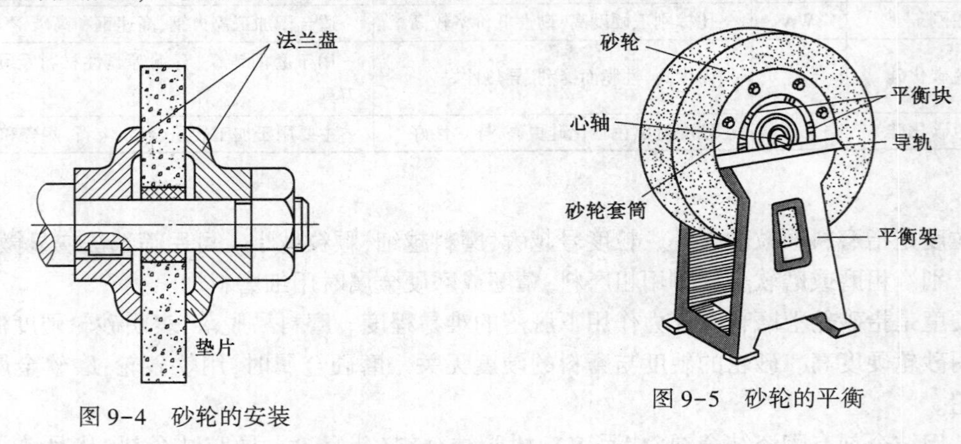

图 9-4　砂轮的安装

图 9-5　砂轮的平衡

9.3　主要磨削工作

由于磨削的加工精度高，表面粗糙度值小，能磨高硬脆的材料，因此应用十分广泛。现就内外圆柱面、内外圆锥面及平面的磨削工艺进行讨论。

9.3.1　外圆磨削

外圆磨削是一种基本的磨削方法，它适于轴类及外圆锥零件的外表面磨削。在外圆磨床上磨削外圆常用的方法有纵磨法、横磨法和综合磨法 3 种。

1. 纵磨法

如图 9-6(a)所示，磨削时，砂轮高速旋转起切削作用（主运动），零件转动（圆周进给）并与工作台一起作往复直线运动（纵向进给），当每一纵向行程或往复行程终了时，砂轮作周期性横向进给（背吃刀量）。纵向磨削的特点是具有较大适应性，一个砂轮可磨削长度不同的直径不等的各种零件，且加工质量好，但磨削效率较低。

2. 横磨法

如图 9-6(b)所示，横磨削时，采用砂轮的宽度大于零件表面的长度，零件无纵向进给运动，而砂轮以很慢的速度连续地或断续地向零件作横向进给，直至余量被全部磨掉为止。横磨的特点是生产率高，但精度及表面质量较低。

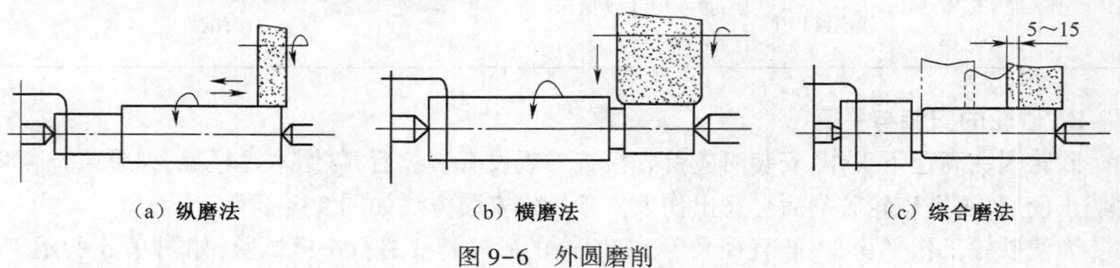

(a) 纵磨法　(b) 横磨法　(c) 综合磨法

图 9-6　外圆磨削

3. 综合磨法

如图9-6(c)所示,先用横磨分段粗磨,相邻两段间有5~15 mm重叠量,然后将留下的0.01~0.03 mm余量用纵磨法磨去。当加工表面的长度为砂轮宽度的2~3倍以上时,可采用综合磨法。综合磨法能集纵磨、横磨法的优点为一身,既能提高生产效率,又能提高磨削质量。

9.3.2 内圆磨削

内圆磨削方法与外圆磨削相似,只是砂轮的旋转方向与磨削外圆时相反(见图9-7),操作方法以纵磨法应用最广。

9.3.3 平面磨削

平面磨削的方法有两种:一种是周磨法,在卧式平面磨床上,利用砂轮的圆周对工件进行磨削,如图9-8(a)所示;另一种是端磨法,在立轴平面磨床上,利用砂轮的端面对工件进行磨削,如图9-8(b)所示。

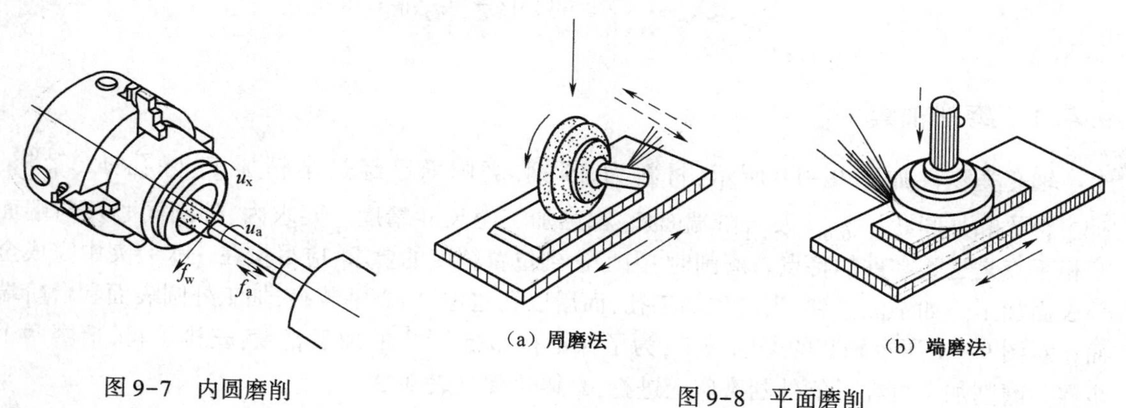

图9-7 内圆磨削

(a) 周磨法

(b) 端磨法

图9-8 平面磨削

9.3.4 圆锥面磨削

圆锥面磨削通常有转动工作台法和转动头架法两种。

1. 转动工作台法

磨削外圆锥表面如图9-9(a)所示,磨削内圆锥面如图9-9(b)所示。转动工作台法大多用于锥度较小、锥面较长的零件。

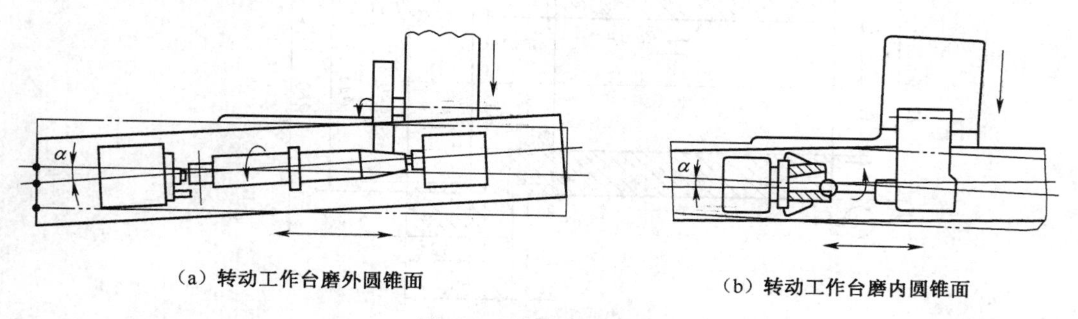

(a) 转动工作台磨外圆锥面

(b) 转动工作台磨内圆锥面

图9-9 外圆锥面磨削

2. 转动零件头架法

转动零件头架法常用于锥度较大、锥面较短的内外圆锥面,如图 9-10 所示为磨削内圆锥面。

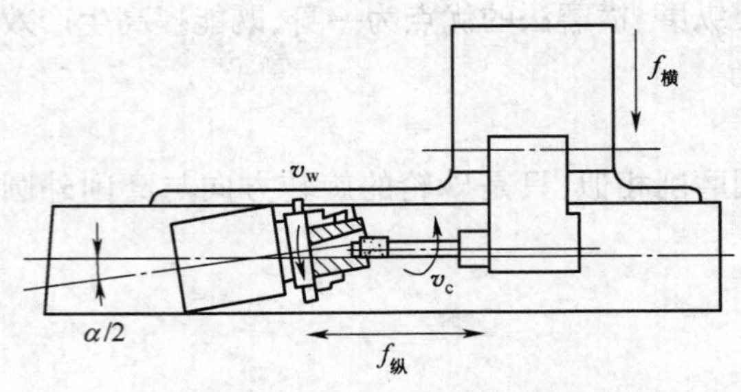

图 9-10 转动头架磨内圆锥面

9.4 磨削训练实例

9.4.1 磨削轴套

轴套类零件如图 9-11 所示,材料为 45 钢,磨削前已经过半精加工,除孔 $\phi25^{+0.045}_{0}$、$\phi40^{+0.027}_{0}$ 和外圆 $\phi45^{0}_{-0.017}$ 及台阶端面外,都已加工至尺寸精度。要求内、外圆同心及与端面互相垂直是这类零件的特点。磨削时,为了达到位置精度的要求,应尽量在一次装夹中完成全部表面加工。如不能做到,则应先加工孔,而后以孔定位,用心轴装夹,加工外圆表面和台阶端面。对图 9-11 所示轴套的磨削加工,为了保证孔 $\phi25^{+0.045}_{0}$ 的加工精度,安排了粗、精磨两个步骤。磨削加工可在万能外圆磨床上进行,具体步骤见表 9-3。

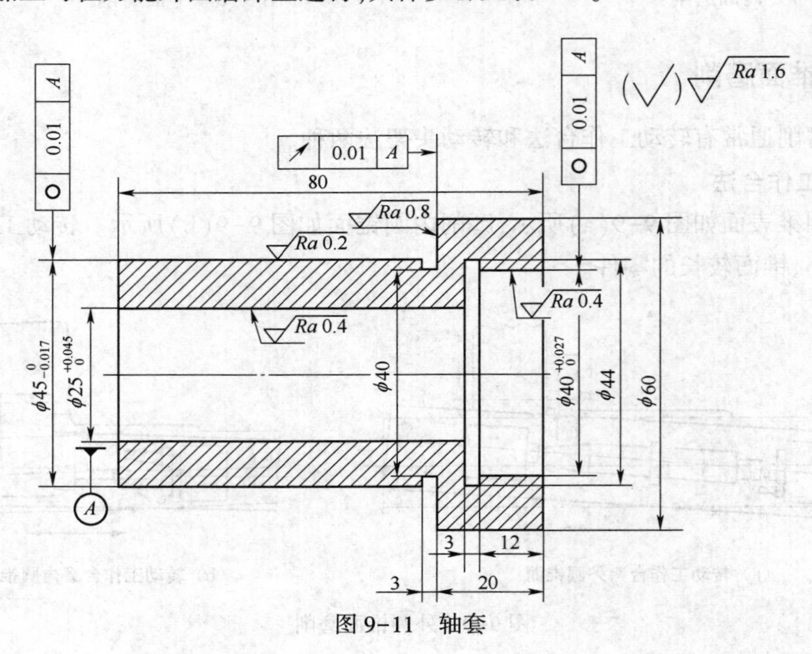

图 9-11 轴套

表9-3 轴套的磨削操作步骤

单位:mm

序号	加工内容	加工简图	刀具
1	以 $\phi45_{-0.017}^{0}$ 外圆定位,将工件夹持在三爪自定心卡盘中,用百分表找正,粗磨 $\phi25$ 内孔,留精磨余量 0.04~0.06	$\phi25$	用磨削内孔砂轮,尺寸为 12×6×4
2	更换砂轮,粗、精磨 $\phi40_{0}^{+0.027}$	$\phi40_{0}^{+0.027}$	用磨削内孔砂轮,尺寸为 25×10×6
3	更换砂轮,精磨 $\phi25_{0}^{+0.045}$ 内孔	$\phi25_{0}^{+0.045}$	用磨削内孔砂轮,尺寸为 12×6×4
4	以 $\phi25_{0}^{+0.045}$ 内孔定位,用心轴安装,粗、精磨 $\phi45_{-0.017}^{0}$ 外圆及台阶面达到要求	$\phi45_{-0.017}^{0}$	用磨削外圆砂轮,尺寸为 300×40×127

思 考 题

1. 砂轮的特性包括哪些内容?受哪些因素的影响?
2. 外圆磨削的方法有哪些?各有什么特点?
3. 磨削加工时切削液起什么作用?

第10章 刨 削

教学目的和要求：了解刨削的工艺特点及加工范围，了解常见刨床的种类及用途，掌握牛头刨床的操作方法，并能操作牛头刨床按图纸要求进行简单零件的刨削加工。

10.1 刨削概述

刨削加工是在刨床上用刨刀对工件进行加工的一种切削方法。主要用于加工平面（包括水平面、垂直面、斜面）、沟槽（包括矩形槽、T形槽、V形槽、燕尾槽）和成形面等，如图10-1所示。

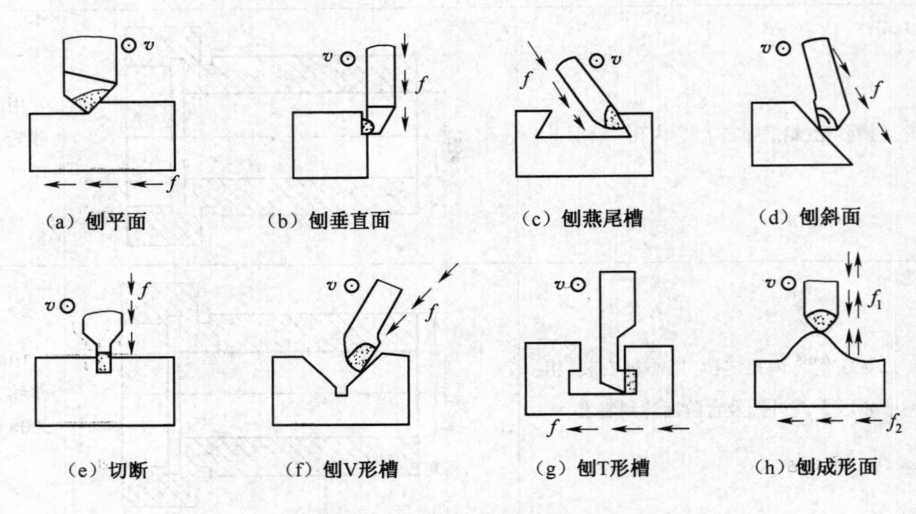

图10-1 刨削加工的主要应用

10.2 刨床及刨刀

10.2.1 刨床

常用的刨床设备有牛头刨床、龙门刨床、插床和拉床，其中最常见的是牛头刨床，本章节主要介绍牛头刨床。

牛头刨床主要由床身、滑枕、刀架、工作台、横梁、底座等组成，图10-2所示为B6065型牛头刨床外形图。

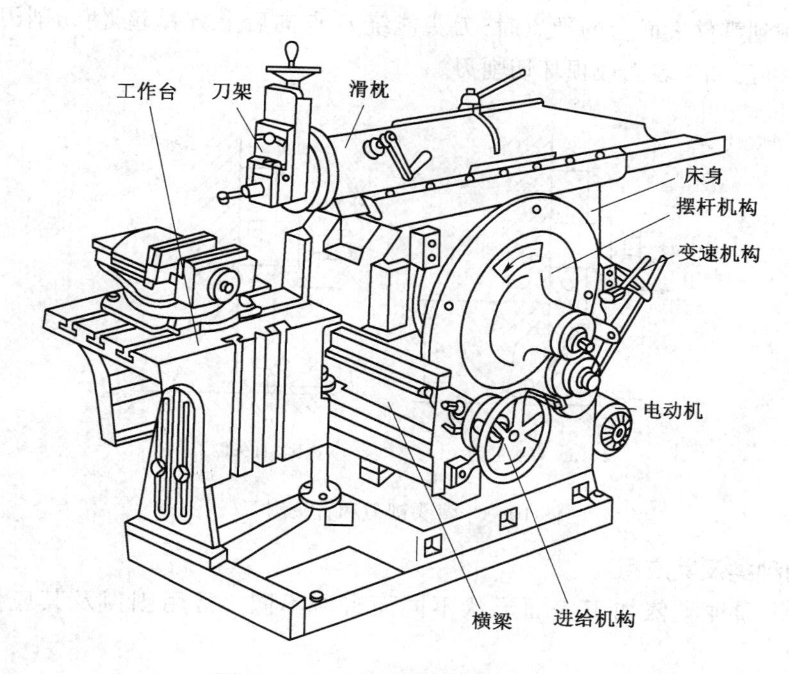

图 10-2 B6065 型牛头刨床外形图

刨床各部件及功用：

1)床身

床身用以支承和连接刨床各部件。其顶面水平导轨供滑枕带动刀架进行往复直线运动，侧面的垂直导轨供横梁带动工作台升降。床身内部有主运动变速机构和摆杆机构。

2)滑枕

滑枕用以带动刀架沿床身水平导轨作往复直线运动。滑枕往复直线运动的快慢、行程的长度和位置，均可根据加工需要调整。

3)刀架

刀架用以夹持刨刀。当转动刀架手柄时，滑板带着刨刀沿刻度转盘上的导轨上、下移动，以调整背吃刀量或加工垂直面时作进给运动。松开转盘上的螺母，将转盘扳转一定角度，可使刀架斜向进给，以加工斜面。刀座装在滑板上。抬刀板可绕刀座上的销轴向上抬起，以使刨刀在返回行程时离开零件已加工表面，以减少刀具与零件的摩擦。

4)工作台

工作台用以安装零件，可随横梁作上下调整，也可沿横梁导轨作水平移动或间歇进给运动。

10.2.2 刨刀

刨刀的几何形状与车刀相似，但刀杆的截面积比车刀大 1.25~1.5 倍，以承受较大的冲击力。刨刀的前角 γ_0 比车刀稍小，刃倾角取较大的负值，以增加刀头的强度。刨刀的一个显著特点是刨刀的刀头往往做成弯头，图 10-3 所示为弯、直头刨刀比较示意图。做成弯头的目的是为了当刀具碰到零件表面上的硬点时,刀头能绕 O 点向后上方弹起,使切削刃离开零件表面,不会啃入零件已加工表面或损坏切削刃。

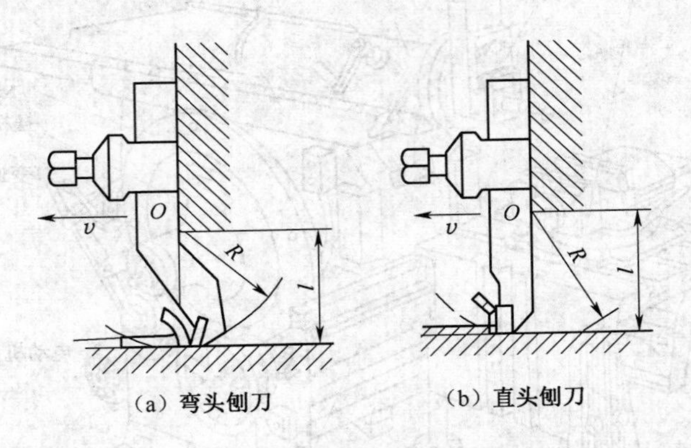

图 10-3 弯头刨刀和直头刨刀

1. 刨刀的种类及其应用

刨刀的形状和种类依加工表面形状不同而有所不同。常用刨刀及其应用如图 10-4 所示。

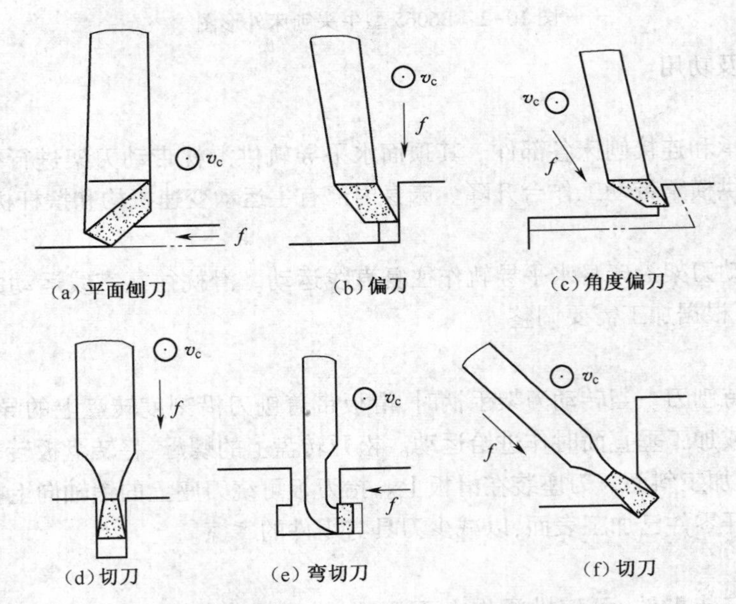

图 10-4 常见的刨刀及用途

2. 刨刀的安装

如图 10-5 所示,安装刨刀时,将转盘对准零线,以便准确控制背吃刀量,刀头不要伸出太长,以免产生振动和折断。直头刨刀伸出长度一般为刀杆厚度的 1.5~2 倍,弯头刨刀伸出长度可稍长些,以弯曲部分不碰刀座为宜。装刀或卸刀时,应使刀尖离开零件表面,以防损坏刀具或者擦伤零件表面,必须一只手扶住刨刀,另一只手使用扳手,用力方向自上而下,否则容易将抬刀板掀起,碰伤或夹伤手指。

10.2.3 主要刨削工作

刨削主要用于加工平面、沟槽和成形面。

1. 刨平面

1)刨水平面

刨削水平面的顺序如下:

(1)正确安装刀具和零件。

(2)调整工作台的高度,使刀尖轻微接触零件表面。

(3)调整滑枕的行程长度和起始位置。

(4)根据零件材料、形状、尺寸等要求,合理选择切削用量。

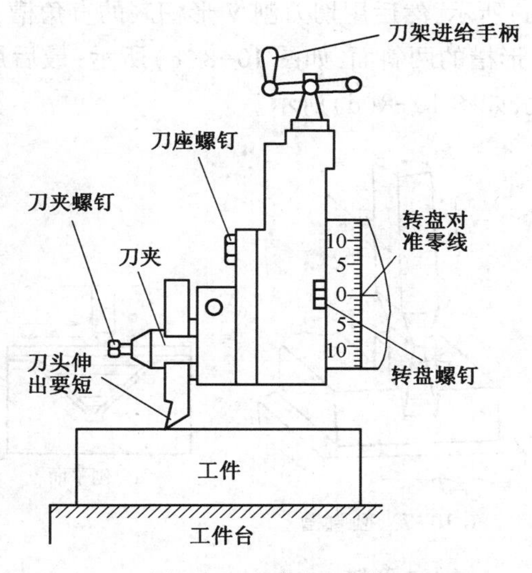

图 10-5 刨刀的安装

(5)刨削。先用手动试切。进给 1~1.5 mm 后停车,测量尺寸,根据测得结果调整背吃刀量,再自动进给进行刨削。当零件表面粗糙度 *Ra* 值低于 6.3 μm 时,应先粗刨,再精刨。精刨时,背吃刀量和进给量应小些,切削速度应适当高些。

此外,在刨刀返回行程时,用手掀起刀座上的抬刀板,使刀具离开已加工表面,以保证零件表面质量。

(6)检验。零件刨削完工后,停车检验,尺寸和加工精度合格后即可卸下。

2)刨垂直面和斜面

刨垂直面的方法如图 10-6 所示。此时采用偏刀,并使刀具的伸出长度大于整个刨削面的高度。刀架转盘应对准零线,以使刨刀沿垂直方向移动。刀座必须偏转 10°~15°,以使刨刀在返回行程时离开零件表面,减少刀具的磨损,避免零件已加工表面被划伤。刨垂直面和斜面的加工方法一般在不能或不便于进行水平面刨削时才使用。

刨斜面与刨垂直面基本相同,只是刀架转盘必须按零件所需加工的斜面扳转一定角度,以使刨刀沿斜面方向移动。

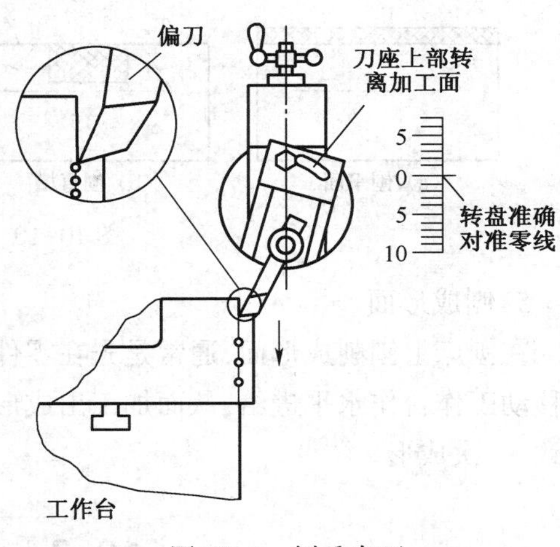

图 10-6 刨垂直面

2. 刨沟槽

1)刨直槽

刨直槽时用切刀以垂直进给完成,如图 10-7 所示。

2)刨 V 形槽

刨 V 形槽的方法如图 10-8 所示,先按刨平面的方法把 V 形槽粗刨出大致形状如图 10-8

(a)所示;然后用切刀刨 V 形槽底的直角槽,如图 10-8(b)所示;再按刨斜面的方法用偏刀刨 V 形槽的两斜面,如图 10-8(c)所示;最后用样板刀精刨至图样要求的尺寸精度和表面粗糙度,如图 10-8(d)所示。

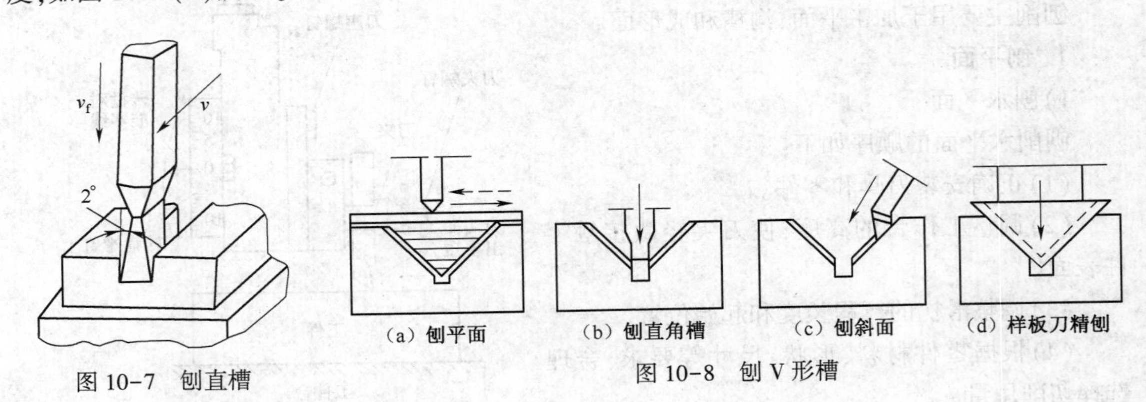

(a) 刨平面　(b) 刨直角槽　(c) 刨斜面　(d) 样板刀精刨

图 10-7　刨直槽　　图 10-8　刨 V 形槽

3)刨 T 形槽

刨 T 形槽时,应先在零件端面和上平面划出加工线后再加工,如图 10-9 所示。

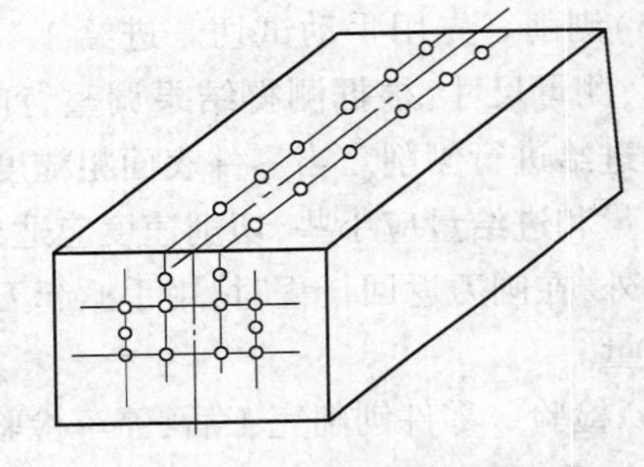

图 10-9　T 形槽零件划线图

4)刨燕尾槽

刨燕尾槽与刨 T 形槽相似,应先在零件端面和上平面划出加工线。但刨侧面须用角度偏刀,如图 10-10 所示,刀架转盘要扳转一定角度。

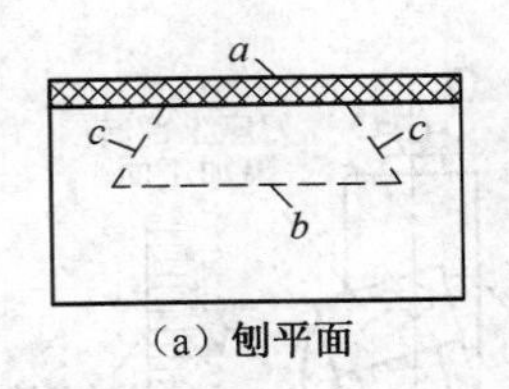

(a) 刨平面

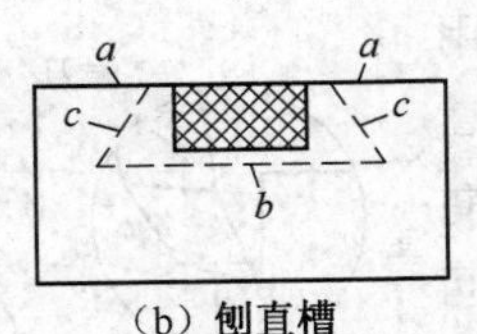

(b) 刨直槽

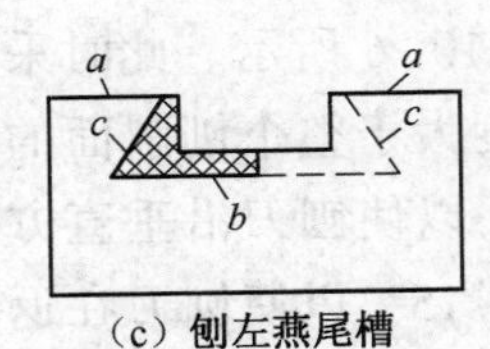

(c) 刨左燕尾槽

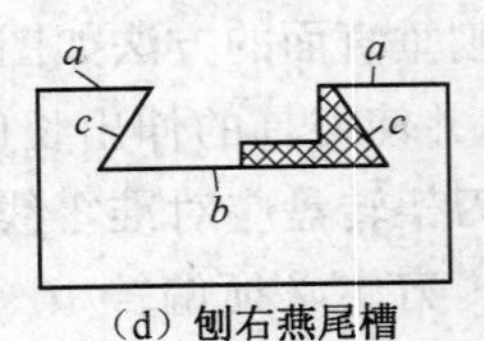

(d) 刨右燕尾槽

图 10-10　燕尾槽的刨削步骤

5)刨成形面

在刨床上刨削成形面,通常是先在零件的侧面划线,然后根据划线分别移动刀作垂直进给和移动工作台作水平进给,从而加工出成形面,也可用成形刨刀,使刨刀刃口形状与零件表面一致,一次成形。

10.3　刨削训练实例

10.3.1　刨普通平面

按照图 10-11 所示工件在刨床上进行刨削实习,其操作步骤见表 10-1。

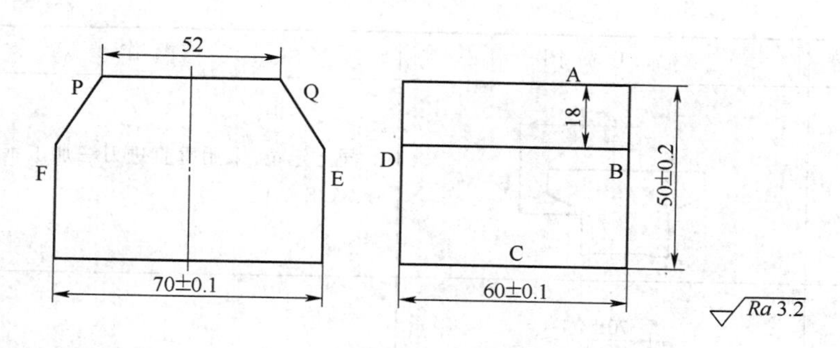

图 10-11 刨平面工件图

表 10-1 刨平面加工步骤

单位:mm

加工方法	序号	加工简图	操作要点
刨水平面	1	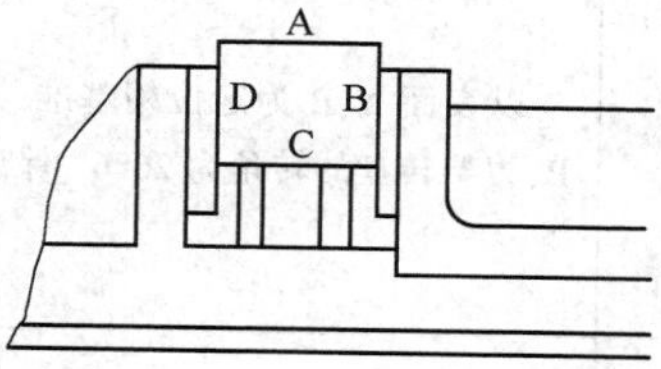	以表面 D 为定位粗基准,加工较大的表面 A
	2	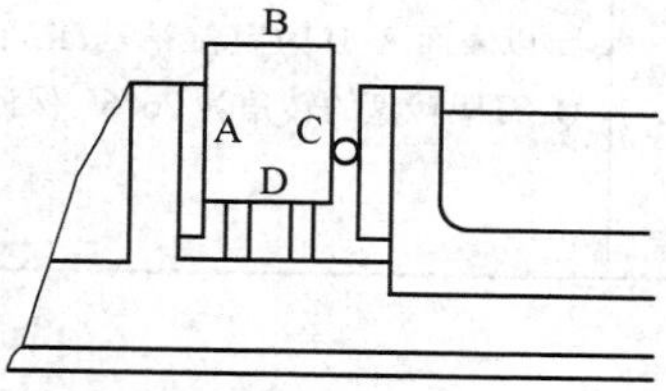	以表面 A 为定位基准,并在表面 C 与活动钳口间垫一个圆棒,将工件夹紧,加工表面 B,可满足 B⊥A
	3	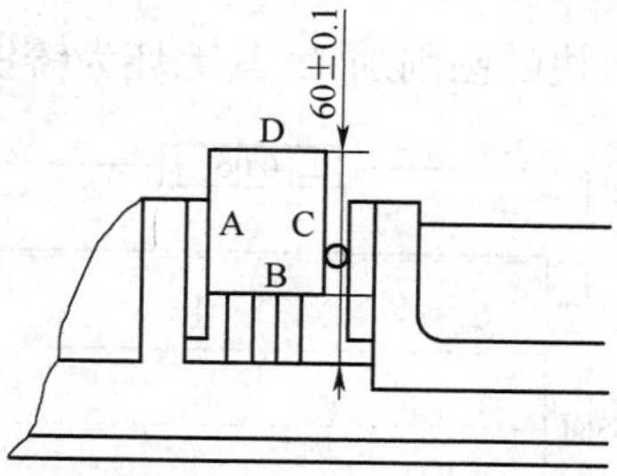	以表面 A、B 为定位精基准,加工表面 D,保证尺寸 60±0.1,且同时满足 D⊥A
	4	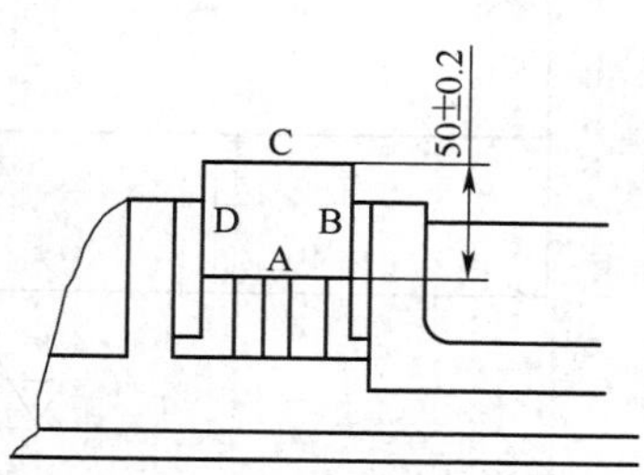	以表面 A、D 为定位基准,加工表面 C,保证尺寸公差 50±0.2,且同时满足 C⊥D、C//A

续表

加工方法	序号	加 工 简 图	操 作 要 点
刨垂直面	5	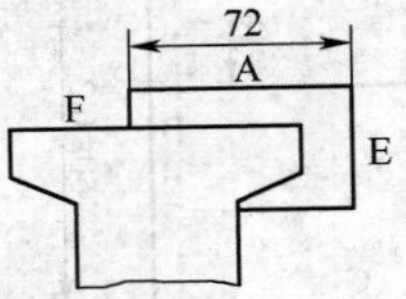	同上定位，采用垂直进刀法加工垂直端面 E，满足 E⊥A，E⊥D
	6	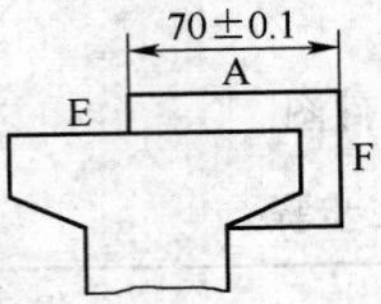	以表面 A、B 为定位精基准，采用垂直进刀法加工垂直端面 F，保证尺寸 70±0.1
刨斜面	7	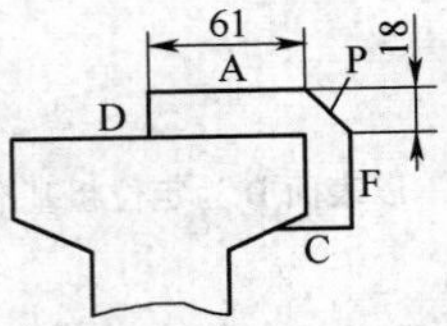	以表面 A、B 为定位精基准，采用斜刀架法加工斜面 P，刀架转盘的转角为 26°6′，保证尺寸 18 和 61
	8	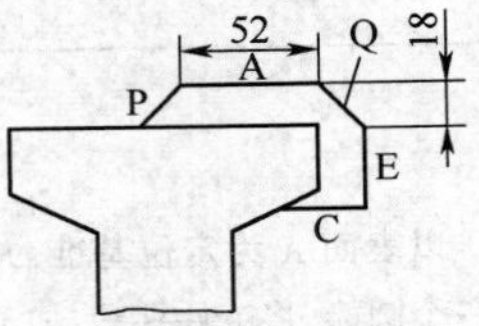	以表面 A、D 为定位精基准，采用斜刀架法加工斜面 Q，刀架转盘的转角为 26°6′，保证尺寸 18 和 52

10.3.2 刨削 T 形块

按照图纸要求，如图 10-12 所示，完成 T 形块的刨削加工，其毛坯为铸铁件。

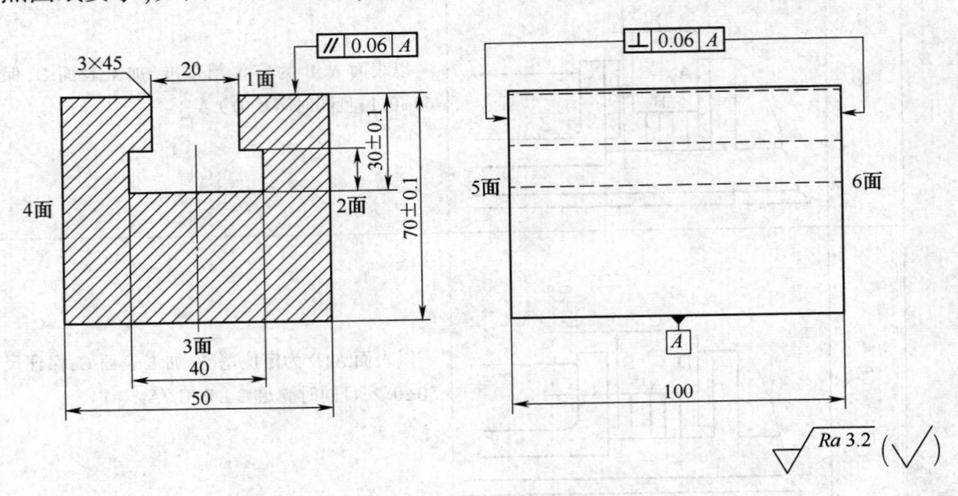

图 10-12 T 形块

T形块的刨削操作步骤见表10-2。

表10-2 T形块的刨削操作步骤 单位:mm

序号	加工简图	加工内容	刀具
1	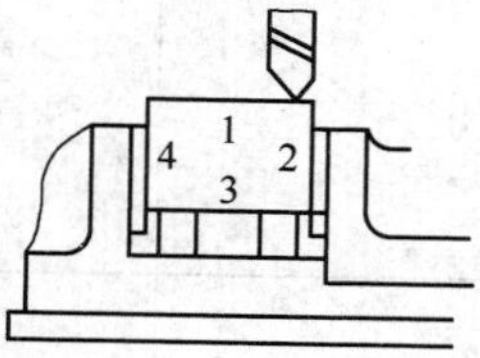	将3面紧靠在平口虎钳导轨面上的平行垫铁上,以3面为基准,零件在两钳口之间被夹紧,刨平面1,使1、3两面间的尺寸至72	平面刨刀
2	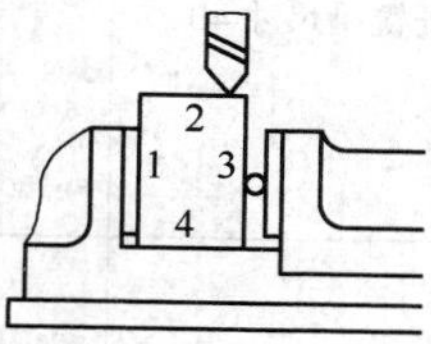	以1面为基准,紧贴固定钳口,在零件与活动钳口间垫圆棒,夹紧后刨平面2,使2、4两面间的尺寸至82	平面刨刀
3	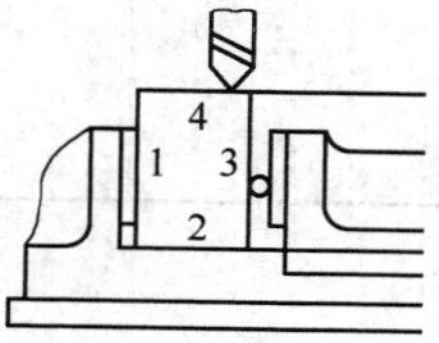	以1面为基准,紧贴固定钳口,翻转180°,使2面朝下,紧贴平行垫铁,在零件与活动钳口间垫圆棒,夹紧后刨平面4,使2、4两面间的尺寸至80	平面刨刀
4	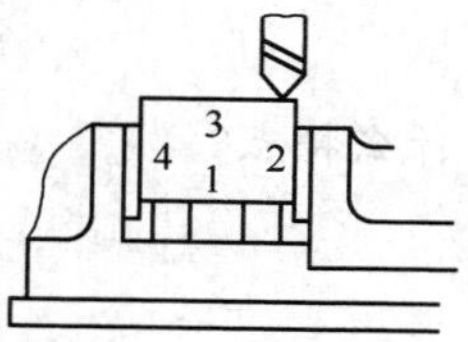	以1面为基准,刨平面3,使1、3两面间的尺寸至70	平面刨刀
5	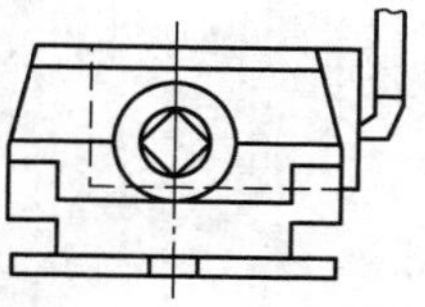	刨5、6两面,使5、6两面间的尺寸至100	刨垂直面偏刀
6	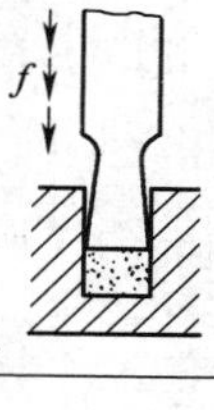	按划出的T形槽加工线找正,用切槽刀垂直进给刨出直槽,切至槽深30,横向进给,依次切槽宽至26	切槽刀

续表

序号	加工简图	加工内容	刀具
7	f	用弯切刀向右进给刨右凹槽	弯切刀
8	f	用弯切刀向右进给刨右凹槽,保证键槽尺寸 40	弯切刀
9	f	用 45°刨刀倒角	45°刨刀

思考题

1. 刨床的主运动和进给运动是什么？刨削运动有何特点？
2. 为什么刨刀往往制成弯头的？与车刀相比刨刀的结构有什么特点？

参 考 文 献

[1] 段维峰,翟德梅. 金工实训教程[M]. 北京:机械工业出版社,2012.
[2] 高美兰. 金工实习[M]. 北京:机械工业出版社,2006.
[3] 冀秀焕. 金工实习教程[M]. 北京:机械工业出版社,2009.
[4] 金禧德. 金工实习. 北京:高等教育出版社,2008.
[5] 郭永环等. 金工实习[M]. 北京:中国林业出版社,北京大学出版社,2006.
[6] 邵刚. 金工实训[M]. 北京:电子工业出版社,2004.
[7] 李卓英. 金工实习教材[M]. 北京:机械工业出版社,2004.
[8] 刘培德,余新萍. 金工实习[M]. 北京:高等教育出版社,2003.
[9] 魏峥. 金工实习教程[M]. 北京:清华大学出版社,2004.
[10] 金工教材编写组. 金工实习[M]. 上海:上海科学技术出版社,1996.
[11] 候旭明. 工程材料及成型工艺[M]. 北京:化学工业出版社,2003.